"十四五"高等学校计算机教育新形态一体化系列教材

面向对象开发技术

何 伟　崔立真　董国庆　潘 丽　王平辉 ◎ 编著

中国铁道出版社有限公司

CHINA RAILWAY PUBLISHING HOUSE CO., LTD.

内容简介

本书为"十四五"高等学校计算机教育新形态一体化系列教材之一,系统地讲解面向对象开发的思想、概念、机制和方法,包括:面向对象技术的起源和发展、主要特征以及面向对象技术在编程语言中的体现和实现机制;面向对象复用技术、建模技术、设计模式、设计原则;构件开发与服务计算技术、产业界流行的云服务架构、微服务架构等所蕴含的面向对象思想和解决方案。

本书适合作为高等学校计算机科学与技术、软件工程等专业的学生学习面向对象的架构分析、软件设计、程序实现技术课程的教材,也可供从事软件工程和系统分析、设计、开发等相关工作的科研、工程人员参考。

图书在版编目(CIP)数据

面向对象开发技术 / 何伟等编著. — 北京:中国铁道出版社有限公司,2024.11

"十四五"高等学校计算机教育新形态一体化系列教材

ISBN 978-7-113-31259-6

Ⅰ.①面⋯ Ⅱ.①何⋯ Ⅲ.①面向对象语言 - 程序设计 - 高等学校 - 教材 Ⅳ.① TP312

中国国家版本馆 CIP 数据核字(2024)第 099882 号

书　　名:面向对象开发技术
作　　者:何伟　崔立真　董国庆　潘丽　王平辉

策　　划:秦绪好	编辑部电话:(010)63551006	
责任编辑:祁　云		
编辑助理:史雨薇		
封面设计:刘　颖		
责任校对:刘　畅		
责任印制:樊启鹏		

出版发行:中国铁道出版社有限公司(100054,北京市西城区右安门西街 8 号)
网　　址:https://www.tdpress.com/51eds
印　　刷:天津嘉恒印务有限公司
版　　次:2024 年 11 月第 1 版　2024 年 11 月第 1 次印刷
开　　本:850 mm×1 168 mm 1/16　印张:17.75　字数:461 千
书　　号:ISBN 978-7-113-31259-6
定　　价:56.00 元

版权所有　侵权必究

凡购买铁道版图书,如有印制质量问题,请与本社教材图书营销部联系调换。电话:(010)63550836
打击盗版举报电话:(010)63549461

"十四五"高等学校计算机教育新形态一体化系列教材编审委员会

主　任：石　冰

副主任：王志军　王志强　宁玉富　刘　瑜　李　明
　　　　李晓峰　吴晓明　周元峰　秦绪好　韩慧健

委　员：（按姓氏笔画排序）

　　　　王玉锋　王平辉　刘爱芹　祁　云　杜建彬
　　　　李凤云　何　伟　邹淑雪　张　敏　郑永果
　　　　孟　雷　赵彦玲　姜雪松　祝　铭　高金雷
　　　　崔立真　董吉文　董国庆　潘　丽

秘书长：杨东晓

序

党的二十大报告强调，教育、科技、人才是全面建设社会主义现代化国家的基础性、战略性支撑，要"深入实施科教兴国战略、人才强国战略、创新驱动发展战略"。2024年1月31日，习近平总书记在中共中央政治局第十一次集体学习时强调，加快发展新质生产力，扎实推进高质量发展。随着新质生产力的发展，以人工智能、大数据、云计算等为代表的新一代信息技术日新月异，对高等教育特别是计算机教育提出了新的挑战和机遇，不仅要求我们在理论上有所创新，更需要在实践中不断探索与突破。

教材作为人才培养的重要载体，是知识传承的媒介，也是人才培养的基石。在新时代背景下，要进一步推动高等学校计算机教育教学改革，教材作为连接理论与实践的桥梁，就要在引导学生掌握扎实理论知识的同时，起到实践能力和创新精神培养的作用。近年，教育部关于教材建设出台了一系列文件。《普通高等学校教材管理办法》及《教育部办公厅关于开展"十四五"普通高等教育本科国家级规划教材第一次推荐遴选工作的通知》(教高厅函〔2024〕9号)都要求，遵循高等教育教学规律和人才培养规律，注重守正创新，推动学科交叉、产教融合、科教融汇，着力打造高质量教材体系，形成引领示范效应。

在此背景下，中国铁道出版社有限公司与山东省高教学会计算机教学研究专业委员会共同策划组织了这套"'十四五'高等学校计算机教育新形态一体化系列教材"。本套教材旨在为我国高等计算机教育事业注入新的活力，培养更多适应未来社会需求的高素质计算机专业人才。本套教材在思政元素、内容构建、资源建设、产学协同等方面体现了诸多优势，主要表现为：

一、价值引领，育人为本

本系列教材积极贯彻《习近平新时代中国特色社会主义思想进课程教材指南》，主动融入课程思政元素，内容编写体现爱国精神、科学精神和创新精神，强化历史思维和工程思维，落实立德树人根本任务。

二、内容创新，质量至上

在内容设计上，本套教材坚持"理论够用、实践为主、注重应用"原则，为了满足新工科专业建设和人才培养的需要，编者结合各自的研究专长和教学实践，对教材内容进行了精心设计和反复打磨，确保每一章节都既具有科学性、前沿性，又贴近实际、易于理解，教材中的案例在设计上充分考虑高阶性、创新性和挑战度。同时，我们还注重引入行业案例和最新研究成果，使教材内容保持与行业发展同步。

三、一体化设计，新形态呈现

党的二十大报告指出"推进教育数字化"，本系列教材以媒体融合为亮点，配套建设数字化资源，包括教学课件、教学案例、教学视频、动画以及试题库等；部分教材配套课程教学平台和教学软件，以帮助学生充分利用现代教育技术手段，提高课程学习效果。教材建设与课程建设结合，努力实现创新，深入推进教与学的互动，以利于教师根据教学反馈及时更新与优化教学策略，有效提升课堂的活跃互动程度，真正做到因材施教。

四、加强协同，锤炼精品

全面提升教材质量，打造一批满足专业建设要求、支撑人才成长需要、经得起历史和实践检验的精品教材，是编审委员会的初心和使命。本系列教材编审委员会由全国知名专业领域专家、教科研专家、院校的专家及行业企业的专家组成。他们具有较高的政策理论水平，在相关学术领域、教材或教学方面取得有影响的研究成果，熟悉相关行业发展前沿知识与技术，有丰富的教材编写经验，他们敬业、严谨，对系列中的每种教材认真审稿、审核，以确保每种教材的质量。每种教材尽可能科教协同、校企协同、校际协同编写，并且大部分教材都是具有高级职称的专业带头人或资深专家领衔编写。

展望未来，我们坚信，本系列教材内容前瞻、特色鲜明、资源丰富，是值得关注的一套好教材。希望本系列教材实现促进人才培养质量提升的目标和愿望，为我国高等教育的高质量发展起到推动作用。

2024年8月

前　言

面向对象开发技术是关于如何看待软件系统与现实世界的关系，以什么观点来研究问题并进行求解，以及如何进行系统构造的软件方法学。面向对象开发技术在计算机学科产生了巨大的影响，在产业界有着广泛应用，已经成为互联网应用、企业级应用、移动应用等大多数领域主流的开发方法，新兴的基于构件开发、微服务架构、容器技术、面向切面编程等技术都以面向对象作为基础。作为国内外高校计算机相关专业普遍开设的专业必修课，面向对象开发技术的教学目标并非是学习一门具体编程语言，而是能够深刻理解对象开发思想和内涵，能够设计出高质量的程序、编写出高质量的代码，从而培养学生优秀的程序设计素养。从国内外高校使用的教材和相关书籍来看，它们在内容方面或者是属于软件工程范畴的UML系统分析和设计建模，或者是针对Java、C++等某一门具体编程语言的教学，其中过多的语言特性和语法细节掩盖了面向对象思想的本质，容易造成学习过程中的"只见树木，不见森林"。

本书针对普通高校计算机、软件工程等专业教学需要编写，系统地讲解面向对象开发的基本概念、核心机制、高级特征、设计方法，同时内容与产业界新型对象技术衔接，帮助读者更深刻地理解面向对象思想和开发技术，将对象思想体现到软件建模和程序设计的实践中，设计出优雅、健壮、可扩展的高质量程序。本书以流行的Java、C++、Python、JavaScript等对象语言为例讲解，但又不拘泥于某一种具体编程语言，使读者更容易做到"触类旁通"，无论使用哪种程序设计语言都能写出高质量的代码。

本书第1~8章讲解面向对象技术的起源和发展、主要特征，结合当今流行的多个面向对象语言，详细讲解面向对象特征及其在这些语言中的体现和实现机制；第9~11章讲解面向对象程序设计方法，包括面向对象建模技术、设计原则和设计模式；第12~14章讲解构件开发与服务计算技术，结合业界流行的云服务架构、分布式框架、微服务架构等，讲解所蕴含的面向对象思想和解决方案，加强读者利用面向对象思想分析和解决问题的能力。

本书由何伟、崔立真、董国庆、潘丽、王平辉编著。本书编写团队长期承担面向对象开发技术课程的教学和实验任务，拥有多年在软件工程、服务计算、新型软件架构领域的研究、研发实践和教学经历。本书编写分工如下：第1、2章由崔立真完成，第3、4章由董国庆完成，第5至11章由何伟完成，第12、13章由潘丽完成，第14章由王平辉完成。感谢研究生李招明、钟海婷、姜少伟等同学在素材收集、代码编写和测试等方面对本书的贡献。

由于时间和编者水平所限，本书难免存在缺陷和不足之处，恳请读者批评指正。

编 者

2024 年 8 月

目 录

第1章 绪论 ... 1

1.1 面向对象技术的发展 ... 1
1.2 面向对象思想的理解 ... 2
    1.2.1 一个现实世界的例子 ... 3
    1.2.2 代理和责任 ... 3
    1.2.3 抽象 ... 4
    1.2.4 技术特点总结 ... 4
1.3 面向对象软件工程 ... 5
1.4 面向对象技术特征 ... 5
1.5 面向对象编程语言 ... 6
1.6 程序设计范式 ... 8
    1.6.1 面向机器编程 ... 8
    1.6.2 面向过程编程 ... 8
    1.6.3 结构化程序设计 ... 9
    1.6.4 面向对象编程 ... 9
    1.6.5 函数式编程 ... 9
    1.6.6 其他编程范式 ... 10
小结 ... 10

第2章 面向对象基本特征 ... 11

2.1 面向对象编程基本概念 ... 12
2.2 对象的概念和特性 ... 12
    2.2.1 对象的概念 ... 12
    2.2.2 对象的特点 ... 13
    2.2.3 对象标识 ... 13
    2.2.4 方法 ... 14
    2.2.5 消息 ... 14
    2.2.6 对象持久化 ... 15
2.3 信息隐藏（封装） ... 15
2.4 复合对象 ... 16
2.5 类的概念和特性 ... 16
    2.5.1 类的概念 ... 16
    2.5.2 类的性质 ... 17
    2.5.3 类和型 ... 17
    2.5.4 类的实例 ... 18
    2.5.5 契约与责任 ... 18
2.6 抽象性 ... 19
2.7 多态性 ... 20
小结 ... 20
思考与练习 ... 20

第3章 类 ... 21

3.1 类的定义 ... 21
    3.1.1 类定义的要素 ... 22
    3.1.2 可视性修饰符 ... 24
    3.1.3 封装与信息隐藏 ... 25
    3.1.4 类的数据字段 ... 26
    3.1.5 存取器方法 ... 29
3.2 类的设计 ... 31
    3.2.1 抽象数据类型 ... 31
    3.2.2 类设计指南 ... 31
    3.2.3 契约式设计 ... 33
3.3 类主题的变化 ... 34
    3.3.1 嵌套类（内部类） ... 34
    3.3.2 抽象类 ... 36
    3.3.3 接口 ... 37
小结 ... 38

思考与练习 ... 39

第4章 对象创建和消息传递 ... 40

4.1 对象的创建 ... 41
- 4.1.1 对象创建的语法 ... 41
- 4.1.2 对象数组的创建 ... 43

4.2 消息传递 ... 44
- 4.2.1 消息传递的理解 ... 44
- 4.2.2 消息的类型 ... 45
- 4.2.3 消息传递的语法 ... 46
- 4.2.4 动态联编 ... 48

4.3 接收器伪变量 ... 49

4.4 内存分配与回收 ... 50
- 4.4.1 指针和内存分配 ... 50
- 4.4.2 内存回收 ... 51

4.5 构造函数 ... 52
- 4.5.1 构造函数语法 ... 53
- 4.5.2 构造函数重载 ... 53
- 4.5.3 常数值初始化 ... 54

4.6 析构函数与垃圾回收 ... 55

4.7 对象的结构 ... 57
- 4.7.1 对象同一和对象相等 ... 57
- 4.7.2 对象赋值和复制的形式 ... 59
- 4.7.3 对象赋值的例子 ... 59

小结 ... 61

思考与练习 ... 61

第5章 元类与反射 ... 63

5.1 元类 ... 64
- 5.1.1 元类的概念 ... 64
- 5.1.2 类对象 ... 65

5.2 反射 ... 66
- 5.2.1 反射的概念 ... 66
- 5.2.2 Java类加载器 ... 67

5.3 Java反射API ... 67
- 5.3.1 Java反射功能 ... 68
- 5.3.2 Java中的类行为 ... 68
- 5.3.3 Java反射代码示例 ... 69

小结 ... 72

思考与练习 ... 72

第6章 继承 ... 73

6.1 继承的概念 ... 74
- 6.1.1 继承的基本概念 ... 74
- 6.1.2 单继承和多继承 ... 74
- 6.1.3 继承的作用 ... 75

6.2 继承的声明 ... 75
- 6.2.1 继承声明语法 ... 75
- 6.2.2 访问控制 ... 77

6.3 多重继承 ... 78

6.4 重置、重载、重定义 ... 80
- 6.4.1 重置/改写 ... 80
- 6.4.2 重载 ... 81
- 6.4.3 重置和重载 ... 82
- 6.4.4 遮蔽 ... 83
- 6.4.5 重定义 ... 84

6.5 延迟方法和抽象类 ... 85
- 6.5.1 延迟方法 ... 85
- 6.5.2 抽象类 ... 85

6.6 继承对构造函数的影响 ... 87

6.7 可替换性 ... 90
- 6.7.1 替换原则 ... 90
- 6.7.2 内存分配方案 ... 91

6.8 静态类、动态类及方法绑定 ... 93
- 6.8.1 静态类和动态类 ... 93
- 6.8.2 方法绑定 ... 94

6.9 继承的形式 ... 94
- 6.9.1 特殊化继承 ... 95

6.9.2 规范化继承 95
6.9.3 构造继承 96
6.9.4 泛化继承 96
6.9.5 扩展继承 96
6.9.6 限制继承 97
6.9.7 变体继承 97
6.9.8 合并继承（多重继承） 97
小结 98
思考与练习 98

第7章 多态 100

7.1 多态的概念 101
 7.1.1 多态简介 101
 7.1.2 多态的价值 101
 7.1.3 多态的形式 102
7.2 多态的运行机制 103
 7.2.1 联编 103
 7.2.2 绑定过程 104
7.3 重载 105
 7.3.1 重载的作用 105
 7.3.2 类型签名和范畴 106
 7.3.3 强制、转换和造型 107
 7.3.4 重载的解析 108
7.4 多态变量 109
 7.4.1 简单变量 109
 7.4.2 接收器变量 110
 7.4.3 反多态（向下造型） 111
 7.4.4 纯多态（多态方法） 111
7.5 泛型 112
 7.5.1 什么是泛型 112
 7.5.2 为什么需要泛型 113
 7.5.3 C++的模板 114
 7.5.4 Java的泛型 116
小结 117

思考与练习 117

第8章 代码复用 119

8.1 代码复用机制 120
 8.1.1 使用继承 120
 8.1.2 组合复用的例子 121
 8.1.3 使用组合 123
 8.1.4 继承和组合 124
8.2 优雅地使用继承 126
 8.2.1 继承示例一：继承的代价 ... 126
 8.2.2 继承示例二：多边形绘图 ... 127
 8.2.3 继承示例三：对象排序 129
8.3 "即插即用"设计 136
8.4 类库和框架 137
小结 140
思考与练习 140

第9章 面向对象建模 141

9.1 UML概述 141
9.2 静态视图 143
 9.2.1 类图 143
 9.2.2 对象图 145
9.3 用例视图 146
9.4 状态机视图 147
9.5 活动视图 148
9.6 交互视图 149
9.7 模型管理视图 150
9.8 实现视图 151
9.9 部署视图 152
小结 153
思考与练习 153

第10章 面向对象设计原则 154

10.1 设计原则概述 155

10.1.1 影响软件可维护性的因素 155
10.1.2 面向对象设计原则概览 ...155
10.2 开闭原则 156
10.2.1 什么是开闭原则 156
10.2.2 开闭原则解析 157
10.2.3 开闭原则的示例 158
10.3 里氏替换原则ㄧㄧ............. 160
10.3.1 什么是里氏替换原则......160
10.3.2 里氏替换原则解析 161
10.3.3 里氏替换原则设计案例 ...164
10.4 依赖倒置原则........................169
10.4.1 什么是依赖倒置原则......169
10.4.2 依赖倒置原则解析 169
10.4.3 依赖倒置原则设计案例 ...170
10.5 组合复用原则........................174
10.5.1 什么是组合复用原则......174
10.5.2 组合复用原则解析 174
10.5.3 组合复用原则设计案例 ...176
10.6 迪米特法则............................177
10.6.1 什么是迪米特法则.........177
10.6.2 迪米特法则解析ㄧ............178
10.6.3 迪米特法则设计案例......180
10.7 接口隔离原则........................183
10.7.1 什么是接口隔离原则......183
10.7.2 接口隔离原则解析 183
10.7.3 接口隔离原则设计案例 ...185
10.8 单一职责原则........................188
10.8.1 什么是单一职责原则......188
10.8.2 单一职责原则解析 189
10.8.3 单一职责原则设计案例 ...190
小结...192
思考与练习......................................192

第11章 面向对象设计模式....................195
11.1 设计模式概念........................196
11.2 创建型模式............................196
11.2.1 工厂方法模式ㄧ............. 197
11.2.2 抽象工厂模式 198
11.2.3 单例模式ㄧ.................. 200
11.2.4 建造者模式ㄧ.................201
11.2.5 原型模式ㄧ...................202
11.3 结构型模式............................203
11.3.1 适配器模式 204
11.3.2 代理模式ㄧ...................205
11.3.3 装饰器模式 206
11.3.4 桥梁模式ㄧ...................207
11.3.5 组合模式ㄧ...................208
11.3.6 门面模式ㄧ...................210
11.3.7 享元模式ㄧ...................211
11.4 行为型模式........................... 212
11.4.1 责任链模式 212
11.4.2 观察者模式ㄧ.................214
11.4.3 策略模式ㄧ...................215
11.4.4 迭代器模式 215
11.4.5 访问者模式 216
11.4.6 命令模式ㄧ...................218
11.4.7 状态模式ㄧ...................219
11.4.8 模板方法模式 219
11.4.9 备忘录模式ㄧ.................220
11.4.10 中介模式ㄧ..................221
11.4.11 解释器模式ㄧ..............222
小结...223
思考与练习......................................223

第12章 组件化的程序设计....................225
12.1 面向对象方法与组件化...........226
12.1.1 面向对象要点 226

12.1.2 组件及其特点 227
12.1.3 面向组件开发技术 228
12.2 软件组件的演变 229
12.2.1 传统化项目结构 229
12.2.2 模块化项目结构 229
12.2.3 组件化项目结构 230
12.3 组件化程序设计方法 230
12.3.1 轻度组件化 231
12.3.2 重度组件化 232
12.3.3 组件化开发思维 232
小结 233
思考与练习 233

第13章 微服务架构 235
13.1 软件架构设计 236
13.1.1 什么是软件架构 236
13.1.2 为什么要架构设计 236
13.1.3 软件架构设计误区 237
13.2 软件架构的演变 238
13.2.1 单体架构 238
13.2.2 分布式架构 239
13.2.3 SOA架构 240
13.2.4 微服务架构 241
13.3 微服务架构 242
13.3.1 微服务优点 242
13.3.2 微服务核心构成 243
13.4 读写分离架构 244
13.4.1 读写分离的基本实现 244
13.4.2 复制延迟 245
13.4.3 分配机制 245
13.5 微服务架构实践 247
小结 248
思考与练习 248

第14章 业界著名设计案例 250
14.1 SpringBoot/SpringCloud 250
14.1.1 观察者模式/发布订阅模式 ... 251
14.1.2 工厂模式 254
14.1.3 单例模式 254
14.1.4 策略和代理模式 255
14.2 Dubbo的RPC架构 257
14.2.1 工厂方法模式 258
14.2.2 装饰器模式 258
14.2.3 观察者模式 259
14.2.4 动态代理模式 259
14.3 Nginx 259
14.3.1 反应器模式 260
14.3.2 外观模式 260
14.3.3 桥接模式 261
14.4 Kubernetes 261
14.4.1 基本模式 262
14.4.2 结构模式 262
14.4.3 行为模式 262
14.4.4 高级模式 263
14.5 Kafka 263
14.6 Angular 265
14.6.1 依赖注入模式 265
14.6.2 模型适配器模式 265
14.6.3 单例模式 266
14.7 MyBatis 266
14.8 Redis缓存数据库 267
14.9 云原生数据库CNDB 268
14.9.1 多副本模式 268
14.9.2 Sidecar模式 269
14.9.3 大使模式 269
14.9.4 适配器模式 269
小结 270
思考与练习 270

第1章 绪 论

面向对象是一整套关于如何看待软件系统与现实世界的关系,以什么观点来研究问题并进行求解,以及如何进行系统构造的软件方法学。面向对象技术在计算机学科产生了巨大的影响,同时在产业界有着广泛应用,它已经渗透到软件工程的几乎每一个分支领域。本章从面向对象思想的起源和发展开始,讲述面向对象方法的基本思路,总结面向对象方法如何贯穿于软件工程的整个开发周期,然后转向本书主要关注的面向对象编程,介绍几种流行的、有代表性的面向对象编程语言,这些语言也用于本书后续章节中的代码片段示例,本章最后介绍了若干种编程范式,使读者理解即使面向对象编程影响力巨大,但并非适用于所有应用场景,并存的还有其他编程范式。

1.1 面向对象技术的发展

面向对象方法(object-oriented method)起源于面向对象的编程语言(object-oriented programming language, OOPL)。在程序设计语言的发展史上,20 世纪 60 年代后期是承上启下的重要时期。1967 年 5 月 20 日,挪威科学家奥利-约翰·达尔(Ole-Johan Dahl)和克利斯登·奈加特(Kristen Nygaard)正式发布了 Simula 67 语言,Simula 67 在结构化编程语言 ALGOL 基础上研制开发,被认为是最早的面向对象程序设计语言,它引入了所有后来面向对象程序设计语言所遵循的基础概念:对象、类、继承,在 1968 年 2 月形成了 Simula 67 的正式文本。

面向对象源出于 Simula 语言,但是真正的面向对象的编程由 Smalltalk 语言所奠基。20 世纪 70 年代初,Smalltalk 语言诞生,它完全基于 Simula 的类和消息的概念。1975—1976 年,Smalltalk 系统在许多重要方面进行了重新设计,引入了继承和子类的概念,确定了语言的语法,使得编译器能够产生高效、可执行、精炼的二进制代码。1980 年,由 Xerox 公司经过对 Smalltalk-72、Smalltalk-76 持续不断地研究和改进之后,推出商品化的 Smalltalk-80,它在系统设计中强调对象概念的统一,引入对象、对象类、方法、实例等概念和术语。Smalltalk 语言虽然未能广泛流行,但是对其他众多的面向对象程序设计语言的产生起到了极大的推动作用,可以说 Smalltalk 引领了面向对象的设计思想的浪潮,对其他众多的程序设计语言的产生起到了极大的推动作用。C++、C#、Objective-C、Actor、Java 和 Ruby 等,无一不受到 Smalltalk 的影响,在这些程序语言中也随处可见 Smalltalk 的影子。

1986 年,关于面向对象编程的第一次重要会议召开时,已经有几十种可以使用的新的编程语言,其中包括 Eiffel 语言、Objective-C 语言、Actor 语言、Object Pascal 语言和各种 Lisp 语言。在 1986 年 OOPSLA 会议后的近 20 年里,面向对象编程已经从一场革命技术转变成主流技术,在此过程中,它已发展成为整个计算机科学领域的重要组成部分。

C++是第一个大规模使用的面向对象语言，面向对象程序设计在20世纪80年代成为了一种主导思想，这在很大程度上得益于C++的流行。Java是由Sun Microsystems公司于1995年5月推出，Java是目前使用最广的面向对象编程语言，拥有全球最多的开发者，常年稳居开发语言排行榜第一名。如果说C++促进了面向对象的流行，那么Java就将面向对象推上了王座。Sun公司在推出Java之际就将其作为一种开放的技术，并且定位于互联网应用。因此，随着互联网的发展和流行，加上开源运动的发展，Java逐渐成为了最流行的编程语言。

相比C++来说，Java语言是一种更加纯净、更加易用的面向对象编程语言。Java语言的编程风格和C++比较相似，但去掉了很多C++中复杂和容易出错的特性，例如指针、多继承等，同时增加了垃圾回收等大大提升生产率的特性。Sun公司对Java语言的解释是："Java编程语言是个简单、面向对象、分布式、解释性、健壮、安全与系统无关、可移植、高性能、多线程和动态的语言"。

从20世纪80年代起，人们基于以往提出的有关信息隐蔽和抽象数据类型等概念，以及由Simula、Smalltalk、Ada等语言所奠定的基础，进行了大量的理论研究和实践探索，不同类型的面向对象语言（如Object-C、Object-Pascal、Eiffel、C++、Java、C#、Ruby等）如雨后春笋般研制开发出来，逐步建立起面向对象方法的概念理论体系和实用的软件系统。

随着计算机技术的迅猛发展，硬件成本不断降低，软件成本却不断增加，如何缩短软件生产周期和提高维护效率，研制出高质量的软件产品成为一个重要课题。通过各种面向对象语言的研制与推广应用，使人们注意到面向对象方法所具有的模块化、信息封装与隐蔽、抽象性、继承性、多样性等独特之处，这些优异特性为研制大型软件、提高软件可靠性、可重用性、可扩充性和可维护性提供了有效的手段和途径。于是，面向对象技术迅速传播开来，从编程语言领域扩展到软件开发的整个生命周期，在软件工程领域掀起了一股热潮，几十年来盛行不衰。

面向对象程序设计在软件开发领域引起了巨大的变革，并不断发展，例如，20世纪90年代以后所产生的设计模式、敏捷编程、构件技术、代码重构等面向对象的思想和方法，极大地提高了软件开发的效率，为解决软件危机带来了一线光明。面向对象方法已被广泛应用于程序设计语言、形式定义、设计方法学、操作系统、分布式系统、人工智能、实时系统、数据库、人机接口、计算机体系结构等，在许多领域的应用都得到了很大的发展。

1.2 面向对象思想的理解

为什么面向对象方法能够成为几十年以来盛行不衰的软件开发概念理论和方法体系，并影响到软件工程的所有环节？一个重要的原因在于面向对象方法为技术人员提供了一种行之有效的理解问题和解决问题的抽象方法，能够将人们对于现实世界的理解直接映射到计算机软件的虚拟世界，使开发人员的意图与模型、代码和机器能够产生直观的映射。也就是说，与面向过程的方法相比，面向对象不再局限于计算机的机器本质，而更加侧重于对现实世界的模拟。

在面向过程的方法中，有一套设计严格的操作顺序，有一个类似于中央控制器的角色来进行统一调度；而在面向对象的方法中，并没有明确的中央控制的角色，也不需要指定严格的操作顺序，而是设计了很多对象，并且指定了这些对象需要完成的任务，以及这些对象如何对外界的刺激做出反应。面向对象这种对现实世界的模拟的思想，其本质上就是"人的思想"，这是一个质的飞跃，意味着程序员可以按照人的思想来观察、分析、设计系统。

1.2.1 一个现实世界的例子

蒂莫特·巴德（Timothy A.Budd）在其经典教材《面向对象编辑导论》[1]中，用了一个通俗易懂的例子来解释面向对象编程思想与处理现实世界问题之间的映射。在这个故事中，克里斯想送花给她的朋友罗宾，克里斯和罗宾生活在不同的城市。因为距离太远，克里斯不能亲自把花送给她的朋友。不过，这并不是一个问题，克里斯来到附近的一家花店，这家花店由一位名叫弗雷德的花商经营，克里斯把打算送给罗宾的花的种类和罗宾的地址告诉弗雷德。付款以后，克里斯确信，这样她的花就可以送到朋友那里了，她并不关心弗雷德是具体如何做到的。

克里斯的做法反映了人们在社会化协作中处理问题的自然的方式，就是找到一个合适的代理（也就是花商弗雷德），并且把你的要求告诉他，也称作"委托"，代理就有责任完成你的要求。而委托人（也就是使用代理的人）通常不需要也没必要了解代理完成任务的细节，所以这些细节通常是隐藏的。然而，事实上，在这个过程中，弗雷德通常也不会亲自完成所有事情，而是同样采用"委托"的方式，例如，弗雷德向一位与罗宾生活在同一城市的花商莉萨传达了一条有些不同的信息；同样，莉萨要从花卉批发商那里购买花，然后将鲜花和另外一条信息交给一个快递商，等等，如此下去，直到克里斯要求的鲜花在预定时间送达罗宾处。如果继续追溯，莉萨所委托的花卉批发商又要与花农交易，而花农又要管理园艺工人……

由此，我们得到了人们在现实世界中解决问题的方法的初步结论：人们组成了一个团体，每个人解决问题都需要很多其他个体的帮助，没有他们的帮助，问题就难以轻松地解决。这也是人类发展进程中形成的社会化分工和协作模式。

由此类比，我们得到面向对象思想解决问题的结论，可以简单概括为：一个面向对象程序可以组织一个团体，这个团体由一组互相作用的叫作"对象"的代理组成。每一个对象都扮演一个角色，并且为团体中的其他成员提供特定的服务或者执行特定的行为。

1.2.2 代理和责任

按照现实世界的方式，人们解决问题的方法就是找到一个合适的代理并把你的要求告诉他，而面向对象方法也是如此，也就是说，系统由很多对象构成，每个对象都有其职责或功能。面向对象编程的一个基本概念就是用责任来描述行为。克里斯对行为的要求仅仅表明她所期望的结果（把花送给罗宾）。弗雷德可以随意选择使用的方法来实现所期待的目标，并且在此过程中不受克里斯的干扰。通过用责任来讨论问题，使得我们提高了抽象的水平，使得对象之间更加独立，这正是解决复杂问题的关键。在面向对象中，通常用协议来描述与一个对象相关的整个责任的集合。

传统程序的执行通常是通过对数据结构进行操作。例如，通过指令改变数组或记录中的域。与之相反，面向对象程序却要求数据结构（即对象）提供服务。从传统的、结构化数据的角度来观察软件与从面向对象的角度来观察软件之间的区别可以用两句修改过的名言来总结：

- 不要问你能为数据结构做什么。
- 要问数据结构能为你做什么。

---

[1] 巴德.面向对象编程导论：第3版 [M]. 黄明军，李桂杰，译.北京：机械工业出版社，2003.

1.2.3 抽象

在上面的例子中，尽管克里斯和弗雷德只打过几次交道，但克里斯却大体认定交易会发生在弗雷德的花店里。克里斯做出如此的假定是基于以往同其他花商打交道的经验，因此，克里斯认为弗雷德作为这一类别中的一个实例，应该适应普遍的模式。例如，可以用花商来代表所有花商中的一个类别（或者是类）。对象是由数据和操作组成的封装体，与客观实体有直接对应关系，一个类定义了具有相似性质的一组对象，而继承性是对具有层次关系的类的属性和操作进行共享的一种方式。这些概念及其含义将在后续章节中详细讲解。

由此，要开始进行面向对象编程，通常就是先创建几个对象，然后让这些对象开始通信。这种面向对象编程的观点，即对象分摊工作和责任，对我们而言是十分熟悉的，因为现实中人类也采用这样的交互方式。例如，一位企业主，并不需要对所有的事亲力亲为，事实上，该企业主只需要将任务分配给雇员。每位雇员不仅要完成给定的任务，并且还得负责维护和该任务相关的数据。例如，秘书不仅需要负责打印文件，也要负责将文件存放在适合的档案柜中；并且，如果文件中存放的是机密数据，秘书也要负责保护这些文件，并且负责允许或拒绝他人对文件的查看。在秘书的工作过程中，他可能还需要办公室内外其他人员的帮助。

1.2.4 技术特点总结

上述例子体现了面向对象方法的思维特点，就是按照人们通常的思维方式建立问题领域的模型，设计出尽可能自然的表示求解方法的软件，强调从现实世界的问题空间（物质、意识）到虚拟软件世界的解空间（对象、类）的直接映射。因此面向对象方法非常易于理解，将问题域建模为以对象为核心的模型能够更加自然地反应现实问题，使得解决问题更加具有针对性，解决方案更加易于理解。面向对象方法为技术人员提供了一种行之有效的解决问题的抽象方法，其适用范围非常广，从最细微的问题到最复杂的项目，都可以通过面向对象方法来解决。

下面，把这些概念总结成面向对象技术的基本要点：

（1）任何事物都是对象，对象有属性和方法，是对状态（数据值）和行为（操作）的封装。复杂对象可以由相对简单的对象以某种方式构成。

（2）对象间的相互联系是通过传递"消息"来完成的。通过对象之间的消息通信驱动对象执行一系列的操作从而完成某一任务。

（3）通过类比发现对象间的相似性，即对象间的共同属性，是构成对象类的依据。所有对象都是类的实例。

（4）在响应消息时调用何种方法由类的接收器来决定。一个特定类的所有对象使用相同的方法来响应相似的消息。

面向对象方法的适用范围非常广，从最细微的问题到最复杂的项目，都可以通过它来解决。面向对象编程把程序看成是一个集合，这个集合由称为对象的松散连接的代理组成。每一个对象都对特定的任务负责。通过对象的相互作用进行计算。因此，在某种程度上，编程就是一个对模型域的模拟。

1.3 面向对象软件工程

　　面向对象方法是一种把面向对象的思想应用于软件开发过程中，指导开发活动的系统方法，是建立在"对象"概念基础上的方法学。在使用面向对象方法进行开发的过程中，系统是围绕着对象组织的，每个对象实现其功能的能力、实现功能所需的数据被"封装"在对象之中，系统的运行是通过对象间的消息传递和协作实现的，而抽象、封装、继承、多态等面向对象核心概念也正是针对人类认识现实世界的思维方式的抽象和映射。所谓面向对象就是基于对象概念，以对象为中心，以类和继承为构造机制，来认识、理解、刻画客观世界和设计、构建相应的软件系统。

　　由于面向对象方法所具备的明显优势，每个对象责任明确并且维护了各自实现任务所需的数据，这种方式也便于理解这些单元是如何互相影响的，利用面向对象开发的软件具有很好的可维护性、可扩展性和可重用性。面向对象编程 OOP 是编程技术前进的一个阶段，它是过去编程思想发展的自然产物。为什么面向对象编程能够成为近 20 年来主要的编程方法呢？其中有几点重要原因：面向对象编程的适用范围非常广，从最细微的问题到最复杂的项目，都可以通过它来解决；面向对象编程为技术人员提供了一种行之有效的解决问题的抽象方法；同时大多数主流面向对象编程语言都提供了大量的且越来越多的类库来支持各个领域应用程序的开发。

　　概括地讲，软件危机是指我们通过计算机来解决复杂任务的难度几乎总是要超出我们的实际能力。在众多针对"软件危机"的解决方案中，面向对象编程是最近提出的一种方法。面向对象技术确实有利于构建复杂的软件体系，然而重要的是，不能认为面向对象技术是万能的。计算机编程仍然是人们所必须担负的一项非常困难的任务。优秀的程序员需要天赋、创新、勤奋、逻辑思维、构建和提取抽象的能力以及经验——即使拥有最好的编程工具。

　　面向对象编程是一种新的思考问题的方法，它着重于面向对象对于计算的含义，以及如何构建信息才能把我们的意图与其他人和机器进行顺利的交流。要想成为优秀的面向对象技术人才，需要对传统软件开发方法进行彻底的重新认识。自面向对象提出到现在已经过去了 40 多年，面向对象建模和编程仍然是最主流的软件开发，在过去的几十年中，人们对面向对象技术进行了全面的研究，它已经成为软件开发领域的范例。在这个过程中，它几乎改变了计算机科学的每个方面。

　　本书聚焦于面向对象编程，在编程这一领域，各种语言来去匆匆，令人眼花缭乱。从最早的 Smalltalk、Objective-C、Object Pascal，后来许多语言都已经消失了，同时又产生了一些新的语言，也有一些语言突然出现在人们的视野之内，又很快地消失了，很难对各种语言未来的前景做出预言。因此，希望本书的学生们甚至读者们，能够理解基于一般原则的面向对象编程思想，而不是针对特定语言的细节。本书扩大了用于举例的语言的数目，但是也减少了很多针对特定语言的长篇叙述。关于各种技术的描述通常都是通过表格或者更短小的形式给出的。本书并没有作为任何语言的参考手册，想要使用所举例的语言来编写程序的学生或读者，最好使用与特定语言相关的参考书籍。

1.4 面向对象技术特征

　　被人们称为"面向对象编程之父"的艾伦·凯（Alan Curtis Kay），早在 1993 年提出了关于面向对象编程的基本特征：

（1）任何事物都是一个对象。

（2）通过互相联系的对象请求其他对象执行一定的行为来完成计算。对象之间通过发送和接收消息进行通信。消息是指对特定行为的请求，并且伴随着完成这项任务所需的参数。

（3）每个对象都有自己的存储空间，用来存储其他对象。

（4）每个对象都是一个类的实例。类用来代表一组相似的对象，例如，整数、链表等。

（5）类可以看作是存储仓库，用来保存与一个对象相关的行为。也就是说，同一个类的多个实例对象能够执行相同的行为。

（6）类可以组织成一个单根树状结构，称为继承层次。在这个树状结构中，一个类实例的存储空间和行为自动地被其派生类使用。

尽管不同的面向对象编程语言使用不同的语法和术语，但是它们都具有共有的概念：对象、类、封装、消息传递、继承、多态、动态联编等，其中继承是面向对象方法对程序设计语言的独特贡献。正是由于继承与其余概念的相互结合，才显示出面向对象程序设计的特色。

从更加广泛的软件工程层面认为，面向对象技术的特征主要有四个：抽象、封装、继承、多态，本书后续章节会详细讲解其所包含的概念、语义，以及在不同编程语言中的实现机制。

1. 抽象

首先在面向对象的程序设计中，每种事物都可以成为"对象"。那么一个对象可以有多个属性，如人有身高、体重等。把一个事物对象的特点概括表示出来的过程叫作抽象。例如，员工对象的薪水、上班时间、绩效考核等。

2. 封装

在完成抽象之后，把静态属性和动态属性归为一个整体，那么这个步骤叫作封装。通过封装，一个对象的属性和操作这些属性的方法可以被捆绑在一起，形成一个类。那么这个步骤就是封装。

3. 继承

继承是为了对于现有的东西进拓展和扩充的一种方式。所谓继承就是，之前已经有了一个类，那么在这个类的基础上，想要拓展出新的功能和特性，同时要保持原有的特性，就继承原来的类的基础上出现子类，也就是新的类从旧的类的基础上继承而来，从达到代码的扩充和重用的目的。在本书后续章节中，我们会发现继承机制更为重要的目的并不是代码复用，而是软件系统对象结构的设计。

4. 多态

多态指的是每一个种类的对象具有相同名称的行为（如同名函数），但是具体的函数的实现式却是不一样的。基类和子类的不同指针调用不同的类的这个函数也会有不同的结果。在本书后续章节中，将会学习到多态的更多类型。

1.5 面向对象编程语言

面向对象语言（object-oriented language, OOPL）是一类以对象作为基本程序结构单位的程序设计语言，用于描述的设计是以对象为核心，而对象是程序运行时的基本成分，语言中提供了类、继承等成分。伴随着面向对象技术的发展，出现了大量不同类型的面向对象程序设计语言，如

Object-C、Object-Pascal、Eiffel、C++、Java、C#、Ruby 等，从语言流行度、应用场景以及语言特征多样性等角度考虑，本书选择以下四个 OOPL 作为代码示例的语言。

（1）Java 语言：纯面向对象语言，静态类型语言，解释型语言。
（2）C++ 语言：面向对象与面向过程混合，静态类型语言，编译型语言。
（3）Python 语言：面向对象与面向过程混合，动态类型语言，解释型语言。
（4）JavaScript 语言：基于对象的语言，动态类型语言，解释型语言。

以下分别简要介绍以上语言，编程语言的学习不在本书范围之内，理解本书讲解的面向对象知识只需掌握任何一门语言，可以在将来学习其他编程语言时融会贯通。

Java 是一种纯粹的面向对象的编程语言，最初是由 Sun Microsystems 公司为了解决开发商业软件的问题而设计的，2010 年 Oracle 公司收购 Sun Microsystems，之后由 Oracle 公司负责 Java 的维护和版本升级。Java 是一种跨平台语言，可以在多种操作系统平台上运行，并且有着丰富的类库和工具支持。Java 代码编译后会生成字节码，这些字节码可以在任何支持 Java 虚拟机的设备上运行，使得 Java 在可移植性方面有着优势。Java 平台由 Java 虚拟机（Java virtual machine, JVM）和 Java 应用编程接口（application programming interface, API）构成。Java 应用编程接口为此提供了一个独立于操作系统的标准接口，可分为基本部分和扩展部分。Java 平台已经嵌入了几乎所有的操作系统。Java 还是一个有一系列计算机软件和规范形成的技术体系，这个技术体系提供了完整的用于软件开发和跨平台部署的环境支持，并广泛应用于嵌入式系统、移动终端、企业服务器、大型机等各种场合。

C++ 是 C 语言的超集，它在保留 C 语言的优点的同时，又增加了许多面向对象特性，最早于 1979 年由 AT&T 贝尔工作室研发，C++ 作为一种静态数据类型检查的、支持多范型的通用程序设计语言，能够支持过程化程序设计、数据抽象化、面向对象程序设计、泛型程序设计、基于原则设计等多种程序设计风格。C++ 的编程领域众广，常用于开发系统软件、应用软件和驱动程序，并且在计算机图形学和游戏开发领域也有广泛应用。C++ 不仅拥有计算机高效运行的实用性特征，同时还致力于提高大规模程序的编程质量与程序设计语言的问题描述能力。C++ 是编译型语言，开发 C++ 应用程序，需要经过编写源程序、编译、连接程序生成可执行程序、运行程序四个步骤。生成程序是指将源代码（C++ 语句）转换成一个可以运行的应用程序的过程。首先是对源程序进行编译，这需要用到编译器（compiler），编译器将 C++ 语句转换成机器码（也称为目标码）；下一步是对程序进行链接，这需要用到链接器（linker）。链接器将编译获得机器码与 C++ 库中的代码进行合并。

Python 语言是一种解释型的、面向对象的编程语言，具有简单、优美的语法和丰富的内置库。Python 语言的简洁性、易读性、可扩展性、灵活的语法和动态类型，以及解释型语言的本质，使它成为多数平台上写脚本和快速开发应用的编程语言，适用于多种应用领域，如网络编程、网站开发、数据分析、人工智能、科学计算等。Python 是完全面向对象的编程语言，函数、模块、数字、字符串等内置类型都是对象。它的类支持多态、操作符重载和多重继承等高级 OOP 概念，并且 Python 特有的简洁的语法和类型使得 OOP 十分易于使用。就像 C++ 一样，Python 既支持面向对象编程，也支持面向过程编程的模式。Python 是一种解释型语言，标准实现方式是将源代码的语句编译（转换）为字节码格式，然后通过解释器将字节码解释出来。Python 提供了非常完善的基础代码库，还有大量的第三方库。Python 编译器本身也可以被集成到其他需要脚本语言的程序内，因此，很多人还把 Python 作为一种"胶水语言"（glue language）使用，使用 Python 将其他语言编写的程序进行集成和封装。

JavaScript 语言（简称"JS"）是一种具有函数优先的轻量级，解释型或即时编译型的编程语言，JavaScript 基于原型编程、多范式的动态脚本语言，并且支持面向对象、命令式、声明式、函数式编程范式。JavaScript 是一种属于网络的高级脚本语言，已经被广泛用于 Web 应用开发，常用来为网页添加各式各样的动态功能，为用户提供更流畅美观的浏览效果。通常 JavaScript 脚本是通过嵌入在 HTML 中来实现自身的功能的，JavaScript 也可以用于其他场合，如服务器端编程（Node.js）。JavaScript 不同于 Java 这种语法严格的编程语言，虽然也是面向对象编程，但是 JavaScript 是基于对象的语言，运用的是模拟面向对象的思想，在 ES6 以前它的语法中没有 class（类）。JavaScript 语言包括三个部分：

（1）ECMAScript，描述了该语言的语法和基本对象。
（2）文档对象模型（DOM），描述处理网页内容的方法和接口。
（3）浏览器对象模型（BOM），描述与浏览器进行交互的方法和接口。

1.6 程序设计范式

罗伯特·弗洛伊德（Robert W. Floyd）在 1978 年美国计算机协会图灵奖颁奖仪式的演讲中，使用了"编程范例"一词，在这里"范例"是指模式、例子和组织手段。编程范例是一种概念化的方式，也就是指在计算机上执行计算和处理任务时应该结构化和组织化。从编程范例的发展演化历史中，它可分为面向机器、面向过程、结构化程序设计、面向对象，以及近年来逐渐流行的函数式编程等。

1.6.1 面向机器编程

最早的时候，计算机编程都是面向机器的，也就是用机器语言（0 和 1）进行程序的编写，这种二进制代码能够被机器直接执行，程序运行的速度非常快，但是编写程序的效率特别低，尤其是发生错误时，排查的难度堪比登天，这对程序员也提出了更高的要求。

由于计算机编写程序实在太复杂了，于是发展出了汇编语言，汇编语言也称为符号语言，用符号代替机器指令，如使用 store 表示 0001，表示保存指令，尽管汇编语言提高了代码的可读性，但是汇编语言本质上还是一种机器语言，编写程序依旧很困难，编写过程中依旧很容易出错。

1.6.2 面向过程编程

面向机器的语言也被称为"低级语言"，面向机器的语言在编写程序的过程中，不仅要解决实际问题，还要处理好机器本身的操作指令、内存等问题。为了将程序员解放出来，在众多计算机专家的努力之下，创建了面向过程的语言。面向过程的语言注重一步一步地解决问题，也就是解决问题的流程，这也就是面向过程的说法的由来。面向过程是一种以"过程"作为中心的编程思想，其中过程的含义就是"完成一件事情的步骤"。面向过程的这种特征其实是和计算机的本质相关的，计算机本质上是一台机器，其核心 CPU 处理的是指令流水。

面向过程的编程方法将程序员从复杂的机器操作和运行的细节中解放出来，关注实际解决的问题，同时，面向过程的语言也不再需要和机器进行绑定，具备一定的移植性和通用性，方便修改和维护。典型的面向过程的语言有：COBOL、FORTRAN、BASIC、C 语言等，其优点是将复杂的问题流程化，进而简单化，缺点是拓展性差，一个地方需要修改的时候，很多相关代码都会受到影响。

并不是所有的软件都需要频繁更迭，面向过程的程序设计一般用于那些功能一旦实现之后就很少需要改变的场景，如嵌入式程序。在相对于简单的事物前，用线性思维解决问题尚看不出弊端，而当事物超过线性思维能扩散的最大范围时，步骤间的关系就会变得越来越复杂，且功能越扩展，逻辑也就越复杂，相当不利于后期维护。如果你只是写一些简单的脚本，去做一些一次性任务，用面向过程去实现是极好的，但如果你要处理的任务是复杂的，且需要不断迭代和维护，面向过程程序设计将会带来很大的维护代价。

1.6.3 结构化程序设计

面向过程语言中的 goto 语句导致的面条式代码（spaghetti code），可能导致编码混乱，但是实际上还是有很多 goto 语句的使用环境，艾兹格·迪科斯特（Edsger Dijkstra）于 1968 年发表了著名的《GOTO 有害论》的论文，提出了程序设计中常用的 goto 语句的三大危害：破坏了程序的静动一致性；程序不易测试；限制了代码优化。此举引起了长达数年的论战，并由此产生了结构化程序设计（structured programming）的编程范式，它提倡模块化开发，单入口单出口，采用子程序、代码区块、循环等结构，改善程序的明晰性，提高代码可读性以及代码的开发效率，避免出现面条式代码。同时，第一个结构化的程序语言 Pascal 也在此时诞生，并迅速流行起来，它的简洁明了以及丰富的数据结构和控制结构，为程序员提供了极大的方便性与灵活性，同时特别适合微型计算机系统，因此大受欢迎。

结构化程序设计思想采用了模块分解与功能抽象和自顶向下、分而治之的方法，从而有效地将一个较复杂的程序系统设计任务分解成许多易于控制和处理的子程序，便于开发和维护。因此结构化方法迅速走红，并在整个 20 世纪 70 年代以后的软件开发中占绝对统治地位。结构化程序设计本质上还是一种面向过程的设计思想，但通过"自顶向下、逐步细化、模块化"的方法，将软件的复杂度控制在一定范围内，从而从整体上降低了软件开发的复杂度。

1.6.4 面向对象编程

随着计算机硬件发展与计算机软件发展的不同步，软件的发展跟不上硬件与业务的需求，第二次软件危机发生了，第二次软件危机主要体现在程序的可拓展型，可维护性上面，结构化程序设计语言和结构化分析与设计方法已经越来越不能适应快速多变的业务需求，在这种背景下，面向对象的思想开始浮出水面。

面向对象真正开始流行是在 1980 年代，现在，面向对象已经成为了主流的开发思想，虽然面向对象并不是解决软件危机的最佳方法，但和面向过程相比，面向对象的思想更加贴近人类思维，更加脱离机器思维，是一次软件设计思想上的飞跃，并且经历了 40 多年的发展，现在依然经久不衰。

1.6.5 函数式编程

函数式编程（functional programming）起源于学术界，从 λ 演算（lambda calculus）演变而来，这是一种仅基于函数的正式计算系统。函数式编程在历史上一直比命令式编程不太受欢迎，但成为近年来在特定领域取得巨大成功的语言的关键，例如，Web 中的 JavaScript，统计中的 R，以及最为火爆的 Python，并且连 Java、C# 这些"纯正"的面向对象语言也在其新版本中支持了函数式的好的特性，如 lambda、map、reduce、filter。

函数式编程是一种结构化编程方式，力求将运算过程写成一系列嵌套的函数调用。源于 JS 中"万物皆对象"的理念，函数式编程认定函数是第一等公民，可以赋值给其他变量、用作另一个函数的参数或者作为函数返回值来使用。函数式编程中的函数指的不是程序中的函数（方法），而是数学中的函数即映射关系，例如，$y=\sin(x)$ 中 x 和 y 的关系。函数式编程的思维方式是把现实世界的事物和事物之间的联系抽象到程序世界（对运算过程进行抽象），把程序的本质看作：输入通过某种运算获得相应的输出。

1.6.6 其他编程范式

事实表明，面向对象程序设计方法虽然比结构化方法能更自然地表现现实世界，但它不是灵丹妙药，并不能解决所有问题，它本身存在固有的内在的局限性。

最近兴起的面向方面编程（AOP）正是为了改进上述程序设计方法学的不足。AOP 被视为是"后"面向对象时代的一种新的重要的程序设计技术。而从更广义的范畴看，在过去的 40 年里，软件体系结构试图处理日益增长的软件复杂性，但复杂性却仍继续增加，传统的体系结构好像已经达到了其处理此类问题的极限。新兴的 Web 服务通过允许应用程序以对象模型中立的方式实现互联，从而提供了一个更强大、更灵活的编程模型，并将对软件开发方法产生巨大的影响。

小　　结

本章从面向对象思想的起源和发展开始，讲述面向对象方法的基本思路，总结面向对象方法如何贯穿于软件工程的整个开发周期，然后转向本书主要关注的面向对象编程，介绍几种目前流行的、有代表性的面向对象编程语言，这些语言也用于本书后续章节中的代码片段示例，本章最后介绍了若干种编程范式，使读者理解即使面向对象编程影响力巨大，但并非适用于所有应用场景，并存的还有其他编程范式。

第 2 章　面向对象基本特征

面向对象思想侧重于对现实世界的模拟，将人们对于现实世界的理解直接映射到计算机软件的虚拟世界。面向对象方法是建立在"对象"概念基础上的方法学，系统是围绕着对象组织的，每个对象实现其功能的能力、实现功能所需的数据被"封装"在对象之中，系统的运行是通过对象间的消息传递和协作实现的，而抽象、封装、继承、多态等面向对象核心概念也正是针对人类认识现实世界的思维方式的抽象和映射。本章介绍面向对象方法的基本特征和核心概念，这些特征贯穿于系统分析、设计、实现和测试的软件工程全过程，而不仅仅属于面向对象编程环节。

本章知识导图

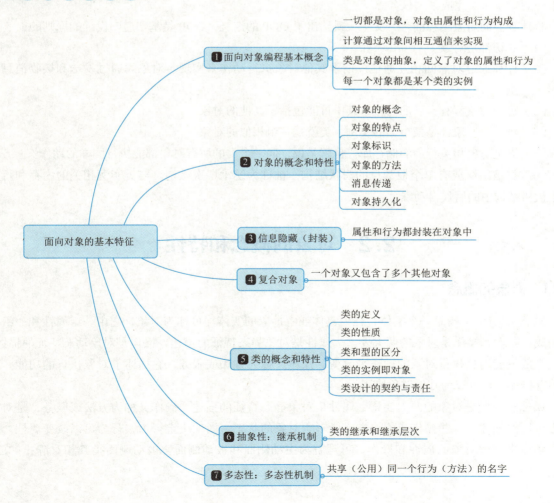

学习目标

- 了解：了解对象和类的基本概念和特征，以及两个概念的区别。
- 理解：理解封装、抽象、继承、多态等面向对象核心特征的概念和基本含义。

2.1 面向对象编程基本概念

面向对象的程序设计语言至少支持以下概念：封装的对象、类、实例、继承、多态及动态联编。虽然这些概念对于面向对象程序设计语言是基本的，但迄今为止没有统一认识。在这五个概念中，只有继承是面向对象的方法对程序设计语言的独特贡献。正是由于继承与其余四个概念的相互结合，才显示出面向对象程序设计的特色。

（1）任何事物都是对象，对象有属性和方法。
（2）复杂对象可以由相对简单的对象以某种方式构成。
（3）通过类比发现对象间的相似性，即对象间的共同属性，是构成对象类的依据。
（4）对象间的相互联系是通过传递"消息"来完成的。通过对象之间的消息通信驱动对象执行一系列的操作从而完成某一任务。

具体到面向对象编程而言，艾伦·凯给出了 OOP 的定义，OOP 是基于递归设计的原则的：

（1）一切都是对象。
（2）计算通过对象间相互通信，请求其他对象执行动作来实现。对象间通过发送和接收消息来通信。
（3）每个对象都有自己的内存，其中可能包括了其他的对象。
（4）每一个对象都是某个类的实例。类就是一组相似的对象。
（5）类是对象相关行为的储存库。也就是说，同一个类的所有对象都能执行同样的动作。
（6）类被组织成有单个根节点的树状结构，被称为继承层次结构。与类实例相关的内存和行为都会被树结构中的后代自动继承。

2.2 对象的概念和特性

2.2.1 对象的概念

对象（object）指是一个实体，任何具体或者抽象的实体均可称为对象，它由一组属性和一组操作构成。属性和操作是对象的两大要素。属性是对象静态特征的描述，操作是对象动态特征的描述。属性一般只能通过执行对象的操作来改变。操作又称为方法或服务，它描述了对象执行的功能。通过消息传递，还可以为其他对象使用。

属性和操作是对象的两大要素，属性是对象静态特征的描述，操作又称为方法或服务，是对象动态特征的描述，这些操作或能检查或能影响对象的状态。属性决定行为，行为可以改变属性。换一个角度来理解对象的属性和操作，可理解为主动侧面和被动侧面。被动侧面指其相对静止侧面，由静态的属性表示,而主动侧面指把对象看作主动机制,即动态的行为。例如,一个人有他的身高或体重等属性,并有他的行为——如唱歌、打球、骑摩托车、开汽车。一只狗有它的颜色作状态,也有它的行为,如摇尾巴或跳跃。

对象一词应用广泛,难以精确定义,场合不同,含义各异。可以把生活所在的真实世界当作是由许多大小不同的对象所组成的。对象可以是有生命的个体,如一个人或一只鸟。对象也可以是无生命的个体,如一辆汽车或一台计算机。对象也可以是一件抽象的事物,如天气或鼠标操作所产生的事件。一般说来,任何事物均可看成"对象",但对于计算机软件来说,则失之过泛。

在面向对象的方法中,一切概念上的存在,小至单个整型数或字符串,大至由许多部件组成的系统均可称作对象。软件对象的概念由真实世界对象而来,软件对象将状态保存在变量或数据字段里,而行为则借助方法作为工具来实现。

对象能够表示现实或抽象的事物,应具有良好定义的责任和良好定义的行为,具有良好定义的接口。对象通常不是太复杂或太大,一个对象可以由多个对象组成,并且与其他对象具有松散耦合。

2.2.2 对象的特点

对象具有封装性(encapsulation)。对象将数据及行为封装在一起,并且对象具有信息隐藏的能力,也就是说将其内部结构隐藏起来。具体地说,外界不能直接修改对象的状态,只有通过向该对象发送消息(message)来对它施加影响。对象隐藏了其中的数据及操作的实现方法,对外可见的只是该对象所提供的操作的接口,对象将接口从实现中分离。但某些面向对象程序设计语言中,信息隐藏是有权限的,如 C++。

通过封装,可以防止对封装数据未经授权的访问;有助于保证数据的完整性,隐藏起来的执行细节,对其他对象是透明的,因此内部细节的改动不影响向其发送消息的对象。

对象具有自治性(autonomy)。对象具有独立的计算能力,给一定的输入,经过状态转换,对象能产生输出,说明它具有计算能力。对象自身的状态变化不是直接受外界干预的,外界只有通过发送消息对其产生影响,因此对象能够提供服务。

对象具有通信性(communicability)。对象具有与其他对象通信的能力,具体地说就是对象能接收其他对象发来的消息,同时也向其他对象发送消息。通信性反映了不同对象间的联系,通过这种联系,若干对象可以协同完成某项任务。

对象具有被动性(passivity)。对象的存在和状态转换都是由来自外界的某种刺激(stimulus)引发的,这种刺激就是消息。对象的存在是由外界决定的,而对象的状态转换则是在它接收到某种消息后产生的。

2.2.3 对象标识

对象标识(object identifier,OID),是将一个对象和其他对象加以区别的标识符,这是面向对象的一个非常重要的概念。在一个完全的面向对象系统中,一个对象标识和对象永久结合在一起,不管这个对象状态如何变化,一直到该对象消亡为止。对象标识独立于对象的值,不管对象属性值如何改变,对象标识是不变的。

在面向对象的程序设计语言中，OID 强调对象标识的表达能力，而在面向对象的数据库系统中则希望对象标识能够支持持久性。区分对象有许多不同的办法。在许多语言中，用变量名充当标识，这使得标识与对象的位置及可寻址性有关，区分两个对象实际上是它们的地址。基于地址的对象标识在语言中一般用指针来实现。这种方法把可寻址性和标识这两个概念做了混合。实际上可寻址性对于对象来说是外部的特性，其目的是提供特定环境下访问对象的一条途径；标识则是对象内部特性，其目的是为对象的个体性提供一种表示，与访问对象的途径无关。所以基于地址的标识是表示对象标识的一种方案。

在 C++、Java 等强类型语言中，强类型变量通过变量名充当标识：

```
Employ emp = new Employ();
```

在 Python、JavaScript 等非强类型语言中，同样通过变量名充当标识：

```
var emp = new Employ();
```

2.2.4 方法

方法（method）也称为行为（behavior），就是对象所能执行的操作，也就是类中定义的服务。方法描述了对象执行操作的算法，响应消息的方法。在 C++ 中，把方法称为成员函数。

方法表明了定义于某一特定类上的操作与规则。具有同类的对象才可为该类的方法所操作，换言之，这组方法表达了该类对象的动态性质，而对于其他类的对象可能无意义，乃至非法。

例如，为了 Circle 类的对象能够响应让它在屏幕上显示自己的消息 Show（Green），在 Circle 类种必须给出成员函数 Show（int color）的定义，也就是要给出这个成员函数的实现代码。

规则说明了对象的其他特征之间是怎样联系的，或者对象在什么条件下是可行的。有时这样的规则称为不变式。对于面向对象的研究来说，有人认为规则是一种方法，也有人认为规则是一个单独的描述。

2.2.5 消息

消息（message）就是要求某个对象执行在定义它的那个类中所定义的某个操作的规格说明。通常一个消息由下述三部分组成：接收消息的对象；消息选择符（消息名）零个或多个变元。

例如，MyCircle 是一个半径 4，圆心位于（100，200）的 Circle 类的对象，也就是 Circle 类的一个实例。当要求它以绿色显示时，在 C++ 中应发出以下消息：

```
MyCircle.Show(Green)
```

其中，MyCircle 是接收消息的对象的名字，Show 是消息选择符（消息名），Green 是消息的变元，当 MyCircle 接收到这个消息后，将执行在 Circle 类中定义的 Show 操作。

面向对象的方法对另一个对象的操作在于选择对象并通知它要做什么。该对象"决定"如何完成这一任务，即在其所属类的方法集合中选择合适的方法作用于其身。

形象地说，在操作完成过程中对象是主动方面，所谓"操作一个对象"并不意味着直接将某个程序作用于该对象。而是利用传递消息，通知对象自己去执行这一操作。接收到消息的对象经过解释，然后予以响应。发送消息的对象不需要知道接收消息的对象如何对请求予以响应。这一设施与多用户并发执行环境及分布式环境或多或少都有联系，因为它反映了对象主动一方的非同步控制。

2.2.6 对象持久化

从开发的角度来看，有两种类型的对象：要长久保存的对象，也就是持久对象（persistent object）和不需要长期保存的暂存对象（transient object）。持久对象不随着创建它的进程结束而消亡，能够在外存中永久存储。

对象的串行化（serialization）是指对象的持续性，即对象可以将其当前状态，由其成员变量的值表示，写入到永久性存储体（通常是指磁盘）中。下次则可以从永久性存储体中读取对象的状态，从而重建对象。这种对象的保存和恢复的过程称为串行化。

对象的持久性可以从两个方面理解：

一个方面是应用系统急需管理的客观存在的对象，如学生等。我们必须把对象的属性值以及维护关系相关的任何信息都需要永久存储。除了保存对象之外，持久化还关注对象的检索和删除。利用面向对象的方法进行软件开发，设计的都是对象以及对象之间的关系。但是存储的却是关系数据库，这样也就存在了对象/关系映射（O-R mapping）的问题。另一方面，在面向对象的应用中，经常需要将暂存对象（内存中的对象）转换成持久对象（在外存中存储），应用需要时，再将持久对象转换成暂存对象。

2.3 信息隐藏（封装）

在面向对象的方法中，所有信息都存储在对象中，即其数据及行为都封装（encapsulation）在对象中。影响对象的唯一方式是执行它所属的类的方法，即执行作用于其上的操作。这就是信息隐藏（information hiding），也就是说将其内部结构从其环境中隐藏起来。要是对对象的数据进行读写，必须将消息传递给相应对象，得到消息的对象调用其相应的方法对其数据进行读写。因此可知，当使用对象时，不必知道对象的属性及行为在内部是如何表示和实现的，只需知道它提供了哪些方法（操作）即可。

作为某对象提供服务的一个用户，只需要知道对象将接受的消息的名字。不需要知道要完成要求，该对象需要执行哪些动作。在接收到一条消息后，对象会负责将该项任务完成。

从对象外部看，客户只能看到对象的行为；从对象内部看，方法通过修改对象的状态，以及和其他对象的相互作用，提供了适当的行为。

通过一个例子来说明对象的形象表示，如图 2-1 所示，一个对象如同是一个黑盒子，当在软件中使用一个对象的时候，只能通过对象与外界的界面来操作它，使用对象时只需知道它向外界提供的接口形式而无须知道内部的具体算法，不仅使对象变得非常简单、方便，而且具有很高的安全性和可靠性。

图2-1 对象的形象表示

2.4 复合对象

复合对象（composite object）也称为复杂对象，指一个对象的一个属性或多个属性引用了其他对象。换言之，一个复合对象好像将一个对象嵌套在另一个对象里面一样。有些对象可由其他对象组成，组成的原因可以依赖于多种因素，它通常依赖于一种使对象详细化，增加易懂性的愿望，并且希望得到可重用的部分。

我们说一个对象 O1 引用了另外一个对象 O2，意味着 O1 的一个属性的值是 O2。实际上，对象 O1 的某个属性对对象 O2 的引用是通过对象标示来完成的，也就是说 O1 中引用 O2 的属性的值是 O2 的对象标示。将不同的部分连在一起的一种方法是通过使用组合。一个对象可以由其他对象构造，这样的联系称作包含（Consist-of）联系。图 2-2 所示说明了组合的例子。

图2-2　组合层次

描述对象间具有相互关系的另一种方式是通过使用聚合（aggregate）。组合层次与聚合有时可当作同一词使用，但仍有一些差别。

聚合的意思是连接在一起，是划分的反义词。例如，在家庭关系中，将男人、女人和孩子组合在一起建立起一个聚合关系称为"家庭"，由于不好表达这三者之间的关系，必须增加一个对象"家庭"来表达这种聚合，但并不是聚合本身。一个聚合是多个对象的一个并集，通常由一个对象自身来表示。

组合是更强形式的聚合。其中整体负责部分，而每个部分对象也仅与一个整体对象联系。例如，在任何给定的时间，引擎是且仅是飞机的一部分，而且除了飞机以外，其他对象不能直接与引擎对象发生交互，例如，飞机上的乘客不能直接请求引擎加速。

委托（delegation）是复合对象的一个特例。在委托方式下，有两个对象参与处理一个请求，接受请求的对象将责任委托给它的代理者。

2.5 类的概念和特性

2.5.1 类的定义

类是具有相同或相似行为或数据结构的对象的共同描述。类是一个抽象的概念，是根据抽象的原则对客观事物进行归纳和划分，只关注与当前目标相关的特征，把具有相同属性和相同操作（服务）的对象归为一个类。类是若干对象的模板，并且能够描述这些对象内部的构造，属于同一个类的对象具有相同数据结构及行为。

例如，在屏幕上不同位置用不同颜色不同半径画三个圆，是三个不同的对象，但它们有相同的数据（圆心坐标、半径、颜色）和相同的操作（显示自己、放大缩小半径、在屏幕上移动位置等），因此它们是同一类事物，可用"Circle 类"来定义。

在真实世界里，有许多同"种类"的对象。而这些同"种类"的对象可归为一个"类"例如，可将世界上所有的汽车归类为汽车类，所有的动物归为动物类。

在面向对象的方法中，对象按照不同的性质划分为不同的类。同类对象在数据和操作性质方面具有共性。在面向对象程序设计语言中，程序由一个或多个类组成。在程序运行过程中，根据需要创建类的对象（既其实例），因此类是静态概念，对象是动态概念。类是对象之上的抽象，有了类之后，对象则是类的具体化，是类的实例。

把一组对象的共同特性加以抽象并存储在一个类中的能力，是面向对象方法最重要的一点，是否建立了一个丰富的类库，是衡量一个面向对象程序设计语言成熟与否的重要标志。

在面向对象程序设计语言中，类的作用有两个：一个是作为对象的描述机制，刻画一组对象的公共属性和行为；另一个是作为程序的基本单位，它是支持模块化设计的设施，并且类上的分类关系是模块划分的规范标准。

2.5.2 类的性质

在面向对象的系统中，有许多可以互相通信的对象，有些对象具有共同的特性，于是根据这些特性将这些对象进行分类。一个类就是这些具有相同或相似行为或数据结构的对象的共同描述，类是若干对象的模板，并且能够描述这些对象内部的构造。属于同一个类的对象具有相同数据结构及行为。

类应至少具有以下几个性质：

（1）类名用于标识一个类，虽然可以给每个类赋予一个同义词。在同一个系统环境中，类的名能够唯一标识一个类。

（2）类必须具有一个成员集合，包括数据结构（称为属性）、行为（称为方法）以及方法的操作接口。

（3）类的属性的域可以是基本类，也可以是用户定义的类，如果为后者，则称该属性为复合属性，这样的类也称为复合类。

（4）信息隐藏，这是通过将类的接口及类的实现隔离而实现的，这种隔离允许将类接口映射到多个不同的实现，同时看起来外部接口的操作符表达了对象可能的行为，这种操作符的责任是提供给对象属性的有控制的访问，这样就将用户和类隔离开，这样使得对象之间具有松散耦合。

从类自身内容来看，它描述了一组数据及其以上的操作，这些数据为类所私有，只有操作的接口对外可见，类体现了一种数据抽象，所以类是抽象数据类型在面向对象程序设计语言的具体实现。其含义是即给出了具体的数据结构表示，又用面向对象的语言语句给出操作的实现。

2.5.3 类和型

在某些文献中有一个不太清晰的概念，即类（class）和型（type）是一样的，实际上这两个概念是有差别的。

类是具有共同属性和方法的对象的集合，而对象的型（type）是类的说明，而类是型的实现。对象型代表的是内含（intension），而不是外延（extension），对象型的属性和方法通常指的是它的特征和职责。一个型的说明是指概念上、逻辑上的问题，数据的值都有型。一个类指一个特定的抽象数据类型实现模板，对象具有类。

型是定义在值上的一个谓词布尔函数，而不能用在限制一个可能的参数或表征某一个结果，型通过一个公共的接口对对象进行分类。如果一个型定义了对象是如何定义和实现的，那么将通过定义新的型来实现应用。一个型包括：

(1) 一个操作接口集合。

(2) 操作的代码。

(3) 定义对象表达的数据结构。

一个类是一个能够实例化出多个具有同样行为的对象的设计部分，一个对象是一个类的实例，同类型相反，类通过一个公共的实现来区分对象。

有些人认为类和型关系密切并可以交换使用，也有一些人认为类和型完全不同，实际上，上述两种看法都是不对的：类具有一个外部的意义，指明适合于型的对象集合；型是一个对象集合特征的内部定义。

2.5.4 类的实例

在面向对象的系统中，每个对象都属于一个类，属于某个类的对象称为该类的一个实例（instance），类和对象间具有 instance-of 关系。一个实例是从一个类创建而来的对象，类描述了这个实例的行为（方法）及结构（属性）。实例的当前状态由在该实例执行的操作来定义。类是静态的，实例对象是动态的。

实例就是由某个特定的类所描述的一个具体的对象。类在现实世界中并不能真正存在。例如，在地球上并没有抽象的"中国人"，只有一个个具体的中国人（张三、李四）。同样也没有抽象的"圆"，只有一个个具体的圆〔圆心在（100，200）半径为 50 的红色显示的圆，圆心在（200，300）半径为 30 的蓝色显示的圆〕。实际上，类是建立对象的"样板"，按照这个样板所建立的一个具体的对象，就是类的实际例子，通常称为实例。

实例的行为和属性由其所在的类来定义，每个实例具有一个对象标识。同一个类的不同实例具有相同的数据结构，承受的是同一方法集合所定义的操作，因而具有相同的行为；同一个类的不同实例可以持有不同的值，因而可以有不同的状态。

在某些环境下，我们也认为类本身也是一个对象，这个特殊的对象也有其属性和方法，我们称之为类属性和类方法（普通对象的属性和方法称作实例属性和实例方法）。我们认为任何一个对象都是某个类的对象，因此如果将类看作一个对象，因此该类必定是另一个特殊类的实例，这个特殊类称为元类（metaclass）。我们将在后续章节中详细讲解。

2.5.5 契约与责任

契约（contract）一词强调对象能够提供什么服务的抽象特征，即对象对整个系统负有什么样的责任。契约明确说明了对象与其客户之间的关系。

使用对象时客户只需要知道对象能够做什么，而不需要指导对象如何做。要体现出对象信息隐藏的优势，对象的开发者必须提供一个能够以充分抽象的方式表现对象行为的接口，这种设计思想把对象看成一个能够响应高层请求的服务器，同时还要决定应用程序需要对象提供何种服务，即对象具有什么责任。

一个对象的责任不能由其自己孤立地确定，在实际系统中对象的功能需求常常依赖于若干对象的复杂交互，以便完成既定的目标。由此再定义对象行为时要定义对象对那些信息负责以及对象如何维护信息的完整性。

契约准确描述了对象必须提供什么服务和对象的客户必须满足什么条件才能请求一个服务并能得到一个好的结果。契约规定对客户的要求和服务器承担的责任和义务。从客户的角度看，契约给出了当客户满足条件时能得到什么服务。从服务器来看，如果客户不满足条件，则服务器不提供任何服务。

2.6 抽 象 性

不同类之间存在相似性，两个或更多的类经常会共享属性/方法。我们不希望重复地编写代码，这样就需要一种机制来利用这些相似性。

继承（inheritance）是一种使用户得以在一个类的基础上建立新的类的技术。新的类自动继承旧类的属性和行为特征，并可具备某些附加的特征或某些限制。新类称作旧类的子类，旧类称作新类的超类，继承能有效地支持软件构件的重用，使得当需要在系统中增加新的特征时，所需新代码最少，并且当继承和多态、动态联编结合使用时，为修改系统所需变动的原代码最少。

继承性是面向对象程序设计语言不同于其他语言的最主要特点，是其他语言所没有的。正因为继承机制才使得子类的对象也是超类的对象，所以所有发给超类对象的消息，子类对象也可以接收。例如类"circle"是类"shape"的子类，所以一个 circle 对象可以接收发给 shape 对象的消息。

继承机制的强有力之处还在于它允许程序设计人员可重用一个未必完全符合要求的类，允许对该类进行修改而不至于在该类的其他部分引起有害的副作用。

继承表达了对象的一般与特殊的关系。特殊类的对象具有一般类的全部属性和服务。

类被组织成有单个根节点的树状结构，称为继承层次结构。与类实例相关的内存和行为都会被树结构中的后代自动继承。在类层次结构中与某层相联系的信息（数据、行为）都会自动地提供给该层次结构中的较低层次。

例如，我们除了知道某人是花商外，还知道他是商人、人类、哺乳动物、物质对象。在每一层次上，都可以了解特定的信息，这些信息适用于所有较低层次，如图 2-3 所示。

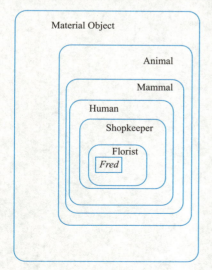
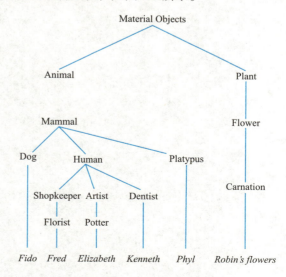

图2-3 类的继承层次

2.7 多态性

多态性（polymorphism）来自希腊语，意思是"有许多特性"，是面向对象方法的另一个重要特征。多态性是指子类对象可以像父类对象那样，使用同样的消息可以发送给父类对象也可以发送给子类对象。在类的不同层次中可以共享（公用）一个行为（方法）的名字，然而不同层次中的每个类却各自按自己的需要来实现这个行为。

多态性机制不仅增加了面向对象软件系统的灵活性，进一步减少了数据冗余，而且显著提高了软件的可重用性和可扩充性。

在面向对象语言中，多态具有很多形式，我们将在后续章节中详细讲解。

小 结

本章首先介绍了面向对象的基本概念，包括封装的对象、类、实例、继承、多态等，由于面向对象的概念来自面向对象的程序设计语言，因此也重点讨论面向对象的程序设计语言。面向对象的程序设计主要是指利用面向对象的基本概念进行程序设计。面向对象程序设计的主要优点是增强了代码重用，并且比其他类型的程序设计语言更易于理解与维护。

思考与练习

1. 简述对象的特点，结合现实世界的情况解释。
2. 什么是信息隐藏或封装？它有什么好处？
3. 从现实世界中举例说明复合对象。
4. 举例说明类和对象的区别。

第3章 类

把一组对象的共同特性加以抽象并存储在一个类中的能力，是面向对象方法最重要的特点，类是程序基本的、并且是唯一的基本构件，面向对象的程序设计就是设计类及由类组装程序，一个面向对象的程序就是一组相关的类。本章首先介绍类的概念及其在不同程序设计语言中的定义语法，然后讲解类的构成及封装性语义和定义语法，最后引入抽象类、接口等类的基本概念的衍生形式。

本章知识导图

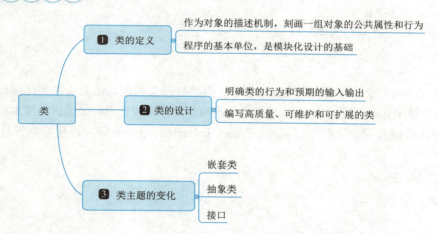

学习目标

- **了解**：了解类的概念和作用，在软件设计中的重要性，以及类与对象之间的关系。
- **理解**：理解类的设计原则和最佳实践，包括良好的封装性、高内聚性和低耦合性，以及类设计的指导原则。
- **应用**：通过分析实际案例和需求，学会根据设计需求及其变化，选择合适的类主题设计方案，如内部类、抽象类和接口。

3.1 类的定义

在面向对象程序设计语言中，类的作用有两个：一个是作为对象的描述机制，刻画一组对象的公共属性和行为；另一个是作为程序的基本单位，它是支持模块化设计的设施，并且类上的分类关系是模块划分的规范标准。

3.1.1 类定义的要素

1. 类的基本定义

一个类由类名、类的结构操作及实现组成。类描述了一组数据及其上的操作,其意思是既给出了具体的数据结构表示,又用面向对象的语言语句给出操作的实现。在同一个系统环境中,类的名能够唯一标识一个类,类必须具有一个成员集合,即属性成员、方法成员、方法的操作接口,其中类的属性所属域既可以是基本类,也可以是用户定义的类。

在面向对象语言中,类的描述语法不尽相同,但是都体现了以上类的构成要素:

```
class 类名称 {
    // 声明成员变量（属性）
数据类型   属性 ;
    ….
    // 定义方法的内容
public 返回值的数据类型  方法名称（参数1，参数2…）{
        程序语句 ;
        [return 表达式 ;]
    }
}
```

以下是不同面向对象编程语言定义类的语法,其共性是类的定义由类头和类体两部分组成,类头由标识类的关键字 class 及类名组成,是对类的声明;类体则包含类的描述,具体由属性(或数据成员)及方法(或成员函数)组成。其中 private、protected、public 等可视性修饰符将在下一小节讲解。

C++ 对类的描述:

```
class PlayingCard {
public:
enum Suits {Spade, Diamond, Club, Heart};
    Suits suit () { return suitValue; }
    int rank () { return rankValue; }
private:
    Suits suitValue;
    int rankValue;
};
```

Java 对类的描述:

```
class PlayingCard {
public int suit () { return suitValue; }
public int rank () { return rankValue; }
private int suitValue;
private int rankValue;
public static final int Spade = 1;
public static final int Diamond = 2;
```

```
public static final int Club = 3;
public static final int Heart = 4;
}
```

Python 对类的描述:

```
class PlayingCard:
Spade, Diamond, Club, Heart = range(1, 5)
    def __init__(self, suit, rank):
        self._suit = suit
        self._rank = rank
    def suit(self):
        return self._suit
    def rank(self):
        return self._rank
```

JavaScript 对类的描述:

```
class PlayingCard {
  static Spade = 1;
  static Diamond = 2;
  static Club = 3;
  static Heart = 4;s
  constructor(suit, rank) {
    this._suit = suit;
    this._rank = rank;
  }
  suit() {
    return this._suit;
  }
  rank() {
    return this._rank;
  }
}
```

属性的数据类型可以是基本的数据类型,如 float、int 等,也可以是另外的类,即属性的值是另一类的实例对象。这样的属性称为复合属性,具有复合属性的对象称为复合对象。下面是一个刻画职工的类(C++ 描述):

```
class Employee {
private:
char *Name;
    int  Age;
public:
    void Change (char  *name, int age);
    void Retired;
    Emloyee (char *name, int age);
```

```
        ~Employee ();
};
```

2. 定义和实现分离

Java、C# 等语言的类定义中，方法主体直接放在类定义中。而 C++ 支持定义和实现的分离，即存在于不同的文件中。

C++ 代码的实现：

```
void Employye::change (char *name,int age) {
    if (name !=Null)
        if (strlen(name)<25)
            strcpy(Name,name);
        else
            strcpy(Name,name,24);

    Age=age;
 }
 void Employee::Retire(){
    if (Age >55)
        delete this;
  }
Employee::Employee(char *name,int age) {
 Name=new char[25];
  Change(name,age);
 }
Employee::~Employee(){
  delete  Name
}
```

3.1.2 可视性修饰符

在上述类的定义中，private、protected、public 称为可视性修饰符（或称访问限制符），它们将类的成员分成三部分，每一部分都可有数据成员及成员函数。但不同的访问限制规定了这些部分具有不同的访问权限。如果类的成员具有 public 权限，则其数据成员及成员函数是开放的，即可由本类的成员函数访问，也可由程序的其他部分直接访问，若权限为 private，则表明数据成员及成员是完全隐藏的，它只能由本类的成员访问，不允许程序的其他部分直接访问它们，也就是说私有部分对外完全是不可见的，即真正的信息隐藏。若权限是 protected，则其数据成员及成员函数可由本类成员函数或派生类（子类）的成员函数直接访问，但不允许程序的其他部分直接访问它。protected 部分主要用于类的继承性。

在 Java 和 C++ 中，封装性由程序员确定，在 Python 中，没有提供 public、private 这些修饰符，为了实现类的封装，默认情况下，Python 类中的变量和方法都是公有的，它们的名称前都没有下划线；如果以单下划线"_"开头，则是类属性或者类方法；如果以双下划线"__"开头，则是私有变量或者私有方法。虽然它们也能通过类对象正常访问，但这是一种约定俗称的用法，在 JS 中封装可以通过闭包来实现。例如，上述 C++ 定义的 PlayingCard 类中，类的 private 部分描述了该类的两个数据成员（属性）是私有的。public 部分定义了若干个公共的成员函数（方法）。另外，这个类给出的只是方法的接口，而其实现（称为方法体）则可以与类的定义分离。一般说来，编程语言并不指定在类定义中方法的声明次序。然而，次序对可读性却有着相当大的影响，这种影响对程序员可能是至关重要的。

> 【类中成员的声明次序建议】
> 为提高代码的可读性，一般的编程原则建议类中成员的声明次序：
> - 先列出主要特征，次要的列在后面；
> - 数据字段声明为 private，列在类定义中靠后的位置；
> - 构造函数列在前面；
> - 方法的声明应该通过分组来表示，分组的原则可以按照字母顺序排列，或者按照方法的职能进行分组。

3.1.3 封装与信息隐藏

封装（encapsulation）是面向对象技术的重要特征之一，是增强系统组件化、可维护性特性的重要手段。可视性修饰符为封装提供了实现机制，这是一种有效的解决问题的方法，可以将某些信息有意识地隐藏在程序的某个部分。每个对象都可以从两个方面来看待：从外部看，客户（用户）只能看到定义抽象行为的操作集合，而定义抽象的程序员通过数据变量来维护对象的内部状态。

封装是一种信息隐藏（information hiding）技术，用户只能看到封装界面上的信息，对象内部对用户是不可见的。封装把对象的所有组成部分（包括数据和方法）组合在一起，定义了程序如何引用对象的数据；封装实际上使用方法将类的数据隐藏起来，如图 3-1 所示，数据被保护在抽象数据类型的内部，系统的其他部分只有通过包裹在数据外面的被授权的操作，才能够与这个抽象数据类型交流和交互，用来控制用户对类的数据（域、属性）修改和访问的权限。

被封装的对象之间是通过传递消息来进行联系的。一个消息由三部分组成：消息的接收对象、接收对象要采取的方法、方法需要的参数，将在下一章介绍。

在面向对象程序设计中，抽象数据类型通过"类"来代表，每个类都封装相关的数据和操作。当使用对象时，不必知道对象的属性及行为在内部是如何表示和实现的，只需知道它提供了哪些方法（操作）即可。例如，对于堆栈（stack）对象的抽象，用户只能看到 push、pop、top 等合法操作的描述，另一方面，实现者（程序员）则需要了解用来实现抽象的具体数据结构。这样，具体的细节就被封装在更加抽象的框架中。对象的封装如图 3-2 所示。

一个类是把属性算法（逻辑处理）封装起来，只留必要的方法（接口）让用户使用，一个类该暴露什么，不该暴露什么，由类的设计者根据需求设计决定的。private 属性用户不能直接访问，如果设计者提供相应接口方法，那么用户可以通过该接口方法访问。

基于封装性，类的定义体现了一种数据抽象，类描述了一组数据及针对这些数据的一些操作，这些数据为类所私有，只有操作的接口对外可见，所以类是抽象数据类型在面向对象程序设计语言的具体实现。

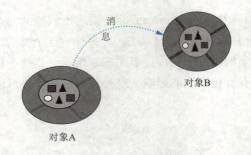

图3-1 对象消息传递

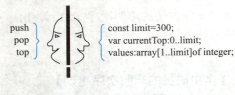

图3-2 对象的封装

【封装的原则】
- 将不需要对外提供的内容都隐藏起来；
- 把属性都隐藏，提供公共方法对其访问。

封装隐藏了对象的属性和实现细节，仅对外提供公共访问方式，其作用有：

（1）将变化隔离：隔离了每个类的内部实现细节。

（2）便于使用：由于封装特性把类内的数据保护得很严密，模块与模块间仅通过严格控制的界面进行交互，使它们之间耦合和交叉大大减少，从而降低了开发过程的复杂性，提高了效率和质量，减少了可能的错误。

（3）提高复用性：封装使得抽象数据类型对内成为一个结构完整、可自我管理、自我平衡、高度集中的整体；对外则是一个功能明确、接口单一、可在各种合适的环境下都能独立工作的有机的单元。这样的有机单元特别有利于构建、开发大型标准化的应用软件系统。

（4）提高安全性：保护类受到不必要的修改。

3.1.4 类的数据字段

1. 类变量

类变量也称静态变量或静态属性，是该类所有对象共享的变量，任何一个该类的对象去访问时，取到的值都是相同的值；同样，任何一个该类对象去修改这个变量时，修改的也是同一个变量（内存地址）。

如何定义类变量呢？Java、C++ 使用修饰符 static 创建共享数据字段，在 Python 类体中、所有函数之外定义的变量，称为类变量，而在 JavaScript 中，类的静态变量通过 [类名 . 类变量名称] 赋值。

如何访问类变量呢？采用 [类名].[类变量名] 或者 [对象名].[类变量名]。

```
class student {
private string name ;
private string sex ;
static string school="xx 大学";
public student (string name , string sex) {
this.name = name ;
```

```
        this.sex = sex ;
    }
    public void printInfo {
    system.out.print("姓名:"+this.name+", 性别:"+this.sex) ;
    system.out.println ( ",学校名:"+student.school) ;
    }
}
public class reststudent {
public static void main (string args []){
student std1=new student ("张三", "男");
student std2=new student("李四", "男");
std1.printInfo();
std2.printInfo();
student.school="yy 大学";
std1.printInfo();
std2.printInfo ();
}
```

对象 student 的成员内存分配情况，如图 3-3 所示。

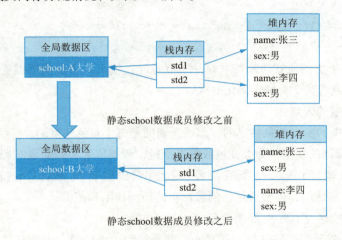

图3-3　对象student的成员内存分配情况

static 数据成员属于类，而不属于对象，static 数据成员也分为公有和私有的，在类外只能访问公有的 static 数据成员；在类内可以访问所有的 static 数据成员，采用直接访问方式。

既然类变量是被一个类的所有实例共享的公共数据字段，如何对该字段初始化？每个实例都执行对公共数据字段的初始化，或者是任何类的实例都不执行初始化任务？事实上，在绝大多数语言中，对象本身不对共享字段初始化，内存管理器自动将共享数据初始化为某特定值。例如，Java 静态数据字段的初始化是在加载类时，执行静态块来完成，示例代码如下：

```
public class MyClass {
    // 静态变量
    public static int count;
```

```
        // 静态初始化块
        static {
            count = 10;
            System.out.println("静态变量count的值为：" + count);
        }
        // 其他方法
        public static void incrementCount() {
            count++;
        }
    }
```

在C++语言中，由基本数据类型表示的静态数据字段可以在类的主体中进行定义，在类外对静态数据字段进行初始化。

```
class CountingClass {
public:
CountingClass () { count++; ... }
private:
static int count;
};
// global initialization is separate from class
int CountingClass::count = 0;
```

当我们需要让某个类的所有对象都共享一个变量时，就可以考虑使用类变量，例如，需要所有对象共享的打印池，或者某个类被实例化的次数。

类变量与实例变量的区别：

（1）类变量是该类的所有对象共享的，而普通属性是每个对象独享的；

（2）使用static修饰的变量称为类变量或静态变量，否则称为实例变量/普通变量/非静态变量；

（3）类变量可以通过[类名].[类变量名]或者[对象名].[类变量名]来访问，一般使用[类名].[类变量名]的方式访问，需要满足访问修饰符的访问权限和范围；

（4）实例变量不能通过[类名].[类变量名]方式访问；

（5）类变量的生命周期是随类的加载开始，随着类消亡而销毁。也就是说，类变量是在类加载时就初始化了，也就是说，即使你没有创建对象，只要类加载了就可以使用类变量了。

2. 类方法

static关键字也可以用来修饰成员方法，利用static关键字修饰的成员方法为"类方法"或"静态方法"，类方法可以由类直接调用，即[类名].类方法（参数列表）。需要注意的是：静态方法中只能调用静态数据成员，而不能调用非静态数据成员。客户端代码调用静态方法，不能使用this引用；构造和析构函数不能为静态成员。

这是因为静态成员不需要实例化就存在，而非静态成员是实例化后才有的成员，在没有实例化之前非静态成员并不存在。因此可以利用仅仅在某一时刻存在的对象访问普遍存在的对象；而不能用一个普遍存在的对象访问仅仅在某一时刻存在的对象。

静态方法和实例化方法如图3-4所示。

图3-4 静态方法和实例方法

静态方法和实例方法的比较见表3-1。

表3-1 静态方法和实例方法的比较

静态方法	实例方法
static 关键字	不需要 static 关键字
使用类名调用	使用实例对象调用
可以访问静态成员	可以直接访问静态成员
不可以直接访问实例成员	可以直接访问实例成员
不能直接调用实例方法	可以直接访问实例方法、静态方法
调用前初始化	实例化对象时初始化

3. 静态变量和静态方法

Java 语言同时包含无对象（objectless）变量及无对象方法，即类变量和类方法。实际上，通过使用 Java 的这些无对象特性，可以编写一个几乎完全非面向对象的程序。类变量的典型使用方式是定义常量，这样的常量不仅被该类的所有对象共享，而且通常被声明为公共变量，以供给该程序中所有的对象和类使用。除了用来定义常量以外，类变量也可以用来使得某类所有的实例（对象）共享一份数据。

类方法可以被视为可独立于某类的所有对象而进行调用的方法，而非传递给该类的对象的消息。

静态变量和静态方法的总结：

（1）静态变量与静态方法都是在类从磁盘加载至内存后被创建的，与类同时存在，同时消亡。

（2）静态变量又称类的成员变量，在类中是全局变量，可以被类中的所有方法调用。

（3）只要这个类被加载，Java 虚拟机就能根据类名在运行时数据区的方法区内找到他们。因此，static 对象可以在它的任何对象被创建之前访问，无须引用任何对象。

4. 不可变数据字段

一些编程语言提供了一种方式，可以指定一个数据字段是不变的或者不可变的。这就意味着，一旦设定了数据字段的值，就不能再改变它。有了这一条限制，就没有必要通过方法来隐藏对数据值的存取。不同语言对于定义常量的方式也有所不同，常量字段在 Java 语言中是用 final 来声明的，在 C++ 语言中则使用修饰符 const，Python 没有严格的常量，常量通常用大写的变量名表示放在代码的顶部，作为全局使用。

3.1.5 存取器方法

类应该很注意保护自身属性。例如，我们不会让对象 A 在不受控的情况下检查或修改对象 B 中的属性。这样做有许多理由，最重要的原因是保证数据的完整性以及高效调试。有些编程语言提供存取器方法，用以简化对私有变量的访问和修改，也就是 get 和 set 语句组成的方法，存取器方法让用户可以对私有变量进行操作。"存取器方法"的其职责就是获取和设置字段的值，可以确保字段可以被正确处理，也就是说，根据特定的问题域规则而执行必要的操作处理。

Java 存取器示例代码如下：

```java
public class Student{
    private String name;
    private int age;
    //get()方法
    public String getName() {
        return name;
    }
    //get()方法
    public void setName(String name) {
        this.name = name;
    }
    public int getAge() {
        return age;
    }
    public void setAge(int age) {
        this.age = age;
    }
    public static void main(String [] args){
        Student s =new Student();
        s.setName("小明");   //通过set()方法设置私有变量
        s.setAge(8);
        // 通过get()方法获取私有变量内容
        System.out.println(s.getName()+"今年"+s.getAge()+"岁了。");
    }
}
```

JavaScript 存取器示例代码如下：

```javascript
var obj= {
x: 1,
get getX( ) {
return this . x ;
},
set setx(value) {
this.x= value;
},
}
```

Python 语言支持通过 @propcrty 创建用于计算的属性，语法格式如下：

```
@property
def method_name(self):
    block
```

其中参数 method_name 用于指定方法名，方法名通过小写单词和下划线连接而成，该名称最后将作为创建的属性名；self 是必要的参数，表示类的实例；block 是方法体，实现的具体功能。

3.2 类的设计

如何创建高质量的类，使其具有良好的抽象数据类型特性，是软件开发中至关重要的一个方面。通过定义类的属性和方法，可以创建具有特定行为和功能的抽象数据类型，这种抽象性使得我们可以将问题分解为更小的部分，并提供清晰的接口供其他代码使用。通过遵循类设计的准则和规范以及明确类的行为和预期的输入/输出，我们能够设计出高质量、可维护和可扩展的类，提高代码的质量和开发效率。

3.2.1 抽象数据类型

抽象数据类型（abstract data type，ADT）是计算机领域中被广泛接受的一种思想和方法，也是一种用于设计和实现程序模块的有效技术。在编程语言中，基本数据类型是最基本的、不可再划分的数据，例如，整型、浮点型、字符型等。以 Python 为例，它提供的基本类型包括逻辑类型 bool、数值类型 int 和 float 等、字符串类型等。开发程序的时候，应该根据需要选择合适的数据类型。但是无论编程语言提供了多少内置类型，在处理较为复杂的问题时，程序员或早或晚都会遇到一些情况，此时各种内置类型都不能满足或者不适合于自己的需要。在这种情况下，编程语言提供的组合类型有可能帮助解决一些问题。

抽象数据类型是由若干基本数据类型归并之后形成的一种新的数据类型，这种类型由用户定义，功能操作比基本数据类型更多，一般包括结构体和类。ADT 的基本思想是抽象，或者说是数据抽象（与函数定义实现的计算抽象或过程抽象对应）。例如，Python 为数据的组合提供了 list、tuple、set、dict 等结构，编程时可以利用他们把一组相关数据组织在一起，构成一个数据对象，作为整体存储、传递和处理。

抽象数据类型的基本思想是把数据定义为抽象的对象集合，它们定义可用的合法操作，并不暴露其内部实现的具体细节，不论是数据的表示细节还是操作的实现细节。

抽象数据类型是对象技术的基础结构。更确切地说，一个面向对象的系统是由一个相互交互的抽象数据类型集合构成，在构成系统时这些 ADT 或者部分得以实现或者全部得以实现。类是一个可能部分实现的抽象数据类型。

3.2.2 类设计指南

面向对象思维与现实世界对象之间有着直接的映射关系，因此当程序员创建自己的类时，应该设计这些类来代表对象的真实行为。以出租车司机为例，Cab 类和 Cabbie 类代表了现实世界中的实体模型，Cab 和 Cabbie 对象封装了各自的数据和行为，并且通过各自的公共接口进行交互。

构建类的整个目的是提供有用且简便的功能。设计良好的对象接口描述了客户想要实现的服务，如果类没有为用户提供有用的服务，那么就不应该构建该类。例如，如果系统中的其他对象需要获取出租车司机对象的姓名，Cabbie 类必须提供一个公共接口返回它的姓名，即 getName() 方法。因此，如果 Supervisor 对象需要 Cabbie 对象的名字，它必须调用 Cabbie 对象的 getName() 方法，就如同现实中管理人员会询问出租车司机的姓名。

以下简单列出了类设计的基本原则，但是并不全面，更加系统和详尽的类设计原则将在本书后续第 10 章中讲解。

（1）将数据字段设为私有属性。

数据私有可以保证对象的数据封装性，对数据的处理都在方法体内部进行，所以无论数据或对数据的操作发生什么变化，对象以外的代码都可以不用改变。封装的原因已经阐述得非常详细了。识别公共接口与类的使用者相关，而具体实现则与用户无关，具体实现必须提供用户需要的服务，但这些服务是如何实现的对用户来说是不可见的。改变类的实现不应该影响到用户，这才是设计良好的类。例如，修改了具体实现，那么用户无须修改其应用程序代码。

（2）尽量对变量进行初始化。

虽然有些编程语言的编译器将自动对对象进行初始化，但是它不会初始化方法中的局部变量。最好在声明了一个变量后，就立即对它进行初始化，当然有些编程语言的编译器会对此进行检查，例如，Java 语言。

（3）尽量使用抽象数据类型，并赋予其具有明确语义。

如果类定义中有过多的原始数据类型的变量，最好将它们组合成一个新的、具有明确语义的抽象数据类型（类），让这些原始类型的变量充当新的数据类的变量，这样做有利于增强程序的可读性和可理解性。

（4）尽量使用符合可读性原则的类成员声明次序。

一般的编程原则建议类中成员的声明次序：先列出主要特征，次要的列在后面；数据字段列在类定义中靠后的位置；构造函数列在前面；方法的声明应该通过分组来表示，分组的原则可以按照字母顺序排列，或者按照方法的职能进行分组。

例如，可以按照下面的顺序来定义类的各个部分：

公共可见部分；
同一包可见部分；
私有部分。

在每一个部分中可以按照下面的顺序来定义：

常数；
构造方法；
普通构造方法；
静态方法；
类变量；
静态类变量；
实例方法。

（5）类的功能尽量单一。

不要把一个类定义成无所不包的代码集合，让一个程序中只有一个类，那样就失去了面向对象设计的含义，应当适当地设计类使得每个类都有明确和单一的功能。

（6）给类取有意义的名字。

在编程语言中，类、对象、方法、变量的名字通常只要是合法的标识符就可以，但是按照一定的规范来取名，无疑对于提高程序的可读性有很大的帮助，例如，名字应该能够反映对象、类等的功能和作用，以便于记忆和使用。有很多命名约定，选择哪种约定并不重要，重要的是选择一个并始终遵守。当选择了一种约定后，确保当新建类、属性和方法名时，不仅遵循约定，而且名称具有含义。当一些人阅读名称时，可以从名称看出该对象表示什么。保持命名具有描述性是优秀的开发实践，无论哪种开发范式中的都要执行这项实践。

（7）添加适当的代码注释。

大多数开发人员知道应该始终对代码添加文档描述，没有优秀的文档实践是不可能驱动出优秀的设计的。当类被传递给其他人进行扩展和（或）维护时，缺失正确的文档和注释会破坏整个系统。需要注意的是，注释过多也是个问题，太多的文档和注释会成为背景噪音，就像优秀的类设计一样，应保持文档和注释简单易懂。

3.2.3 契约式设计

契约（contract）一词强调对象能够提供什么服务的抽象特征，即对象对整个系统负有什么样的责任。契约式设计（design by contract, DbC）的核心思想是对软件系统中的元素之间相互合作以及"责任"与"义务"的比喻。这种比喻从商业活动中"客户"与"供应商"达成"契约"而得来。例如：

（1）供应商必须提供某种产品（责任），并且他有权期望客户已经付款（权利）。

（2）客户必须付款（责任），并且有权得到产品（权利）。

（3）契约双方必须履行那些对所有契约都有效的责任，如法律和规定等。

同样的，如果在面向对象程序设计中一个类的函数提供了某种功能，那么它要：

（1）期望所有调用它的客户模块都保证一定的进入条件：这就是函数的先验条件——客户的义务和供应商的权利，这样就不用去处理不满足先验条件的情况。

（2）保证退出时给出特定的属性：这就是函数的后验条件——供应商的义务，显然也是客户的权利。

（3）在进入时假定，并在退出时保持一些特定的属性：不变条件。

面向对象方法引入封装机制，使用对象时客户只需要知道对象能够做什么，而不需要指导对象如何做。要体现出对象信息隐藏的优势，对象的开发者必须提供一个能够以充分抽象的方式表现对象行为的接口，这种设计思想把对象看成一个能够响应高层请求的服务器，同时还要决定应用程序需要对象提供何种服务，即对象具有什么责任。

契约规定了对客户的要求和服务器承担的责任和义务，准确描述了对象必须提供什么服务、对象的客户必须满足什么条件才能请求一个服务并能得到一个好的结果。从客户的角度看，契约给出了当客户满足条件时能得到什么服务。从服务器来看，如果客户不满足条件，则服务器不提供任何服务。

3.3 类主题的变化

嵌套类（内部类）、抽象类以及接口等概念扩展了类的功能和灵活性，使得我们能够更好地组织和设计代码。内部类是定义在其他类内部的类。它可以访问外部类的成员，并且提供了更好的封装和组织代码的方式。抽象类是一种不能被实例化的类，它只能被继承。抽象类提供了一种抽象的、通用的基类，可以定义一些通用的行为和属性，并且可以通过继承来扩展和定制具体的子类。接口是一种抽象数据类型，它定义了一组方法的规范，但没有提供方法的实现。接口可以被类实现，通过实现接口，类可以获得接口定义的行为。

3.3.1 嵌套类（内部类）

类是面向对象程序的基本构成单位，前面所讲解的类（包括接口、枚举类型）都定义为顶层类型，各自独立于其他类。但是，类还可以嵌套在其他类中进行定义，这种类被称为嵌套类（nested type），或称为"内部类"。嵌套类可以理解为通过某种方式和其他类绑定在一起的类，不作为完全独立的实体真实存在。

对于 Java 虚拟机而言，每个内部类最后都会被编译为一个独立的类，生成一个独立的字节码文件，内部类编译成功后生成的字节码文件是"[外部类]$[内部类].class"。也就是说，每个内部类其实都可以被替换为一个独立的类。Java 内部类被连接到外部类的具体实例上，并且允许存取其实例和方法。在 C++ 中，嵌套类仅是命名手段，用于限制和内部类相关的特征可视性。

Java 语言的内部类有四种：静态成员类、非静态成员类、匿名类、局部类。

1. 静态成员类

静态成员类是简单的一种嵌套类。它只能访问外围类中的静态成员，即使是私有静态成员也能访问。如果声明成员类不要访问外围实例，就要始终把 static 修饰符放在它声明中，使它成为静态成员类。例如：

```
public class A{
  static class B{
  }
}
```

2. 非静态成员类

非静态成员类的实例被创建的时候，它和外围实例之间的关联也随之被建立起来；而且，这种关联建立以后都不可以被修改。非静态成员类的实例必须要有一个外围实例，创建内部类对象的语法是"外部类对象 .new 内部类 ()"。

与静态内部类不同，除了静态变量和方法，成员内部类还可以直接访问外部类的实例变量和方法，或者利用修饰过的 this 构造器获得外围实例的引用，如内部类的方法可以直接访问外部类私有实例变量。成员内部类还可以通过"外部类 .this.xxx"的方式引用外部类的实例变量和方法，如 Outer.this. action()，这种写法一般在重名的情况下使用，如果没有重名，那么"外部类 .this."是多余的。例如：

```
public class A {
```

```
    private void show() {
    }
    class B {
        static int m = 0;        // 不能通过编译
        final static int i = 0;

        public void show() {
            show();              // 外围类的 show 方法
        }
    }
}
```

成员内部类有哪些应用场景呢？如果内部类与外部类关系密切，需要访问外部类的实例变量或方法，则可以考虑定义为成员内部类。

3. 匿名类

匿名内部类仅适用在想使用一个局部类并且只会使用这个局部类一次的场景。匿名类是在使用的同时被声明和实例化，可以出现在代码中的任何允许存在表达式的地方。匿名内部类是没有需要明确声明的构造函数的，但是会有一个隐藏的自动声明的构造函数。匿名类只能访问外围类的 public 属性和方法。

匿名类的典型使用场景是为了避免在项目里添加 Java 文件，尤其是仅使用一次这个类的时候，另一个经常使用的场景是在 Java 的图形界面编程中创建一个事件监听器。例如：

```
button.setonclickListener(new View.OnclickListener(){
    public void onclick(View v){}
});
```

4. 局部类

局部内部类是指在一个方法中定义的内部类。在任何可以声明局部变量的地方，都可以声明局部类，并且局部类也遵守同样的作用域规则。例如：

```
public class Test {
    int a = 0;
    int d = 0;
    public void method() {
        int b = 0;
        final int c = 10;
        class Inner {
            int a2 = a;              // 访问外部类中的成员
            int b2 = b;              // 编译出错
            int c2 = c;              // 访问方法中的成员
            int d2 = Test.this.d;    // 访问外部类中的成员
        }
        Inner i = new Inner();
        System.out.println(i.c2);    // 输出 10
```

```
        System.out.println(i.d2);    // 输出 0
    }
    public static void main(String[] args) {
        Test t = new Test();
        t.method();
    }
}
```

局部内部类只在当前方法中有效,与局部变量一样,不能使用访问控制修饰符和 static 修饰符修饰。局部内部类中可以访问外部类的所有成员,只可以访问当前方法中 final 类型的参数与变量。

嵌套类(内部类)是非常有用的特性,它允许你把一些逻辑相关的类组织在一起,并控制位于内部的类的可视性。内部类可以方便地访问外部类的私有变量,从而实现对外完全隐藏,相关代码写在一起,写法也更为简洁。

3.3.2 抽象类

在类的定义中,如果某个方法只有方法签名的定义,没有方法体的实现,这种方法就是抽象方法。多个对象都具备相同的功能,但是功能具体内容有所不同,那么在类设计过程中,只抽取了功能定义,并未抽取功能主体,这种情况下就可以使用抽象方法。一个类中如果存在抽象方法,那么这个类就是抽象类。

标准 C++ 没有 abstract 关键字,包含至少一个纯虚函数的类视为抽象类。Java、C# 中用 abstract 修饰的类是抽象类,而在 Python 中定义抽象类需要使用 abc 模块。如下为 Python 定义的抽象类,在这个示例代码中,定义了一个名为 AbstractClass 的抽象类。这个类继承自 object,并通过设置元类为 abc.ABCMeta 来指定它为一个抽象类。接下来,定义了两个抽象方法 method1 和 method2,并使用 @abc.abstractmethod 装饰器来标记它们为抽象方法。

```
import abc

class AbstractClass(metaclass=abc.ABCMeta):

    @abc.abstractmethod
    def method1(self):
        pass

    @abc.abstractmethod
    def method2(self, arg):
        pass
```

抽象类往往用来表征对问题领域进行分析、设计中得出的抽象概念,是对一系列看上去不同、但是本质上相同的具体概念的抽象。例如,在一个图形编辑软件的分析设计过程中,我们发现存在圆、三角形这样一些具体概念,它们是不同的,但是又都属于形状这样一个概念,形状这个概念在问题领域并不是直接存在的,它就是一个抽象概念。而正是因为抽象的概念在问题领域没有对应的具体概念,所以用以表征抽象概念的抽象类是不能够实例化的。抽象类的设计和用法将在后续章节中详细讲解。

3.3.3 接口

接口（interface）的结构和抽象类非常相似，它也具有数据成员与抽象方法，但它与抽象类有两点不同：接口的数据成员必须初始化；接口里的方法必须全部都声明成抽象方法。

抽象类是对类的抽象，可以包含部分方法的实现。而接口只是一个行为的规范或规定，相当于告诉客户："我保证支持这个接口中提出的所有方法、属性、事件、索引器"。下面是一个接口的例子，描述了对象可以从输入/输出流中进行读取和写入操作。

```
public interface Storing {
void writeOut (Stream s);
void readFrom (Stream s);
};
```

如同类一样，接口也定义了一种新类型，这意味着可以仅仅通过接口的名称来声明变量。

```
Storing storableValue;
```

在 Java 中，接口是一种抽象数据类型，它定义了类应该如何与其他类进行交互。它是一种包含抽象方法、常量和默认方法的特殊类，它的所有方法都没有实现。使用关键字 interface 来定义接口，其语法如下：

```
public interface InterfaceName {
    // 声明常量
    public static final int MAX_VALUE = 100;

    // 声明抽象方法
    void methodName1();
    void methodName2();

    // 声明默认方法
    default void methodName3() {
      // 默认方法实现
    }
}
```

在 C# 中，接口也是一种抽象数据类型，它定义了类应该如何与其他类进行交互。使用关键字 interface 来定义接口，其语法如下：

```
public interface InterfaceName {
    // 声明抽象方法
    void methodName1();
    void methodName2();

    // 声明属性
    int MyProperty { get; set; }
```

```
    // 声明事件
    event EventHandler MyEvent;
}
```

在 C++ 中，接口是一组抽象函数的集合。C++ 中没有专门的接口类型，但是可以通过抽象基类（也称为纯虚类）来实现接口。使用关键字 virtual 和 = 0 来声明抽象函数，其语法如下：

```
class InterfaceName {
  public:
    // 声明纯虚函数
    virtual void methodName1() = 0;
    virtual void methodName2() = 0;

    // 声明虚函数
    virtual void methodName3() {
        // 虚函数实现
    }
};
```

在 Python 中，接口通常使用抽象基类（abstract base class，ABC）来定义。抽象基类是一个包含抽象方法的类，这些方法必须在实现类中被重写以提供具体的实现。如果一个类继承了抽象基类但没有提供抽象方法的实现，Python 会引发一个 TypeError 异常。这使得在 Python 中实现接口变得更加灵活，因为一个类可以同时继承多个抽象基类，并提供它们定义的所有方法的实现。

在 JavaScript 中，接口的概念没有被内置到语言中，但是可以通过约定和设计模式来实现相同的效果。通常，一个对象必须实现一组方法，以便被认为是符合接口的。这些方法可以由文档或注释中的约定指定，也可以通过类似于 Java 中的抽象基类的方式来定义一个基类，该基类定义接口中的方法但没有提供具体实现。然后，其他类可以继承这个基类，并提供这些方法的实现。通过这种方式，JavaScript 可以模拟 Java 中的接口。

接口的性质：接口的访问控制修饰符只有 public 或者缺省；接口体内只能声明常量字段和抽象方法；接口可用于定义新类型，可以声明变量，类的实例可以赋值给接口类型的变量。

接口的使用和继承的概念十分类似。并且，接口最重要的作用在于设计一个松耦合、易扩展的程序架构，有关接口的设计和用法将在后续章节详细讲解。

小　　结

本章初步探讨了面向对象语言中类的概念，描述了在不同语言中定义类和方法的语法，这些语言包括 Java、C++、C#、Python、JavaScript。本章所讨论的类的特征包括：可视性修饰符和类的封装、静态属性和静态方法、不可变数据字段、获取器和设置器函数。本章还讨论了抽象数据类型、类的契约与责任，然后给出了若干类的设计指南，用以指导设计出高质量的程序。本章最后描述了类主题的若干变化要素，包括嵌套类、抽象类、接口，其中抽象类和接口是面向对象编程语言中极其重要的概念和机制，在后续章节中还会更加详细的讲解其用法和作用。

思考与练习

一、选择题

1. 类在面向对象编程中的基本概念是（　　）。
   A. 类是一种数据类型，用于创建对象
   B. 类是一种控制结构，用于管理程序流程
   C. 类是一种算法，用于解决特定的问题
   D. 类是一种数据库，用于存储和检索数据

2. 下列选项描述了类的继承特性的是（　　）。
   A. 类可以从多个类继承属性和方法
   B. 类可以继承其他类的私有成员
   C. 类可以继承其他类的构造函数
   D. 类可以继承其他类的静态方法

3. 下列选项最能描述抽象类的特点的是（　　）。
   A. 抽象类可以直接实例化对象
   B. 抽象类可以被其他类继承
   C. 抽象类只能包含抽象方法
   D. 抽象类只能用于单一继承

4. 内部类是指（　　）。
   A. 类定义在另一个类的内部
   B. 类的属性和方法都定义在内部
   C. 类只能在其他类的内部访问
   D. 类的对象只能在其他类的内部创建

5. 接口在 Java 中的主要作用是（　　）。
   A. 接口用于实现多态性
   B. 接口用于定义类的实例变量
   C. 接口用于实现封装性
   D. 接口用于定义类之间的契约

二、简答与编程题

1. 请解释类的封装性（encapsulation）在面向对象编程中的作用和优势。
2. 在 Java 中，类和接口之间有什么区别？请列举至少三个不同之处。
3. 设计一个名为"Person"的类，包含姓名（name）和年龄（age）两个属性。提供一个方法用于显示 Person 对象的信息。
4. 基于上面的"Person"类，创建两个 Person 对象，将它们的姓名和年龄设置为你自己的信息，并显示它们的信息。
5. 设计一个抽象类"Shape"，包含一个抽象方法"calculateArea()"，用于计算图形的面积。从"Shape"类派生出两个子类"Circle"和"Rectangle"，分别实现自己的"calculateArea()"方法。
6. 基于上面的"Shape"类和其子类，创建一个 Circle 对象和一个 Rectangle 对象，设置它们的属性（例如半径或长宽），然后分别调用它们的"calculateArea()"方法，并显示计算结果。
7. 设计一个接口"Drawable"，包含一个方法"draw()"，用于绘制图形。在"Rectangle"类中实现"Drawable"接口，并提供自己的"draw()"方法的具体实现。

第4章 对象创建和消息传递

在面向对象的方法中,一切关于概念的存在,小至单个整型数或字符串,大至由许多部件组成的系统均可称为对象。对象具有主动侧面和被动侧面。被动侧面指其相对静止侧面,由静态的属性表示,而主动侧面指把对象看作主动机制,即动态的行为。对象是属性和行为(数据和操作)的封装体,其中还包括和其他对象进行通信的设施。本章首先介绍对象的概念及其在 C++、Java、Python、JavaScript 不同程序设计语言中的定义语法,然后讲解对象的消息传递过程以及什么是接收器伪变量,最后深入对象内部探究其创建、内存分配以及回收的过程。

本章知识导图

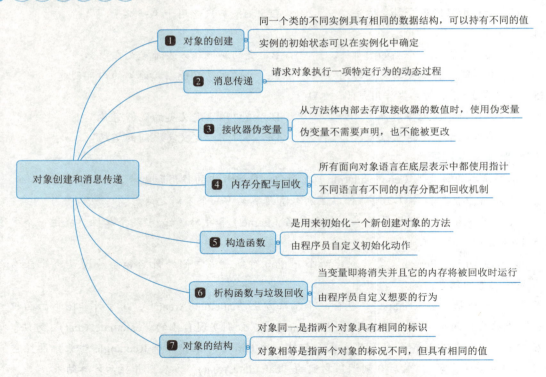

学习目标

- **了解**:了解对象创建过程以及消息传递的概念,对象的结构和组成要素、构造函数、析构函数和垃圾回收在对象生命周期中的作用。
- **理解**:理解对象的创建过程中涉及的各种概念和机制,如类、实例化、初始化等,内存分配与回收的原理和影响因素。

• **应用**：能够利用对象创建和消息传递的知识解决实际问题，能够使用垃圾回收策略提高系统的资源利用率。

4.1 对象的创建

类具有实例化功能，包括实例生成和实例消除。类的实例化功能决定了类及实例具有以下特征：

（1）同一个类的不同实例具有相同的数据结构，承受的是同一方法集合所定义的操作，因而具有相同的行为。

（2）同一个类的不同实例可以持有不同的值，因而可以有不同的状态。

（3）实例的初始状态（初值）可以在实例化中确定。

4.1.1 对象创建的语法

大多数传统编程语言中，对象是通过声明语句来创建的，下面的 C++ 语句用类 Employee 进行一次实例生成：

```
Employee e1("JohnSmith",25)
```

执行这条语句后，变量 e1 就成为类 Employee 的一个实例。

在 Java 语言中，不允许静态实例化对象，只能用 new 来动态实例化对象。动态实例化对象时自动激活构造函数，将在后面小节中详细讲解。Python 语言并没有直接使用 new 操作符，当一个函数使用这个类名时，将创建这个类的对象。以下分别给出 Java、C#、C++、Python、JavaScript 创建类对象示例。

（1）Java 示例：

```java
// 创建一个 Person 类的对象
class Person {
    String name;
    int age;

    public Person(String name, int age) {
        this.name = name;
        this.age = age;
    }
}

// 创建 Person 对象的示例
Person person = new Person("John", 25);
```

（2）C# 示例：

```csharp
// 创建一个 Person 类的对象
class Person {
```

```csharp
    public string Name { get; set; }
    public int Age { get; set; }

    public Person(string name, int age) {
        Name = name;
        Age = age;
    }
}

// 创建 Person 对象的示例
Person person = new Person("John", 25);
```

（3）C++ 示例：

```cpp
// 创建一个 Person 类的对象
class Person {
public:
    string name;
    int age;

    Person(string name, int age) {
        this->name = name;
        this->age = age;
    }
};

// 创建 Person 对象的示例
Person person("John", 25);
```

（4）Python 示例：

```python
# 创建一个 Person 类的对象
class Person:
    def __init__(self, name, age):
        self.name = name
        self.age = age

# 创建 Person 对象的示例
person = Person("John", 25)
```

（5）JavaScript 示例：

```javascript
// 创建一个 Person 类的对象
class Person {
    constructor(name, age) {
        this.name = name;
        this.age = age;
    }
```

}

```
// 创建 Person 对象的示例
let person = new Person("John", 25);
```

4.1.2 对象数组的创建

对象数组的创建涉及两个层次的问题。一是数组自身的分配和创建，然后是数组所包含的对象的分配和创建。

Java、C#、C++、Python、JavaScript 的对象数组的创建语法如下：

（1）Java 和 C#：

```
// 创建一个包含 3 个对象的 Person 数组
Person[] people = new Person[3];
// 初始化数组中的每个元素
people[0] = new Person("Alice", 25);
people[1] = new Person("Bob", 30);
people[2] = new Person("Charlie", 35);
```

（2）C++：

```
// 创建一个包含 3 个对象的 Person 数组
Person* people = new Person[3];
// 初始化数组中的每个元素
people[0] = Person("Alice", 25);
people[1] = Person("Bob", 30);
people[2] = Person("Charlie", 35);
// 记得在使用完后释放数组内存
delete[] people;
```

（3）Python：

```
# 创建一个包含 3 个对象的 Person 列表
people = [None] * 3
# 初始化列表中的每个元素
people[0] = Person("Alice", 25)
people[1] = Person("Bob", 30)
people[2] = Person("Charlie", 35)
```

（4）JavaScript：

```
// 创建一个包含 3 个对象的 Person 数组
let people = new Array(3);
// 初始化数组中的每个元素
people[0] = new Person("Alice", 25);
people[1] = new Person("Bob", 30);
people[2] = new Person("Charlie", 35);
```

在 Java 中，表面上看来相似的语句却有着完全不同的效果。用来创建数组的 new 操作符只能用来创建数组。数组包含的每个数值必须独立创建，上述代码使用单个语句分别初始化数组中的每个元素的过程，也可以通过循环来实现，代码如下所示：

```
Person[] people = new Person[3];
for (int i = 0; i < 3; i++)
people[i] = new Person("Alice", i + 1)
```

4.2 消息传递

在面向对象编程中，我们使用消息传递（message passing，有时称为 method lookup，方法查询）这一术语来表示请求对象执行一项特定行为的动态过程，行为的启动是通过将"消息"传递给对此行为负责的代理（对象）来完成的。消息对行为的要求进行编码，并且随着执行要求所需的附加信息（参数）来一起传递。

区分消息和通常的过程调用：

（1）消息总是传递给某个称为接收器的对象。

（2）响应消息所执行的行为不是固定不变的，它们根据接收器类的不同而不同。也就是说，不同的对象可以接收相同的消息，但是却执行不同的行为。

4.2.1 消息传递的理解

消息传递原本是与通信有关的概念。在基于消息传递的通信系统中，实体之间通过消息传递进行交互。在两个实体间通信，其必要条件是在它们之间至少存在一条通道，并且遵守同一种通信协议。发送一条消息时，应指明信道或给出信道的决定方法，最常用的是用接收方的标识（如名字）来命名信道。其典型方式如下：

```
Send <expression_list> To
    <destination_designator>
```

在面向对象的方法中使对象具有交互能力的主要模型就是消息模型。对象作为用传递消息的方式互相联系的通信实体，它们既可以接收也可以拒绝外界发来的消息。一般情况下，对象接收它能识别的消息，拒绝它不能识别的消息。对于一个对象而言，任何外部代码都不可能以任何不可预知或事先不允许的方式与这个对象交互。通过下面的例子来说明两个对象发送消息的情况：

考虑对象 A 向对象 B 发送消息，也可以看成对象 A 向对象 B 请求服务，可以从下面几个方面考虑：

（1）对象 A 要明确知道对象 B 提供什么样的服务。把你自己看成对象 A，把一个宠物狗看成对象 B，你可以说让它坐下，可以让它去拿东西。

（2）根据请求服务的不同，对象 A 可能需要给对象 B 一些额外的信息，以使对象 B 明确知道如何处理该服务。如果你让狗去取东西，你应该让狗知道要取什么东西，是一个球还是一根棍子？

（3）对象 B 也应该知道对象 A 是否希望它将最终的执行结果以报告形式反馈回去。让狗取东西，狗会把东西叼过来作为执行结构向你汇报。

发送一条消息至少应给出一个对象的名字和要发给这个对象的那条消息的名字。通常消息的名字就是外界可知的该对象方法的名字。在消息中，经常还有一组参数（也就是这个方法所要求的参数），将外界的有关信息传给这个对象。

对于一个类来说，它关于方法接口的定义规定了实例的消息传递协议，而它本身则决定了消息传递的合法范围，由于类是先于对象构造而成的，所以一个类为它的实例提供了可以预知的交互方式。例如，e1 是 Employee 的一个实例，当外界要求将这个对象 Smith 的年龄改为 30 时，应以下列方式向这个对象发送一条消息：

```
e1.Change("Smith",30);
```

虽然语法上与上面描述的消息传递原语不同，但基本构造是类似的：e1 指明了接收方，消息值是用参数"Smith"，及 30 对 Change() 方法进行一次调用的声明，而其间"."，则相当于 send to... with... 形式的原语。其他形式的消息传递都是非法的。例如，e1.Change("Smith");。

在支持类的面向对象程序设计语言中，一个方法与某个类相关，而在类的定义中，一般只给出方法的接口，而方法的实现，则分离于这个类，通常在另外的文件中。在 C++ 中，在类 C 中定义的方法 m（成员函数）记作 C::m。方法的接口定义了相应的消息传递协议，一般包括方法名，参数表及返回类型，与传统的过程头相类似。方法的实现也是一段程序代码，但与传统的过程体有一些本质的差别。方法实现中，除了像传统的过程实现那样引用局部变量及全局变量外，还引用了特殊的量，对象的成员即属性。这种量既不是传统意义下的全局变量也不是局部变量。从对象的外部来看，是局部的，因为它们总是与这个对象的对应空间相关，就好像方法是专门为这个对象提供的那样；但从对象所属的类来看，这种量又是非局部的，因为它们适用于这个类的所有实例，这些实例共享着方法。

4.2.2 消息的类型

对象可以接收到三种类型的消息：报告消息、询问消息及祈使消息。

（1）报告消息（informative message）是指对象提供自我更新信息的消息（也称更新、向前或推出消息）。这是一种"面向过去"的消息，通常通知对象已经发生的事情。例如，employee.got(marriageDate:Date)，该消息告诉一个职工对象某个职工已经在某个日期结婚。通常报告消息告诉一个对象由该对象表示的在现实世界中已经发生的事情。

（2）询问消息（interrogative message）是请求一个对象显示自身一些信息的消息（也称为读、向后或回拉消息）。例如，e1.age()，向职工 e1 询问他的年龄。这类消息实际上不改变任何事情，通常是向目标对象询问其表示的信息。

（3）祈使消息（imperative message）请求对象对本身、另一个对象或系统环境执行某些操作（也称强制或动作消息）。只是一种"面向未来"的消息，请求对象执行将来的某些动作。

例如，e1.retire()，告诉职工"e1.进行退休处理"。这种信息通常使目标对象执行一些重要的算法。

在面向对象的程序设计语言中有一种特殊的结构：对象自身引用（self-reference）这种结构在不同的语言中有不同的名称，在 C++ 中称为 this，在 Smalltalk 和 objective-c 中称为 self。

在 C++ 中，对于类 C 和方法 C::m，C::m 方法实现中出现的 C 的成员名 m 将被编译程序按 this → m

处理。例如，在 Employee::change 方法实现中关于 Name、Age 的引用，编译程序分别按 this → Name 和 this → Age 处理。

有了这样的对象自身引用机制，在进行方法的设计和实现时，程序员不必考虑与对象联系的细节，而是从更高一级的抽象层次，即类的角度来设计同类对象的行为特征，从而使得方法在同一个类及其子类的范围内具有共性。在程序运行过程中消息传递机制和对象自身引用将方法和特定的对象动态地联系在一起，使得不同的对象在执行同样的方法时，可以因对象的状态不同而产生不同的行为，从而使方法对具体的对象具有个性。

4.2.3 消息传递的语法

对于任何消息传递表达式都有三个确定的部分。它们是接收器（receiver，消息传递的目的对象）、消息选择器（message selector，表示待传递的特定的消息文本）和用于响应消息的参数，消息传递语法如图 4-1 所示。

aGame·displayCard (aCard, 42, 27)
接收器　选择器　　　　参数

图4-1 消息传递语法

"接收器"就是消息发送的对象。如果接收器接收了消息，那么同时它也接收了消息所包含的行为责任。然后，接收器响应消息，执行相应的"方法"以实现要求。

消息传递最通常的语法是使用句点来把接收器和消息选择器分离开来。还有一些次要的变化特征，比如在方法没有参数时，是否需要使用一对空的圆括号（在 Pascal 语言和一些其他的语言中可以省略这对圆括号），以下分别给出 Java、C#、C++、Python、JavaScript 中消息传递的示例。

（1）Java：

```java
// 定义一个类
class MyClass {
  public void printMessage(String message) {
    System.out.println(message);
  }
}


// 在另一个类中实例化该类并调用方法
public class Main {
  public static void main(String[] args) {
    MyClass obj = new MyClass();
    obj.printMessage("Hello, Java!");
  }
}
```

（2）C#：

```csharp
// 定义一个类
class MyClass {
  public void PrintMessage(string message) {
    Console.WriteLine(message);
  }
```

```csharp
}

// 在另一个类中实例化该类并调用方法
class Main {
    static void Main(string[] args) {
        MyClass obj = new MyClass();
        obj.PrintMessage("Hello, C#!");
    }
}
```

(3) C++:

```cpp
#include <iostream>

// 定义一个类
class MyClass {
public:
    void PrintMessage(std::string message) {
        std::cout << message << std::endl;
    }
};

// 在另一个类中实例化该类并调用方法
int main() {
    MyClass obj;
    obj.PrintMessage("Hello, C++!");
    return 0;
}
```

(4) Python:

```python
# 定义一个类
class MyClass:
    def print_message(self, message):
        print(message)

# 在另一个类中实例化该类并调用方法
obj = MyClass()
obj.print_message("Hello, Python!")
```

(5) JavaScript:

```javascript
// 定义一个类
class MyClass {
    printMessage(message) {
        console.log(message);
    }
```

```
    }

    // 在另一个类中实例化该类并调用方法
    const obj = new MyClass();
    obj.printMessage("Hello, JavaScript!");
```

4.2.4 动态联编

联编（binding）是把一个过程调用和响应这个调用而需要将执行的代码加以结合的过程。联编在编译时进行的称为静态联编（static binding）。动态联编则是在运行时（run time）进行的，因此，一个给定的过程调用和代码的结合直到调用发生时才得以进行，因而也叫迟后联编（late binding）。典型的动态联编如图 4-2 所示。

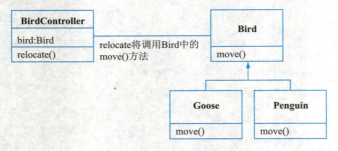

图4-2　典型的动态联编

在图 4-2 中，BirdController 有一个属性为 bird，所以 BirdController 只和超类 Bird 的对象一起工作，因为 bird 是 Bird 的对象，但是这时不知道 bird 到底是什么具体类的对象。Relocate() 代码可以是这样的：

```
relocate()
  {
  bird.move();
}
```

利用该方法，不用针对具体的类编写具体的代码，实际执行是这样的：当 bird 的值是 Goose 对象时，relocate 中的代码要和 Goose 中定义的 move 的代码联编。如果 bird 的值是 Bird 其他子类的对象时，要与相应子类中的 move 的代码相联编。这种联编是在运行时可进行的，因此是动态联编。

多态是否能影响运行时开销，决定于程序设计语言是否允许动态联编。如果变量动态地与不同对象类的实例进行联编，必须在运行时刻检索出适当的方法（run-time method lookup），例如，在 Smalltalk 中，需要在运行时从类层次中进行检索，以找出继承的方法，这时动态联编的费用会很小，当然与之相伴的是当修改一个由许多子类继承的方法时，将伴随着许多工作。在 C++ 中，一个对象类的设计者可以决定是否允许动态联编，可以定义某些操作为虚函数，子类可以指定为虚函数的实现，在某些实例上对这些函数的调用将在运行时刻解决，这也是在这些实例所属于的类的基础上解决的。

4.3 接收器伪变量

在大多数面向对象语言中,接收器并不出现在方法的参数列表中,而是隐藏于方法的定义之中。只有当必须从方法体内部去存取接收器的数值时,才会使用伪变量(pseudo-variable)。伪变量和通常的变量相似,只是它不需要声明,也不能被更改。

在 Java 和 C++ 语言中,指定接收器的伪变量命名为 this,在 Python 语言中称为 self。伪变量在使用时就好像是作为类的一个实例。例如,方法 setColor() 可以用 Java 语言编写成如下结果:

```
public void setColor() {
if (this.suit==Heart) or (this.suit==Diamond)
color = Red;
else
color = Black;
}
```

在很多编程语言中,对接收器伪变量的使用都可以忽略。如果在没有引用接收器的条件下,访问一个数据字段或者调用一个方法,意味着接收器伪变量将作为消息的主体。在前面的 flip() 方法中就看到了这一点,flip() 方法就是通过调用 setFaceUp() 方法来实现其功能的。例如:

```
class PlayingCard {
public void flip() { setFaceUp(!faceUp); }
}
```

这一方法可以重新编写,使接收器显示出来,代码如下所示:

```
class PlayingCard {
public void flip() { this.setFaceup(!this.faceUp); }
}
```

当某一方法想要把自身作为一个参数传递给另外一个函数时,就必须使用变量来解决问题,Java 代码如下所示:

```
public class MyClass {

  public void foo() {
    bar(this);
  }

  public void bar(MyClass obj) {
    // do something with obj
  }

}
```

一些 Java 编程方式指南建议,对于构造函数,使用 this 和构造函数的参数进行初始化数据成员。通过显式地使用 this,可以区分两个分别用作函数参数和数据成员的同名变量。例如:

```java
public class Person {
    private String name;
    private int age;

    // 构造函数，使用this和参数进行初始化
    public Person(String name, int age) {
        this.name = name;
        this.age = age;
    }
}
```

有几种违背这种原则的面向对象语言，接收器必须在方法体中显式地声明。例如，在Python语言中，一条消息可以包含两个参数，代码如下所示：

```
aCard.moveTo(27, 3)
```

而相应的方法需要声明三个参数值：

```
class PlayimgCard:
def moveTo(self, x, y):
      ……
```

对于这些语言，尽管原则上第一个参数可以以任何名称来命名，但是一般都命名为self或者this，以此来表示此方法与接收器伪变量之间的关系。

4.4 内存分配与回收

所有面向对象语言在它们的底层表示中都使用指针，但不是所有的语言都把这种指针暴露给程序员。有的时候人们把Java语言没有指针作为Java和C++语言相比较时的特点，其实更加确切的说法是Java语言没有程序员可以看到的指针，因为所有的对象引用实际上就是存在于内部表示中的指针。

4.4.1 指针和内存分配

指针通常引用堆分配的（heap allocated）内存，因此不符合传统的命令式语言中的与变量相关的通用规则。对于命令式语言，在一个过程中创建的变量值会随着过程的活动而存在，当从一个过程返回时，变量值也随之消失。另一方面，对于堆分配的变量值，只要存在对它的引用，就会一直存在，因此，变量的生存期一般长于创建该变量过程的生存期。

通过堆进行分配的内存必须通过某种方式进行回收，将在下面讨论这一主题。

第三个原因就是，对于某些语言（特别是C++语言），指针值和传统的变量值是有区别的。在C++语言中，对于以通常方式声明的变量，即所谓的自动（automatic）变量，其生存期总是绑定在创建该变量的函数上。当退出过程时，变量的内存就会被回收。例如：

```
void exampleProcedure
```

```
{
    PlayingCard ace(Diamond, 1);
    ……
    // memory is recovered for ace
    // at end of execution of the procedure
}
```

4.4.2 内存回收

使用操作符 new 创建的内存称为基于堆（heap-based）的内存，或者简称为堆（heap）内存。与普通的变量不同，基于堆的内存没有绑定在过程的入口和出口处。尽管如此，内存仍然是有限的，因此，必须提供某种机制来回收内存空间。这样，就可以对已经分配给某个对象的内存空间进行再次使用，以满足后续的内存请求。

通常有两种方法可以完成内存回收这项任务，一些语言（如 C++）建议在程序中显式指定不再使用某个对象值，将对象所使用的内存回收并再次使用。为实现这一目的所使用的关键字根据语言的不同而有所不同。

在 C++ 语言中，回收内存的关键字是 delete。例如：

```
delete aCard;
```

当删除一个数组时，deleted 关键字后要紧接着一对方括号。例如：

```
delete [ ] cardArray;
```

作为程序员显式地管理内存的替代，另外一种回收内存的方法是垃圾回收机制。使用垃圾回收机制的语言（如 Java、C#、Smalltalk 语言）需要时刻监控对象的操作，当对象不再使用时，自动回收对象所占有的内存。通常，垃圾回收系统直到系统内存快要耗尽的时候才开始工作，在回收无用的内存时，需要将正在执行的应用程序挂起，回收完成后，程序恢复执行。垃圾回收过程需要一定的执行时间，因此，与程序员自己控制释放内存相比，要付出额外的代价，但是垃圾回收同时也避免了许多经常出现的编程错误。

（1）对于一个程序，程序员忘记释放不再使用的内存一般是不会耗尽内存的（当然，如果任何情况下程序所需要的内存都超过所能提供的内存，那么程序还是可以耗尽内存的）。

（2）程序员不可能会去使用已经被释放的内存。释放的内存可以复用，因此内存的内容可以被重写。这样，使用释放后的内存的内容将产生不可预测的结果。例如：

```
PlayingCard * aCard = new PlayingCard(Spade, 1);
delete aCard;
cout << aCard.rank(); // attempt to use after deletion
```

（3）对于程序员来讲，不能对同一内存值释放多次，这样做将导致不可预测的结果。例如：

```
Playingcard * aCard = new PlayingCard(Space, 1);
delete aCard;
delete aCard; // deleting an already deleted value
```

当垃圾回收系统无法使用时,为了避免这些问题,通常有必要确保每一块动态分配的内存对象都有一个指定的属主(owner)。内存的属主负责保证内存位置的合理使用,以及当内存不再使用时得以释放。在大型程序中,如同现实生活一样,难点之一就是争夺共享资源的所有权。

当一个对象不能指定为共享资源的属主时,通常可以使用的另外一项技术是引用计数(reference counts)。引用计数就是引用共享对象的指针的计数值。需要认真地确保计数的准确。

无论何时,只要加入一个新指针,计数值就会加一,只要取消一个指针,计数值就会减一。当数值达到 0 时,就意味着没有指针引用该对象,它的内存可以被回收。就像对动态类型有支持意见也有反对意见一样,支持垃圾回收以提高编程效率和反对垃圾回收以提高编程灵活性也形成了一对矛盾。自动垃圾回收的代价是昂贵的,因为它要求必须有一个运行时系统来管理内存。另一方面,内存使用错误的成本同样也是相当昂贵的。

4.5　构造函数

构造函数(constructor)是用来初始化一个新创建对象的方法。把创建和初始化联系起来有很多优点。最重要的是,它确保对象在正确地初始化之前不会被使用,并且防止多次调用。当创建和初始化分离时(当使用没有构造函数的编程语言时),程序员在创建新对象之后,很容易忘记调用初始化例程,这样通常会导致不良后果。发生概率少一些的问题是,在同一个对象上调用两次初始化过程,这通常也会引起一定的麻烦。通过使用构造函数就可以避免这个问题。

构造方法中由程序员自定义了想要的初始化动作。一般来说,构造方法是隐式调用的,从而在每次创建新的对象实例时,会强制执行一次构造方法。构造方法也可由程序员显式地调用:仅在子类构造方法中调用父类的构造方法。

因此,对象初始化分为两个步骤:内存分配和内存操作(实例变量赋值),构造函数将这两个步骤合二为一。

(1)内存分配:对象创建之初,如图 4-3 所示。

```
public class ClassDemo02 {
    public static void main(String args[]){
        Person per = new Person() ;
    }
}
```

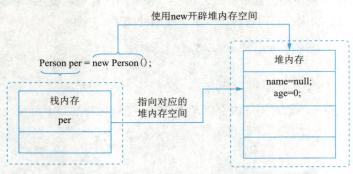

图4-3　对象内存分配

（2）内存操作：为对象的属性赋值，如图 4-4 所示。

```
public class ClassDemo03 {
    public static void main(String args[]){
        Person per = new Person() ;
        per.name = "张三" ;              // 为属性赋值
        per.age = 30 ;
        per.tell() ;                    // 调用类中的方法
    }
}
```

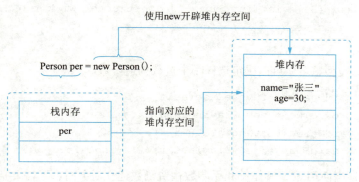

图4-4　对象的属性赋值

4.5.1　构造函数语法

在大多数编程语言中，可以通过检查与类显示的名称是否相同来识别构造函数与普通方法的区别。构造函数与普通方法的另外一个细微的差异就是，构造函数不声明返回值的数据类型。当使用 new 操作符进行内存分配时，构造函数所需的参数紧随在类名之后。

几种语言的构造函数语法如下：

```
PlayingCard cardSeven = new PlayingCard();  // Java
PlayingCard *cardEight = new PlayingCard;   // C++
PlayingCard cardNine = new PlayingCard();   // C#
cardTen = PlayingCard()                     // Python
let cardEleven = new PlayingCard();         // JavaScript
```

缺省构造方法（default constructor）是指没有任何参数的构造方法。如果程序员不提供任何构造方法，则编译程序自动提供一个缺省构造方法；只要程序员提供了一个构造方法（无论是否 public、无论是否有参数），系统不再提供缺省构造方法。编译程序提供的缺省构造方法只做一件事，即调用父类的缺省构造方法。

4.5.2　构造函数重载

参数数目、类型和次序的结合称为函数的类型签名（signature）。在很多编程语言中，如 C++、C#、Java 语言，只要每个函数的类型签名不同，就允许多个函数使用相同的名称定义，这称为函数的重载（overload），将在本书后续章节详细讲述。构造函数经常使用这种定义方式。例如，一个构造函数为无参数函数，而另外一个构造函数为有参数函数。

```
class PlayingCard {
  public:
    PlayingCard ( ) // default constructor,
    // used when no arguments are given
      { suit = Diamond; rank = 1; faceUp = true; }
    PlayingCard (Suit is)        // constructor with one argument
      { suit = is; rank = 1; faceUp = true; }
    PlayingCard (Suit is, int ir)   // constructor with two arguments
      { suit = is; rank = ir; faceUp = true; }
};
```

通过检查调用的类型签名，可以决定选择哪个过载构造函数。

```
PlayingCard cardOne; // invokes default
PlayingCard * cardTwo = new PlayingCard;
PlayingCard cardThree(PlayingCard.Heart);
PlayingCard * cardFour = new PlayingCard(PlayingCard.Spade, 6);
```

在 C++ 语言中，当使用 new 操作符和无参数构造函数建立对象时，不需要括号，而在 Java 或者 C# 语言中则完全相反。

```
PlayingCard cardSeven = new PlayingCard();// Java
PlayingCard cardNine = new PlayingCard(); // C#
```

在 Python 语言中，构造函数都有一个不寻常的名称"__init__"。当创建一个对象时，初始化函数是隐式调用的，传递的参数包括新创建的对象，以及其他用于创建表达式的参数。

```
aCard = PlayingCard(2, 3)
# invokes PlayingCard.__init__(aCard, 2, 3)
```

4.5.3 常数值初始化

对于某些语言，比如 C++ 和 Java，允许创建只能赋值一次、禁止再做改变的数据字段。我们在此讨论这种数据字段数值是如何进行初始化的。

在 Java 语言中，将不可改变的数据字段声明为 final，它可以直接进行初始化。final 值也可以在构造函数中赋值。如果有多个构造函数，那么每一个构造函数都必须初始化这一数据字段。

```
class ListofimportantPeople {
public final int max= 100; // maximum number of people
……
}
```

在 C++ 语言中，不可改变的值使用关键字 const 来标识。通过在构造函数中使用一个初始化子句来对其进行赋值。

```
class MyClass {
public:
  MyClass(int num) : myConstNum(num) {}
  void print() const {
    std::cout << "My const number is: " << myConstNum << std::endl;
  }
private:
  const int myConstNum;
};
```

在 const 和 final 这两种常数之间有一点细微但却十分重要的区别。在 C++ 语言中，修饰符 const 说明的相关值是真正的常数，不允许改变。而在 Java 语言中，修饰符 final 只是断言相关的变量不会赋予新值，并不能阻止在对象内部对变量值进行改变。

```
class Box {
public void setValue (int v);
public int getValue () { return v; }
private int v = 0;
}
……
……
final aBox = new Box() ;        // can be assigned only once
aBox. set Value (8);            // but can change
aBox. set Value (12) ;          // as often as you like
```

使用修饰符 final 声明一个变量，只是意味着它不会被重新赋值，并不意味着它不会再改变。而在 C++ 语言中，使用 const 修饰符声明的变量禁止以任何方式进行修改，即使是处于对象的内部状态。

4.6 析构函数与垃圾回收

当对象创建时（也可以说，当对象诞生时），构造函数允许程序员执行特定的行为。当变量即将消失并且它的内存将被回收时，在变量生命的末期指定实现一些行为有时是很有用的。析构函数（destructor）与构造函数相反，当对象结束其生命周期，如对象所在的函数已调用完毕时，系统自动执行析构函数。析构函数往往用来做"清理善后"的工作（例如，在建立对象时用 new 开辟了一片内存空间，delete 会自动调用析构函数后释放内存）。

在 C++ 语言中，只要从内存空间开始释放对象，析构函数就会自动调用。对于自动变量，当包含变量声明的函数返回时，变量的空间就会被释放。而对于动态分配的变量，即使用 new 创建（堆内存没有绑定在过程的入口和出口处），在程序中显式指定不再使用的对象，应将其使用的内存回收。在 C++ 中，空间的释放通过操作符 delete 进行。析构函数的名称为波浪字符" ~ "加上类的名称，它不需要任何参数，也不会被用户直接调用。当程序中没有析构函数时，系统会自动生成以下析构函数：

```
<类名>::~<类名>(){},
```

此析构函数不执行任何操作。

C++ 的析构函数格式如下：

```cpp
#include <iostream>
using namespace std;
class T
{
    public:
     ~T(){cout<<"析构函数被调用。";} // 为了简洁，函数体可以直接写在定义的后面，此时函
                                     数为内联函数
};
int main()
{
    T *t = new T();// 建立一个T类的指针对象t
    delete t;
    cin.get();
};
```

Python 语言程序代码示例如下：

```python
#!/user/bin/python
#-*-coding:UTF-8-*-
from __future__ import print_function  # 兼容python2.x和python3.x的print语句

class Fruit(object):
    def __init__(self,color):           # 初始化属性__color
        self.__color = color
        print(self.__color)
    def __del__(self):                  # 析构函数
        self.__color = ""
        print("free...")
    def grow(self):
        print("grow...")

if __name__ == "__main__":
    color = "red"
    fruit = Fruit(color)
    fruit.grow()
```

Java、C# 等语言没有提供析构函数，但是提供了垃圾回收机制，当某些对象长时间不用时，其内存空间将被回收。系统时刻监控对象的操作，对象不再使用时，自动回收其所占内存。通常在内存将要耗尽时工作，在垃圾回收系统即将回收变量的内存前，才调用 finalize() 方法。为此，需要确保动态分配的内存对象都有一个指定的属主，或者采取引用计数的方法，即时刻监控引用共享对象的指针的计数值，当某个对象的计数值为 0 时，表示此对象所占内存可回收。

4.7 对象的结构

4.7.1 对象同一和对象相等

内存中的对象空间分为简单类型的域与引用类型的域，其中有两个概念：对象同一和对象相等，对象同一是指两个对象具有相同的标识，而对象相等是指两个对象的标识不同，但具有相同的值。图4-5 表示了字符串对象"ABC"的对象同一和对象相等的区别，图4-6、图4-7 分别表示了自定义对象 WRITER 的对象相等和对象同一。

决定一个对象与另外一个对象之间是否相同比我们想象的要更复杂。对于字符串变量来说，使用"=="和"equals()"方法比较字符串时，其比较方法有所不同：

- "=="比较两个变量本身的值，即两个对象在内存中的首地址。
- "equals()"比较字符串中所包含的内容是否相同。

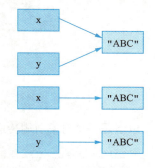

图4-5　字符串对象的同一和相等

```
String s1, s2, s3 = "abc", s4 = "abc";
s1 = new String("abc");
s2 = new String("abc");
```

其中，s1==s2 的结果是 false，因为两个变量的内存地址不一样，也就是说它们指向的对象不一样；而 s1.equals(s2) 是 true，因为两个变量的所包含的值是相等的。

对于非字符串变量来说，"=="和"equals()"方法的作用是相同的，都是用来比较其对象在堆内存的首地址，即用来比较两个引用变量是否指向同一个对象。

```
class A
{
    A obj1 = new  A();
    A obj2 = new  A();
}
```

其中，obj1==obj2 是 false，obj1.equals(obj2) 是 false。但是，如果加上这样的一个赋值语句：obj1 = obj2，那么 obj1==obj2 是 true，obj1.equals(obj2) 是 true。

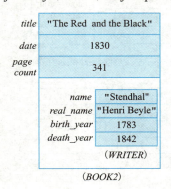 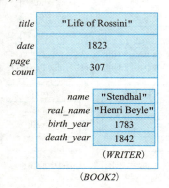

图4-6　对象WRITER相等

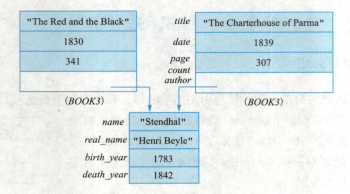

图4-7 对象WRITER同一

以下是一个对象引用传递的例子：

```java
public class ClassDemo05 {
    public static void main(String args[]) {
        Person per1 = null;      // 声明 per1 对象
        Person per2 = null;      // 声明 per2 对象
        per1 = new Person();     // 只实例化 per1 一个对象
        per2 = per1 ;            // 把 per1 的堆内存空间使用权给 per2
        per1.name = "张三";      // 设置 per1 对象的 name 属性内容
        per1.age = 30;           // 设置 per1 对象的 age 属性内容
        // 设置 per2 对象的内容，实际上就是设置 per1 对象的内容
        per2.age = 33;
        System.out.print("per1 对象中的内容 --> ") ;
        per1.tell();             // 调用类中的方法
        System.out.print("per2 对象中的内容 --> ") ;
        per2.tell();
    }
}
```

这个例子的引用传递内存图如图 4-8 所示。

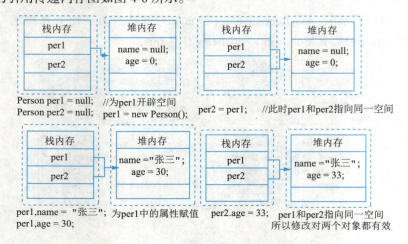

图4-8 引用传递内存图

4.7.2 对象赋值和复制的形式

对象的赋值有两种语义：赋值语义和指针语义。

复制语义是指赋值会将操作符右侧的变量值复制给操作符左侧的变量。此后，这两个变量值是互相独立的，其中一个变量值的改变不会影响到另外一个变量值。

指针语义是指两个变量不仅具有相同的数值，而且还指向存储数值的同一内存地址。

对于复制语义，要说明的有两点：一是拷贝对象返回的是一个新对象，而不是一个引用。二是拷贝对象与用 new 操作符返回的新对象的区别就是这个拷贝已经包含了一些原来对象的信息，而不是对象的初始信息。

在实际编程过程中，我们常常要遇到这种情况：有一个对象 A，在某一时刻 A 中已经包含了一些有效值，此时可能会需要一个和 A 完全相同新对象 B，并且此后对 B 任何改动都不会影响到 A 中的值，也就是说，A 与 B 是两个独立的对象，但 B 的初始值是由 A 对象确定的。

在 Java 语言中，用简单的赋值语句是不能满足这种需求的。要满足这种需求虽然有很多途径，但实现 clone() 方法是其中最简单，也是最高效的手段。Java 的所有类都默认继承 java.lang.Object 类，在 java.lang.Object 类中有一个方法 clone()。JDK API 的说明文档解释这个方法将返回 Object 对象的一个拷贝。

对象的复制包括浅复制（shallow copy）和深复制（deep copy），其中浅复制使得对象之间共享实例变量，即原有变量和复制产生的变量引用相同的变量值。深复制是指建立实例变量的全新副本。

总结起来，对象的赋值和复制有四种方式：

```
(1) Reference assignment (a and b of reference types):
        b := a
(2) Object duplication (shallow):
        c := clone (a)
(3) Object duplication (deep):
        d := deep_clone (a)
(4) Also: shallow field-by-field copy (no new object is created):
        e.copy (a)
```

4.7.3 对象赋值的例子

下面的例子包含三个类 UnCloneA、CloneB、CloneMain。CloneB 类包含了一个 UnCloneA 的实例和一个 int 类型变量，并且重载 clone() 方法。CloneMain 类初始化 CloneB 类的一个实例 b1，然后调用 clone() 方法生成了一个 b1 的拷贝 b2。

```java
package clone;
class UnCloneA {
    private int i;
    public UnCloneA(int ii) {
        i = ii;
    }
    public void doublevalue() {
```

```java
            i *= 2;
        }
        public String toString() {
            return Integer.toString(i);
        }
    }

    class CloneB implements Cloneable {
        public int aInt;
        public UnCloneA unCA = new UnCloneA(111);
        public Object clone() {
            CloneB o = null;
            try {
                o = (CloneB) super.clone();
            } catch (CloneNotSupportedException e) {
                e.printStackTrace();
            }
            return 0;
        }
    }
    public class CloneMain {
        public static void main(String[] a) {
            CloneB b1 = new CloneB();
            b1.aInt = 11;
            System.out.println("before clone,b1.aInt = " + b1.aInt);
            System.out.println("before clone,b1.unCA = " + b1.unCA);

            CloneB b2 = (CloneB) b1.clone();
            b2.aInt = 22;
            b2.unCA.doublevalue();
            System.out.println("==================================");
            System.out.println("after clone,b1.aInt = " + b1.aInt);
            System.out.println("after clone,b1.unCA = " + b1.unCA);
            System.out.println("==================================");
            System.out.println("after clone,b2.aInt = " + b2.aInt);
            System.out.println("after clone,b2.unCA = " + b2.unCA);
        }
    }
```

输出的结果说明 int 类型的变量 aInt 和 UnCloneA 的实例对象 unCA 的 clone 结果不一致，int 类型是真正地被 clone 了，因为改变了 b2 中的 aInt 变量，对 b1 的 aInt 没有产生影响，也就是说，b2.aInt 与 b1.aInt 已经占据了不同的内存空间，b2.aInt 是 b1.aInt 的一个真正拷贝。

相反地，对 b2.unCA 的改变同时改变了 b1.unCA，很明显 b2.unCA 和 b1.unCA 是仅仅指向同一个对象的不同引用。从中可以看出，调用 Object 类中 clone() 方法产生的效果是：先在内存中开辟一块和原始对象一样的空间，然后原样拷贝原始对象中的内容。对基本数据类型，这样的操作是没有问题的，但对非基本类型变量，我们知道它们保存的仅仅是对象的引用，这也导致 clone 后的非基本类型变量和原始对象中相应的变量指向的是同一个对象。

默认的克隆方法为浅克隆，只克隆对象的非引用类型成员。大部分情况下，这种 clone 的结果往往不是我们所希望的结果，这种 clone 也被称为"影子 clone"。要想让 b2.unCA 指向与 b2.unCA 不同的对象，而且 b2.unCA 中还要包含 b1.unCA 中的信息作为初始信息，就要实现深度 clone。怎么进行深度 clone？把上面的例子改成深度 clone 很简单，需要两个改变：

一是让 UnCloneA 类也实现和 CloneB 类一样的 clone 功能（实现 Cloneable 接口，重载 clone() 方法）。

二是在 CloneB 的 clone() 方法中加入一行 o.unCA = (UnCloneA)unCA.clone() 代码。

小 结

本章节介绍了面向对象编程中的对象概念，以及对象的属性和行为的封装。对象的定义语法在不同的程序设计语言中也有所不同，例如，C++、Java、Python 和 JavaScript。对象之间的通信和消息传递过程也是本章的重点内容。发送对象可以向接收对象发送消息，而接收对象可以通过接收器伪变量来接收并处理消息。接收器伪变量是一个指向接收对象的指针，用于接收消息并调用对象的方法进行处理。此外，本章节还深入探讨了对象的创建、内存分配和回收等过程。构造函数可以用来初始化对象的属性和行为，而析构函数用于在对象被销毁时释放对象所占用的内存空间。垃圾回收则是一种内存管理技术，用于回收无用对象所占用的内存空间，以避免内存泄漏。总之，本章节对于理解和使用面向对象编程中的对象概念具有重要意义，是学习面向对象编程的基础。

思考与练习

一、选择题

1. 下列选项描述了对象在内存中的存储方式的是（　　）。
   A. 对象被存储在堆内存中　　　　　　B. 对象被存储在栈内存中
   C. 对象被存储在静态存储区中　　　　D. 对象的存储位置取决于对象的大小
2. 在 Java 中，下列关于构造函数的说法中，正确的是（　　）。
   A. 构造函数可以返回一个值　　　　　B. 构造函数可以被继承
   C. 构造函数可以被重载　　　　　　　D. 构造函数可以是静态的
3. 下列选项描述了对象的生命周期的是（　　）。
   A. 对象的创建到销毁的过程　　　　　B. 对象的属性值变化的过程
   C. 对象的方法调用的过程　　　　　　D. 对象的内存分配的过程
4. 下列选项描述了对象引用的作用是（　　）。
   A. 对象引用指向对象在内存中的位置　B. 对象引用保存对象的属性值
   C. 对象引用决定对象的生命周期　　　D. 对象引用可以直接修改对象的属性值

5. 下列关于静态方法和实例方法的说法中，正确的是（　　）。
   A. 静态方法只能访问静态成员　　B. 实例方法只能访问实例成员
   C. 静态方法可以通过类名调用　　D. 实例方法可以通过类名调用

二、简答与编程题

1. 简述对象的创建过程，包括分配内存和初始化对象的步骤。

2. 解释对象的内存结构，包括堆内存和栈内存的作用和区别。

3. 编写一个 Java 类，表示一个汽车对象，包含品牌（brand）、颜色（color）和速度（speed）属性，并提供一个方法用于加速汽车的速度。

4. 假设有一个名为 "Person" 的类，包含姓名（name）和年龄（age）两个属性。请编写一个构造函数用于初始化这两个属性，并提供一个方法用于显示 Person 对象的信息。

5. 编写一个 Java 类，表示一个银行账户对象，包含账户号码（accountNumber）和余额（balance）属性。提供方法用于存款和取款，确保取款金额不能超过账户余额，并提供一个方法用于显示账户的余额。

第 5 章　元类与反射

元类（metaclass）指用于描述类的类，引入元类的优点在于保持程序设计和运行概念上的一致，只使用一个统一的概念"对象"就可表述系统中的所有成分。反射是基于元类的重要机制，指程序可以访问、检测和修改它本身状态或行为的一种能力，并能根据自身行为的状态和结果，调整或修改应用所描述行为的状态和相关的语义。反射支持一个组件动态的加载和查询自身信息，因此反射为许多基于组件的编程工具建立了基础。反射是一种强大的工具，能够使我们很方便地创建灵活的代码，这些代码可以在运行时装配，无须在组件之间进行源代码链接。本章首先介绍元类的概念以及 Smalltalk、Java 中的元类系统，并结合代码示例介绍基于元类的类对象的常用操作，然后重点讲解反射和内省的概念、作用，最后详细介绍 Java 中的反射 API。

本章知识导图

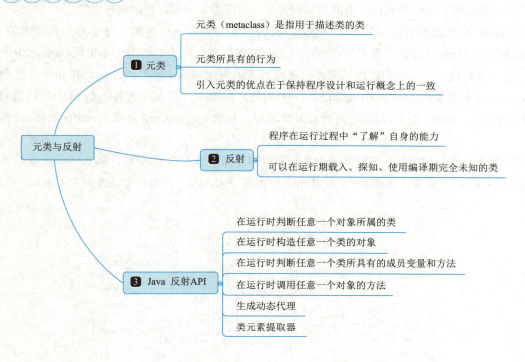

学习目标

- **了解**：了解面向对象语言引入元类的目的，元类的概念以及 Java、C++ 等主要编程语言的元类系统。
- **理解**：理解反射和内省的概念、作用，Java 中的反射 API。
- **应用**：利用反射方法设计出运行时动态组装的软化功能实现对类对象的解析和可组装的组件化功能。

5.1 元　类

在大多数面向对象编程语言中，如 Java、C++、Smalltalk，类本身也可以看作是一个对象。那么，什么类代表了这一"对象"所属的类别，即这个类是什么类？有一个特殊的类，很多编程语言中称为 Class，这就是"类"所属的类。

5.1.1 元类的概念

如果将类看作一个对象，该类必定是另一个特殊类的实例，这个特殊类我们称作元类（metaclass），每个类一定是某个元类的实例，元类就是指用于描述类的类。这个类所具有的行为通常包括：创建实例，返回类名称，返回类实例大小，返回类实例可识别消息列表等。

Smalltalk 元类系统中有一个根类 Object，所有类是 Object 的派生类，每个类是其元类的实例，每个元类是类 Meta 的实例，所有元类是类 Class 的派生类。图 5-1 是 Smalltalk 元类系统中的一个实例，描述了对象、类、元类之间的关系，通常意义的对象 aCard 是类 PlayingCard 的一个实例，类 PlayingCard 又是其元类 MetaPlayingCard 的一个实例。在图中，类 MetaPlayingCard 中的行为只能被对象 PlayingCard 所理解，而不能被其他对象所理解。对象 PlayingCard 是类 MetaPlayingCard 的唯一实例。

类的继承关系与相应的元类的继承关系是平行的，如果 B 是 A 的子类，则 B 的元类也是 A 的元类的子类。Object 是根类（无超类），而其相应的元类 Objectclass 还有一个抽象超类 Class。

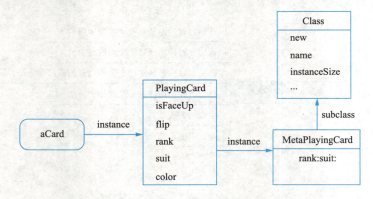

图5-1　Smalltalk的元类系统

在 Java 语言中，元类系统相对比较简单，一个类为 Class 的实例，也就是自身的一个实例。例如：

```
class Test{
  static public void main (String [] args) {
    Test a = new Test();
    Class b = a.getClass();
    System.out.println("a class is " + b);
    Class c = b.getClass();
    System.out.println("b class is " + c);
    Class d = c.getClass();
    System.out.println("c class is " + d);
    if (c==d) System.out.println("They are the same! ");
  }
}
```

元类为编程语言提供了一个方法，可以将类的特定行为集成起来。一个类首先并不是作为 Class 的实例，而是首先作为它的元类的实例，而该类又是继承自 Class 类。通过继承，元类得到了所有 Class 的行为，但是它也提供了定义类的特定行为的空间。

引入元类的优点在于保持程序设计和运行概念上的一致，只使用一个概念——对象就可表述系统中的所有成分；另一个原因是使类成为运行时刻的一部分，有助于改善程序设计环境。

5.1.2 类对象

类对象是元类，也就是更一般的类（一般称为 Class 类）的实例。类对象通常都包括类名称、类实例所占用内存的大小以及创建新实例的能力。

以下是不同编程语言中针对类对象的常用操作。

1. 获取类对象

不同编程语言中获取某个对象的类对象。例如：

```
// C++
typeinfo aClass = typeid(AVariable);

// Delphi Pascal
aClass := aVariable.ClassType;

// Java
Class aClass = aVariable.getClass();

// Smalltalk
aClass <- aVariable class
```

2. 类对象基本操作

"类"作为一个对象，编程语言也提供了通常所需的操作。例如：

```
// 获取父类
Class parentClass = aClass.getSuperclass();        // Java
parentClass <- aClass superclass                   // Smalltalk
```

```
// 获取类的名称
char * name = typeinfo(aVariable).name();   // C++
String internalName=aClass.getName();       // Java
```

检测对象类是一个类对象使用的常见场景，经常用于如何决定多态变量是否真正包含一个指定子类的实例，例如以下 C++ 和 Java 代码：

```
// C++
Child *c = dynamic_cast<Child *>(aParentPtr);
if (c != 0){ …… }

// Java
if (aVariable instanceof Child) { …… }
if (aCalss.isInstance(aVariable)) { …… }
```

通过类创建实例。例如：

```
// 创建此 Class 对象所表示的类的一个新实例
Class c = Class.forName("Employee");
Object o = c.newInstance(); // 调用了 Employee 的无参数构造方法
```

5.2 反 射

5.2.1 反射的概念

1. 什么是反射

反射（reflection）和内省（introspection）是指程序在运行过程中"了解"自身的能力，即可以在运行期载入、探知、使用编译期完全未知的类。

反射是指程序可以访问、检测和修改它本身状态或行为的一种能力，并能根据自身行为的状态和结果，调整或修改应用所描述行为的状态和相关的语义。

反射的概念是由 Smith 在 1982 年首次提出的，主要是指程序可以访问、检测和修改它本身状态或行为的一种能力。Java 反射机制是在运行状态中，对于任意一个类，都能够知道这个类的所有属性和方法；对于任意一个对象，都能够调用它的任意一个方法；这种动态获取的信息以及动态调用对象的方法的功能称为 Java 语言的反射机制。

反射支持一个组件动态的加载和查询自身信息，因此反射为许多基于组件的编程工具建立了基础。这些特性使得反射特别适用于创建以非常普通的方式与对象协作的库。例如，反射经常在持续存储对象为数据库、XML 或其他外部格式的框架中使用。

2. 运行时类型识别

运行时类型识别（run-time type identification，RTTI）主要有两种方式，一种是在编译时和运行时已经知道了所有的类型，另外一种是功能强大的"反射"机制。

"Class 对象"包含了与类有关的信息，每个类都有一个 Class 对象，每当编写并编译了一个新类就会产生一个 Class 对象，它被保存在一个同名的 .class 文件中。

例如，在 Java 程序运行时，当想生成某个类的对象时，运行这个程序的 Java 虚拟机（JVM）会确认这个类的 Class 对象是否已经加载，如果尚未加载，JVM 就会根据类名查找 .class 文件，并将其载入，一旦这个类的 Class 对象被载入内存，它就被用来创建这个类的所有对象。

一般的 RTTI 形式包括三种：

（1）传统的类型转换。如 "(Apple)Fruit"，由 RTTI 确保类型转换的正确性，如果执行了一个错误的类型转换，就会抛出一个 ClassCastException 异常。

（2）通过 Class 对象来获取对象的类型。例如：

```
Class c = Class.forName("Apple");
Object o = c.newInstance();
```

Java 语言的反射提供了一种动态链接程序组件的多功能方法，它允许程序创建和控制任何类的对象（根据安全性限制），无须提前硬编码目标类。

Java 反射非常有用，它使类和数据结构能按名称动态检索相关信息，并允许在运行着的程序中操作这些信息。Java 的这一特性非常强大，并且是其他一些常用语言，如 C、C++、Fortran 或者 Pascal 等都不具备的。

（3）通过关键字 instanceof 或 Class.isInstance() 方法来确定对象是否属于某个特定类型的实例。

5.2.2　Java 类加载器

类是面向对象程序的构成部分，每个类都会有一个 Class 对象。换言之，每当编写并且编译了一个新类，就会产生一个 Class 对象。

Class 没有公共构造方法。Class 对象是在加载类时由 Java 虚拟机以及通过调用类加载器中的 defineClass 方法自动构造的，因此不能显式地声明一个 Class 对象。

反射工具都开始于一个对象，该对象是关于一个类的动态（运行时）体现。要想操纵类中的属性和方法，都必须从获取 Class 对象开始，因此，Class 是反射的起源。

ClassLoader 主要用于加载类文件，利用反射（newInstance()）生成类实例。假设有类 A 和类 B，类 A 在方法 amethod 里需要实例化类 B，其中一种方式就是使用 ClassLoader，代码如下：

```
/* Step 1. Get ClassLoader */
ClassLoader cl= this.getClass.getClassLoader();
/* Step 2. Load the class */
Class cls = cl.loadClass("com.rain.B");    // 使用 ClassLoader 来载入 B
/* Step 3. new instance */
B b = (B)cls.newInstance();                // 由 B 的类得到一个 B 的实例
```

5.3　Java反射API

反射支持一个组件动态的加载和查询自身信息，因此反射为许多基于组件的编程工具建立了基础。反射是 Java 中一种强大的工具，能够使我们很方便地创建灵活的代码，这些代码可以在运行时装配，无须在组件之间进行源代码链接。但是反射使用不当会使得成本很高。

5.3.1 Java 反射功能

Java 反射机制功能主要包括：
- 在运行时判断任意一个对象所属的类。
- 在运行时构造任意一个类的对象。
- 在运行时判断任意一个类所具有的成员变量和方法。
- 在运行时调用任意一个对象的方法。
- 生成动态代理。
- 类元素提取器，包括方法提取器、字段提取器、构造方法提取器。

例如，在 Java 中，怎么获取一个类的元类呢？大概有这么几种方法：

1. 类型 .class

Java 中每个类型都有 class 属性。这种方式很直接，引用类型可以使用该方式来获取元类，基本类型也能通过该方式获取元类。

```java
Class c1 = int.class;
Class c2 = InputStream.class;
```

2. 实例 .getClass()

Java 语言中任何一个 Java 对象都有 getClass() 方法，这种方式是通过一个实例调用基类 Object 的方法。

```java
// cls 是运行时类（e 的运行时类是 Employee）
Employee e = new Employee();
Class< Employee > cls = e.getClass();

// Object 的 getClass() 方法原型如下
public final native Class<?> getClass();
```

3. Class.forName(className)

这种方式中，className 指的是采用类的完全限定名（完整的 [包名]+[类名]，如果是内部类，则是 [包名]+[类名]$[内部类名]），使用这种方式很灵活，因为参数是字符串，可以结合配置文件来达到动态加载的组件化效果。

```java
// 假设类在 pyf.java.demo 包下，类名为 Person，则获取方法如下
Class<?> cls = Class.forName("pyf.java.demo.Person");
```

5.3.2 Java 中的类行为

Java 中的类所具有的行为包括：

```
Class            forName(string)
Class            getSuperClass()
Constructor[]    getConstructors()
Field            getField(string)
Field[]          getFields()
```

```
Method[]      getDeclaredMethods()
boolean       isArray()
boolean       isAssignableFrom(Class cls)
boolean       isInstance(Object obj)
boolean       isInterface()
Object        newInstance()
```

在 Java 和 Smalltalk 中，将方法看作是可以存取和操纵的对象。例如，Java 中的一个方法是 Method 类的一个实例，定义了如下操作：

```
String    getName()
Class     getDeclaringClass()
Int       getModifiers()
Class     getReturntype()
Class[]   getParameterTypes()
Object    invoke(Object receiver,Object[]args)
```

示例代码如下：

```
Method [] methods = aClass.getDeclaredMethods();

System.out.println(methods[0].getName());
Class c = methods[0].getReturnType();

Class sc = String.class;
Class [] paramTypes = new Class[1];
paramTypes[0] = sc;
try {
    Method mt = sc.getMethod( "concat" , paramTypes);
    Object mtArgs [] = { "xyz" };
    Object result = mt.invoke("abc", mtArgs);
    System.out.println("result is " + result);
} catch (Exception e) {
    System.out.println("Exception " + e);
}
```

5.3.3 Java 反射代码示例

java.lang.reflect 包下有一个 Class<T> 类，表示一个正在运行的 Java 应用程序中的类和接口，是 Reflection 的起源。

Java 的反射机制的实现主要借助于四个类：
- class 代表类对象。
- Constructor——类的构造器对象。
- Field——类的成员变量（也称类的属性）。
- Method——类的方法对象。

通过反射调用 Method（方法）：

```
// 获得当前类以及超类的public Method
arrMethods = classType.getMethods();
// 获得当前类申明的所有 Method
arrMethods = classType.getDeclaredMethods();
// 获得当前类以及超类指定的public Method:
method = classType.getMethod(String name.Class<?>… parameterTypes);
// 获得当前类由明的指定的Method
method = classType.getDeclaredMethod(Stringname,Class<?>… parameterTypes);
// 通过反射动态运行指定Method
Object obj= method.invoke(Object obj, Object… args);
```

通过反射调用 Field（变量），获得当前类以及超类的 public Field：

```
// 获得当前类申明的所有Field
Field[] arrFields = classType. getFields();
// 获得当前类以及超类指定的public Field:
Field[] arrFields = classType. getDeclaredFields();
// 获得当前类申明的指定的Field
Field field = classType. getField(String name);
// 通过反射动态设定Field的值
Field field = classType. getDeclaredField(String name);
// 通过反射动态获取Field的值
fieldType.set(Object obj.Object value);
Object obj = fieldType.get(Object obj) ;
```

得到某个对象的属性：

```
public Object getProperty(Object owner, String fieldName) throws Exception {
    Class ownerClass = owner.getClass();
    Field field = ownerClass.getField(fieldName);
    Object property = field.get(owner);
    return property;
}
```

得到某个类的静态属性：

```
public Object getStaticProperty(String className, String fieldName) throws Exception {
    Class ownerClass = Class.forName(className);
    Field field = ownerClass.getField(fieldName);
    Object property = field.get(ownerClass);
    return property;
}
```

执行某对象的方法：

```java
public Object invokeMethod(Object owner, String methodName, Object[] args) throws Exception {
    Class ownerClass = owner.getClass();
    Class[] argsClass = new Class[args.length];
    for (int i = 0, j = args.length; i < j; i++) {
        argsClass[i] = args[i].getClass();
    }
    Method method = ownerClass.getMethod(methodName, argsClass);
    return method.invoke(owner, args);
}
```

执行某个类的静态方法：

```java
public Object invokeStaticMethod(String className, String methodName,Object[] args) throws Exception {
    Class ownerClass = Class.forName(className);
    Class[] argsClass = new Class[args.length];
    for (int i = 0, j = args.length; i < j; i++) {
        argsClass[i] = args[i].getClass();
    }
    Method method = ownerClass.getMethod(methodName, argsClass);
    return method.invoke(null, args);
}
```

新建实例：

```java
public Object newInstance(String className, Object[] args) throws Exception {
    Class newoneClass = Class.forName(className);
    Class[] argsClass = new Class[args.length];
    for (int i = 0, j = args.length; i < j; i++) {
        argsClass[i] = args[i].getClass();
    }
    Constructor cons = newoneClass.getConstructor(argsClass);
    return cons.newInstance(args);
}
```

判断是否为某个类的实例：

```java
public boolean isInstance(Object obj, Class cls) {
    return cls.isInstance(obj);
}
```

得到数组中的某个元素：

```java
public Object getByArray(Object array, int index) {
    return Array.get(array,index);
}
```

小　　结

元类指用于描述类的类，反射是基于元类的重要机制，指程序可以访问、检测和修改它本身状态或行为的一种能力，并能根据自身行为的状态和结果，调整或修改应用所描述行为的状态和相关的语义。反射是一种强大的工具，能够使我们很方便地创建灵活的代码，这些代码可以在运行时装配，无须在组件之间进行源代码链接。

思考与练习

1. 写一个关于复数类 ComplexNumber 的类描述，并完成编译。
（1）属性。dRealPart：实部；dImaginPart：虚部。
（2）构造方法。ComplexNumber() 以及 ComplexNumber(double r, double i)。
（3）方法。复数相加 complexAdd(ComplexNumber c)；复数相减 complexMinus(ComplexNumber c)；打印当前复数 toString()。

2. 利用反射实现：
（1）列出 ComplexNumber 类的构造函数、属性和方法。
（2）调用复数相加的方法，显示出结果。

第6章 继承

继承是面向对象最显著的特性之一。继承是从已有的类中派生出新的类，新的类能吸收已有类的数据属性和行为，并能扩展新的能力。继承允许开发者重复使用和扩展那些经过测试的已有类，从而实现重用，继承的另一个作用是提供一种规范和约束，用来增强设计的一致性。本章介绍继承的基本概念及其作用，然后讲解继承机制所产生的众多特性，包括重置、替换原则、延迟方法、静态类和动态类等，最后介绍继承的多种形式。

本章知识导图

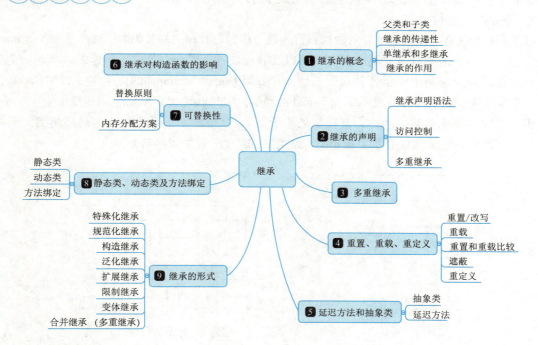

学习目标

- **了解**：了解如何在编程语言中实现继承，定义和使用父类和子类；了解重置、重载、重定义、遮蔽等容易混淆的概念，继承的多种形式及其优缺点。
- **理解**：理解可替换性、静态类和动态类、动态方法绑定等继承产生的重要特性，以及继承机制对代码执行生产的复杂影响。
- **应用**：利用继承机制设计和实现复杂的对象模型，提高代码的可维护性、可扩展性和重用性。

6.1 继承的概念

继承是在已有的类的基础上建立新的类的方法,支持重复使用和扩展那些经过测试的已有的类,以实现重用;另外,继承可以增强处理的一致性,是一种规范和约束。

6.1.1 继承的基本概念

继承是一种在类之间实现代码重用的机制,允许一个类从另一个类继承属性和方法,并在此基础上添加、修改和扩展功能。继承可以避免重复编写相似的代码,提高代码的复用性和可维护性。

1. 父类和子类

在继承中,已存在的类通常称为超类、父类或基类,新的类通常称为子类或派生类,子类不仅可以继承超类的方法,也可以继承超类的属性。如果超类中的某些方法不适合于子类,则子类可以重置这些方法,这将稍后在本章中讲解。

继承的语义是"B is-a A",其中 A 是超类,B 是子类,称类 B 继承类 A,图 6-1 是使用 UML 表示的继承关系。"是一个"语义可用来检验两个概念是否为继承关系。

2. 继承的传递性

继承具有传递性。子类所具有的数据和行为总是作为与其相关的父类的属性的扩展(extension)(即更大的集合)。子类具有父类的所有属性以及其他属性。继承总是向下传递的,因此一个类可以从它上面的多个超类中继承各种属性。例如,如果 Dog 是 Mammal 的派生类,而 Mammal 又是 Animal 的派生类,则 Dog 不仅继承了 Mammal 的属性,同时也继承了 Animal 的属性。

相邻层次的继承关系之间称为直接超类(子类),其他继承关系之间称为间接超类(子类),图 6-2 中,类 A 是类 B、C、D 的直接超类,是类 E、F、G、H 的间接超类。

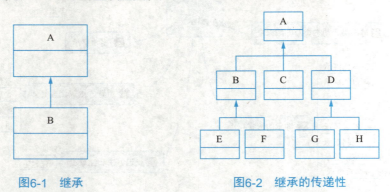

图6-1 继承　　　　　　图6-2 继承的传递性

6.1.2 单继承和多继承

在类的继承中,如果任何一个类只允许有一个直接超类,则称为单继承,单继承构成类之间的关系是一棵树,如图 6-2 所示。如果一个类有多于一个的直接超类,称为多继承,多继承构成的类之间的关系是一个网格或图,如图 6-3 所示。

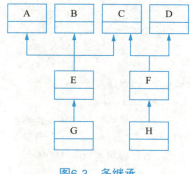

图6-3 多继承

6.1.3 继承的作用

继承使代码具有可重用性。例如，通过继承类库就拥有类库的能力。代码复用能够用以前的类为基础创建自己需要的类，可以省时省力。

通过重定义实现新的功能。如果基类的方法无法满足子类的需求，子类可以重定义基类的成员函数，实现新的功能。即：对别人的类中的不足重新实现，但是又不改变别人的类。

实现功能发展和扩展。通过向派生类添加新成员，实现子类功能的发展和扩展。基于对别人的类的基础上，实现新的类；当然，新类必须具备上一代类所不具备的能力。

直接拥有基类的特性。简单地继承别人的类，可以不需要了解其功能的实现细节，就可以直接使用不需要了解核心技术的细节，就能拥有别人的能力。

6.2 继承的声明

继承是面向对象的重要特征，因此在面向对象编程语言或者基于对象的编程语言中都提供了对于继承的支持。

6.2.1 继承声明语法

在 Java 中，继承使用关键字 extends 来实现，子类可以继承父类的非私有成员变量和方法，并且可以通过关键字 super 来调用父类的构造方法。Java 支持单继承，即一个类只能继承一个父类。例如：

```
class Animal {
    void sound() {
        System.out.println("Animal makes sound");
    }
}

class Dog extends Animal {
    void sound() {
        System.out.println("Dog barks");
```

```java
        }
    }

    public class Main {
        public static void main(String[] args) {
            Animal animal = new Animal();
            animal.sound();        // 输出：Animal makes sound
            Dog dog = new Dog();
            dog.sound();           // 输出：Dog barks
        }
    }
```

在 C++ 中,继承使用关键字 class 后面加上一个冒号(:),然后是父类的名称,表示子类从父类继承。C++ 支持单继承和多继承,即一个类可以同时从多个父类继承属性和方法。例如:

```cpp
#include <iostream>
using namespace std;

class Animal {
public:
    void sound() {
        cout << "Animal makes sound" << endl;
    }
};

class Dog : public Animal {
public:
    void sound() {
        cout << "Dog barks" << endl;
    }
};

int main() {
    Animal animal;
    animal.sound();        // 输出：Animal makes sound
    Dog dog;
    dog.sound();           // 输出：Dog barks
    return 0;
}
```

在 Python 中,继承通过在类定义时的括号中指定父类来实现,例如,class 子类名(父类名)。Python 支持单继承和多继承,可以从一个或多个类继承属性和方法。Python 还支持多层继承,即一个类可以从另一个类继承,后者又可以从另一个类继承。例如:

```python
class Animal:
    def sound(self):
```

```python
        print("Animal makes sound")

class Dog(Animal):
    def sound(self):
        print("Dog barks")

animal = Animal()
animal.sound()    # 输出：Animal makes sound
dog = Dog()
dog.sound()       # 输出：Dog barks
```

6.2.2 访问控制

在继承中，子类是否允许使用父类的属性和方法呢？为了兼顾继承的代码复用目的和每个类的封装性，大多数面向对象编程语言提供 public，private，protected 三种不同的可视性修饰符。

公有（public）属性和方法：在父类中使用 public 修饰符声明的属性和方法可以在子类中直接访问和使用。

受保护（protected）属性和方法：在父类中使用 protected 修饰符声明的属性和方法可以在子类中直接访问和使用，但不能在类外部访问。

私有（private）属性和方法：在父类中使用 private 修饰符声明的属性和方法只能在该类内部访问和使用，子类无法访问。

例如：

```cpp
class Parent {
private:
        int three;
protected:
        int two;
public:
        int one;
        Parent () { one = two = three = 42; }
    void inParent () {
cout << one << two << three; // all legal
        }
};

class Child : public Parent {
public:
        void inChild () {
        cout << one;         // legal
        cout << two;         // legal
        cout << three;       // error - not legal
        }
}
```

```
};
```

表 6-1 是对各种访问修饰符在子类中的访问权限的总结。

表6-1 对各种访问修饰符在子类中的访问权限

访问修饰符	父类中的可访问性	子类中的可访问性	类外部的可访问性
public	可访问	可访问	可访问
protected	可访问	可访问	不可访问
private	可访问	不可访问	不可访问

需要注意的是，这些规则在不同编程语言中可能会有细微的差异，具体的访问权限规则可能会因语言而异。在实际编码中，应该根据具体语言的规范和需求来正确使用不同的访问修饰符，并合理设计类的继承关系。

一般情况下都应使用上述的公有派生，除了公有派生，C++也支持私有派生和保护派生，三种继承方式的成员访问控制特性如下所述。

1. 公有派生

形式：class a : public b

基类私有成员：不能被访问，基类的私有成员只能被基类的成员函数访问。

基类公有成员：可以访问，即公有派生类的实例可直接调用基类的公有成员（变量或函数等）。

基类保护成员：可以访问，但只能在类定义中的成员函数可以调用，不能在外部通过公有派生类的实例进行调用。

2. 私有派生

形式：class a : private b

基类私有成员：不能被访问，基类的私有成员只能被基类的成员函数访问。

基类公有成员：对于私有派生类，即使基类的成员为公有，在私有派生的条件下，也全变成私有。意思是类的成员函数可以调用，在外面不能通过实例来直接调用。

基类保护成员：直接把基类的保护成员变换成私有的，后续处理同上。

3. 保护派生

形式：class a : protected b

基类私有成员：同样，也是不能访问的，基类的私有成员只能被基类的成员函数访问。

基类公有成员：对于保护派生，将基类的公有成员变成保护派生类的保护成员。

基类保护成员：基类的保护成员转变为保护派生类的保护成员。

6.3 多重继承

现实世界中的对象几乎总是以一种多重、互相不重叠的方式进行分类的，例如一个人具有多重角色：男人、大学教授、父亲等。多重继承是指一个对象可以有两个或更多不同的直接超类，并可以继承每个父类的数据和行为。多重继承构成的类之间的关系是一个网格或图，如图 6-3 所示。多重继承中，派生的子类对每个父类仍然符合"是一个"规则，或"作为一个"关系，子类同时扮演了多个角色。

C++ 支持多继承，即一个类可以同时从多个父类继承属性和方法，示例代码如下所示：

```
class EmpStudet: public Employee, public Student {
/* ...*/
public:
/* ...*/
Empstudent();
Empstudent(char *name, age);
~ Empstudent();
};
```

在多重继承下，若多个基类具有相同的成员名，可能造成对基类中该成员的访问出现不是唯一的情况，则称为对基类成员访问的二义性。例如，如果 Employee 和 Student 两个类中都存在 printon() 方法，对于类 EmpStudent 的某个实例 es，es.printon() 就会产生二义性。再如以下代码对多个基类方法的调用：

```
int main()
{
    DeviceNew  device(0.7,3,false,10,250,80);
    cout<<"The weight of the device:"<<device.getWeight();
    device.showPower();
    device.showProperty();

    return 0;
}
```

消除二义性有两种方法：
（1）使用全限定名。例如：

```
es.Employee::printon();
es.Student::printon();
device.Device1::showPower();

GraphicalCardDeck gcd;
Card *aCard=gcd->CardDeck::draw();
gcd->GraphicalObject::draw();
```

但是这种方式不够理想，一个原因是语法上与其他的函数调用语法不同，另外，程序员要必须记住哪个方法来自哪个类。

（2）在派生类中重定义有名称冲突的成员。例如：

```
class GraphicalCardDeck: public CardDeck, public GraphicalObject {
public:
         virtual void draw ()  { return CardDeck::draw(); }
         virtual void paint () { GraphicalObject::draw(); }
}
```

```
        GraphicalCardDeck gcd;
        gcd->draw(); // selects CardDeck draw
   gcd->paint();    // selects GraphicalObject draw
```

Java、C#语言都不支持类的多重继承，但它们都支持接口的多重继承。对于子类来说，接口不为其提供任何代码，所以不会产生两部分继承代码之间的冲突。例如：

```
interface CardDeck {
public void draw ()
}
interface GraphicalObject {
    public void draw ()
}

class GraphicalCardDeck implements CardDeck, GraphicalObject {
    public void draw (){ … }   //Only one method
}
```

6.4 重置、重载、重定义

6.4.1 重置/改写

子类有时为了避免继承基类的行为，需要对其进行修改。为了能使基类中过时的方法能被修改，可以在派生类中定义与基类中完全相同的函数，这称为方法（函数）重置（改写）。重置或改写（overriding）是指在继承情况下，子类中定义了与其基类中方法具有相同名称、相同类型签名（返回类型或兼容类型和相同参数）的方法，但重新编写了方法体。

1. 重置的语法

在语法上，子类定义一个与基类有着相同名称且类型签名相同的方法，即为实现了改写。Java、Smalltalk 等面向对象语言中，只要子类通过同一类型签名改写基类的方法，自然便会发生所期望的行为。C++ 中，需要基类中使用关键字 Virtual 来表明这一含义。运行时，变量声明为一个类，它所包含的值来自子类，与给定消息相对应的方法同时出现于基类和子类。

重置的 Java 实现示例：

```
public class PrivateOverride
{
    public   void f(){System.out.println("private f()");}
        public static void main(String[]args)
    {
        PrivateOverride po=new Derived();
        po.f();// 输出 public f()    // 表明派生类函数覆盖了基类的函数
    }
}
```

```
class Derived extends PrivateOverride
{
    public void f(){System.out.print("public f()");}
}
```

(1)子类方法的名称，参数签名和返回类型必须与父类方法的名称，参数签名和返回类型一致。

(2)重写方法不能使用比被重写的方法更严格的访问权限，即访问修饰符的限制一定要大于被重写方法的访问修饰符，亦即子类方法不能缩小父类方法的访问权限（public>protected>default>private）。

(3)子类方法不能抛出比父类方法更多的异常。子类方法抛出的异常必须和父类方法抛出的异常相同，或者子类方法抛出的异常类是父类抛出的异常类的子类。

(4)重写方法只能存在于具有继承关系中，重写方法只能重写父类非私有的方法。

2. 方法重置规则

方法重置应遵守以下规则：

(1)重置发生在继承关系的子类中。
(2)重置的方法名、参数、返回值类型必须与基类相同。
(3)基类中的私有方法不能继承，因而也无法重置。

3. 代替与改进

两种不同的关于重置的解释方式：

(1)代替（replacement）：在程序执行时，实现代替的方法完全覆盖父类的方法。即，当操作子类实例时，父类的代码完全不会执行。

(2)改进（refinement）：实现改进的方法将继承自父类的方法的执行作为其行为的一部分。这样父类的行为得以保留且扩充。

这两种形式的改写都很有用，并且经常在一种编程语言内同时出现。例如，几乎所有的语言在构造函数中都使用改进语义。即子类构造函数总是调用父类的构造函数，来保证父类的数据字段和子类的数据字段都能够正确地初始化。由于改进的使用保证了父类的行为得以保留，使得父类所执行的行为也必然是子类行为的一部分。

因此，通过这种机制所创建的子类几乎不可能不是子类型。由此，支持使用改进语义语言的人们认为这种机制非常优雅。而对于使用代替语义的语言来说则无法保证这一点。

6.4.2 重载

重载（overloading）是与重置不同的概念，是指同一个类定义中有多个同名的方法，但有不同的类型签名（参数个数、类型、顺序），而且每个方法有不同的方法体，调用时根据形参的个数和类型来决定调用的是哪个方法。

在现实世界的自然语言表达中，有很多单词都是重载的，即一词多义，需要根据上下文来决定其确切含义。

重载与重置的不同之处在于重载是在编译时执行的，而重置是在运行时选择的。重置是面向对象语言中继承所产生的机制，而重载在很多非面向对象语言也支持。

重载具有以下特性：

（1）必须具有不同的参数列表。
（2）可以有不同的返回类型，只要参数列表不同就可以。
（3）可以有不同的访问修饰符。
（4）如果重载发生在基类和派生类之间，同行被称为重定义（见"6.4.5 重定义"一节）。
（5）可以抛出不同的异常。
（6）调用方法时通过传递给它们的不同参数个数和参数类型来决定具体使用哪个方法（编译器决定），这就是多态性。

重载是多态的一种很强大的形式，将在第7章多态详细讲解重载的知识。

6.4.3 重置和重载

方法的重置与重载的区别可以总结如下：
（1）方法的重置/覆盖是发生在子类和基类之间的关系，而重载是同一类内部多个方法间的关系。
（2）方法的重置/覆盖一般是两个方法之间，而重载时可能有多个重载方法。
（3）重置/覆盖的方法有相同的方法名和形参表，而重载的方法只能有相同的方法名，不能有相同的形参表。
（4）重置/覆盖时区分方法的是根据调用他的对象，而重载是根据形参来决定调用的是哪个方法。
（5）用final修饰的方法是不能被子类重置/覆盖的，只能被重载。

在C++语言中，成员函数被重载的特征：
（1）相同的范围（在同一个类中）。
（2）函数名相同，类型签名（参数列表）不同。
（3）virtual关键字可有可无。
（4）C++的函数的重载只能发生在同一级的类中；基类和派生类之间同名函数不能构成重载。

C++的重置/覆盖是指派生类函数重置/覆盖基类函数，其特征是：
（1）不同的范围（分别位于派生类与基类）。
（2）函数名字相同，类型签名（参数列表）相同。
（3）基类函数必须有virtual关键字。

如下示例中，函数Base::f(int)与Base::f(float)相互重载，而Base::g(void)被Derived::g(void)覆盖。

```
#include <iostream.h>
class Base {
public:
    void f(int x) {
        cout << "Base::f(int) " << x <<endl;
    };
    void f(float x) {
        cout << "Base::f(float) " << x << endl;
    };
    virtual void g(void) {
        cout << "Base::g(void)" << endl;
    };
```

```
};

class Derived : public Base {
public:
    virtual void g(void) {
        cout << "Derived::g(void)" << endl;
    };
}

void main(void)
{
    Derived d;
    Base *pb = &d;
    pb->f(42);           // Base::f(int) 42
    pb->f(3.14f);        // Base::f(float) 3.14
    pb->g();             // Derived::g(void)
}
```

6.4.4 遮蔽

重置 / 覆盖与遮蔽存在着外在的语法相似性。类似于重载，重置 / 覆盖区别于遮蔽的最重要的特征就是：遮蔽是在编译时基于静态类型解析的，并且不需要运行时机制。

有些编程语言需要对重置 / 覆盖显式声明，如果不使用关键字将产生遮蔽。以下代码的子类中关于 x 的声明将遮蔽父类中对同名变量的声明。

```
Class Parent {
Public int x = 12;
}

Class Child extend Parent {
Public int x = 42;                    // sbadows variable from parent class
}

Parent p = new Parent();
System . out .println(p . x);         // 12
Child c = new Child();
System. Out .println(c .x);           // 42
p = c;                                // 注意这里！
System.out.println(P.x);              // 12
```

C++ 有着令人迷惑的隐藏规则（本来仅仅区别重载与重置并不算困难，但是 C++ 的隐藏规则使问题复杂性陡然增加）。这里"隐藏"即为遮蔽，是指派生类的函数屏蔽了与其同名的基类函数，在 C++ 中遮蔽的规则如下：

（1）如果派生类的函数与基类的函数同名但参数不同。此时，不论有无 virtual 关键字，基类的函数将被隐藏（注意别与重载混淆，重载发生在同一类中）。

（2）如果派生类的函数与基类的函数同名，并且参数也相同，但是基类函数没有 virtual 关键字。此时，基类的函数被隐藏（注意别与 C++ 中的重置混淆）。

如下示例程序中：

（1）函数 Derived::f(float) 覆盖了 Base::f(float)；

（2）函数 Derived::g(int) 隐藏了 Base::g(float)，而不是重载；

（3）函数 Derived::h(float) 隐藏了 Base::h(float)，而不是覆盖。

```cpp
#include <iostream.h>
class Base
{
public:
    virtual void f(float x) { cout << "Base::f(float) " << x << endl; };
    void g(float x)         { cout << "Base::g(float) " << x << endl; };
    void h(float x)         { cout << "Base::h(float) " << x << endl; };
};
class Derived : public Base
{
public:
    virtual void f(float x) { cout << "Derived::f(float) " << x << endl; };
    void g(int x) { cout << "Derived::g(int) " << x << endl;         };
    void h(float x)   { cout << "Derived::h(float) " << x << endl; };
};
```

6.4.5 重定义

当子类定义了一个与父类具有相同名称但类型签名不同的方法时，发生重定义。类型签名的变化是重定义区别于覆盖/重写的主要依据。

```java
// Java 使用融和模型
class Parent {
    public void example (int a) {
System.out.println("in parent method");
}
}
class Child extends Parent {
    public void example (int a, int b) {
System.out.println("in child method");
}
}

// 使用时
Child aChild = new Child();
aChild.example(3);
```

重置/覆盖、遮蔽和重定义的差异总结如下：
(1) 重置/覆盖：父类与子类的类型签名相同，并且在父类中将方法声明为虚拟的；
(2) 遮蔽：父类与子类的类型签名相同，但是在父类中并不将方法声明为虚拟的；
(3) 重定义：父类与子类的类型签名不同。

6.5 延迟方法和抽象类

6.5.1 延迟方法

如果方法在父类中定义，但并没有对其进行实现，那么称这个方法为延迟方法。即延迟方法只有方法签名的定义，没有方法体的实现。延迟方法有时也称为抽象方法，并且在 C++ 语言中通常称之为纯虚方法。

延迟方法的一个优点就是可以使程序员在比实际对象的抽象层次更高的级别上考虑与之相关的活动。例如：

```
abstract class Shape{
    abstract public void draw();
}
```

在 Java、C# 中，延迟方法的定义采用 abstract 关键字来修饰方法声明。在 C++ 中，采用纯虚函数来定义延迟方法：

```
virtual 返回值类型 成员函数名（参数表）= 0；
```

延迟方法更具实际意义的原因：在静态类型面向对象语言中，对于给定对象，只有当编译器可以确认与给定消息选择器相匹配的响应方法时，才允许程序员发送消息给这个对象。

6.5.2 抽象类

在类的定义中，如果类中如果存在抽象方法，那么这个类就是抽象类。在继承的使用中，泛化（generalization）和特化（specialization）是分别从向上和向下两个方向，对继承的语义描述。泛化通过将若干类的所共享的公共特征抽取出来，形成一个新类，并且将这个类放到类继承层次的上端以供更多的类所重用，抽取出的超类称作抽象类（abstract class）；而特化（specialization）是派生出新类，作为旧类的子类。

抽象类没有实例，不能创建实例，只能作为其他类的父类来派生新的子类。抽象类可以包含抽象方法（没有具体实现的方法）和普通方法（有具体实现的方法）。子类继承抽象类后，必须实现其抽象方法，否则子类也必须声明为抽象类。抽象类可以包含普通方法，这些方法在子类中可以直接使用或者覆盖。

在以下不同编程语言中的示例代码中，Animal 类被定义为抽象类，其中包含了抽象方法 sound()，并且实现了普通方法 move()。子类 Dog 继承自 Animal 类，并实现了抽象方法 sound()。在 Java 和 Python 中，使用关键字 abstract 来声明抽象类和抽象方法，而在 C++ 中使用纯虚函数（virtual 函数）来实现抽象类。在实际使用中，抽象类常常用于定义通用的接口或共享的行为，并且要求子类实现特定的行为(即抽象方法)。通过使用抽象类,可以在设计上实现更好的代码结构和继承关系,并在子类中强制实现某些方法,以确保子类的正确使用。

Java语言中的抽象类的定义和示例代码:

```java
abstract class Animal {
    // 抽象方法,没有具体实现
    abstract void sound();
    // 普通方法,有具体实现
    void move() {
        System.out.println("Animal moves");
    }
}

class Dog extends Animal {
    // 必须实现抽象方法
    void sound() {
        System.out.println("Dog barks");
    }
}

public class Main {
    public static void main(String[] args) {
        Animal animal = new Dog();   // 抽象类不能被实例化,但可以作引用类型
        animal.sound();               // 输出:Dog barks
        animal.move();                // 输出:Animal moves
    }
}
```

C++语言中的抽象类的定义和示例代码:

```cpp
#include <iostream>
using namespace std;

class Animal {
public:
    // 纯虚函数,没有具体实现
    virtual void sound() = 0;
    // 普通函数,有具体实现
    void move() {
        cout << "Animal moves" << endl;
    }
};

class Dog : public Animal {
public:
```

```cpp
    // 实现抽象方法
    void sound() {
        cout << "Dog barks" << endl;
    }
};

int main() {
    Animal* animal = new Dog();      // 抽象类不能被实例化,但可以被用作指针类型
    animal->sound();                  // 输出:Dog barks
    animal->move();                   // 输出:Animal moves

    delete animal;                    // 释放内存
    return 0;
}
```

Python 语言中的抽象类的定义和示例代码:

```python
from abc import ABC, abstractmethod

class Animal(ABC):
    # 抽象方法,没有具体实现
    @abstractmethod
    def sound(self):
        pass

    # 普通方法,有具体实现
    def move(self):
        print("Animal moves")

class Dog(Animal):
    # 实现抽象方法
    def sound(self):
        print("Dog barks")

dog = Dog()
dog.sound()    # 输出:Dog barks
dog.move()     # 输出:Animal moves
```

抽象类在不同的编程语言中有不同的语法和使用方式,但其核心概念都是一致的,即提供一种定义通用接口和强制子类实现特定行为的机制。

6.6 继承对构造函数的影响

继承使得构造函数这个过程也变得复杂了。由于父类和子类都有待执行的初始化代码,在创建新对象时都要执行。Java 等语言规定:只要父类构造函数不需要参数,父类的构造函数和子类的构

造函数都会自动地执行；当父类需要参数时，子类必须显示地提供参数。在 Java 中通过 super 这个关键字来实现。

一般来说，构造器不能被继承。子类不能继承父类的构造器，每个类的构造器只能通过两种方法获得：自己编写（可以主动调用父类的构造器）；或者使用系统默认构造器。

调用父类构造器的规则：

（1）调用父类构造器必须在第一行使用 super()；

（2）如果没有使用 this() 或 super()，系统将自动调用 super()；

（3）如果系统调用 super()，而父类没有 super()，则出错。

```java
class SuperClass {
    private int n;
    SuperClass() {
        System.out.println("SuperClass()");
    }
    SuperClass(int n) {
        System.out.println("SuperClass(int n)");
        this.n = n;
    }
}
class SubClass extends SuperClass {
    private int n;
    SubClass() {
        super(300);
        System.out.println("SuperClass");
    }
    SubClass(int n) {
        System.out.println("SubClass(int n):"+n);
        this.n = n;
    }
}

public class TestSuperSub {
    public static void main (String args[]) {
        SubClass sc = new SubClass();
        SubClass sc2 = new SubClass(200);
    }
}
```

当类的继承层次超过 2 层时，需要注意多级继承的调用次序，例如，以下代码将按照 A、B、C 的顺序产生输出。

```java
class A {
    A() { System.out.println("A"); }
}
```

```java
class B extends A {
    B() { System.out.println("B"); }
}
class C extends B {
    C() { System.out.println("C"); }
}

public class hrt {
    public static void main(String args[]) {
        new C();
    }
}
```

基类构造器总是在派生类的构造过程中被调用,而且按照继承层级逐渐向上链接(调用顺序则是从基类开始向下)。可以理解为,这么做的逻辑关系是在一个类构建时可能会用到其父类的成员、方法。在清理时则顺序相反。

以下是另一个构造函数调用顺序的示例代码,请先自行阅读并写出输出结果,与代码后的结果比较。

```java
public class Glyph {
    void draw() {
        System.out.println("Glyph.draw()");
    }

    Glyph () {
        System.out.println("Glyph() before draw()");
        draw();
        System.out.println("Glyph() after draw()");
    }
}
class RoundGlyph extends Glyph {
    int radius = 1;
    RoundGlyph(int r) {
        radius = r;
        System.out.println("RoundGlyph.RoundGlyph(), radius = " + radius);
    }

    void draw() {
        System.out.println("RoundGlyph.draw(), radius = " + radius);
    }
}

public class PolyConstructors {
```

```
        public static void main(String[] args) {
            new RoundGlyph(5);
        }
    }
```

运行结果：

```
Glyph() before draw()
RoundGlyph.draw(), radius = 0
Glyph() after draw()
RoundGlyph.RoundGlyph(), radius = 5
```

类中成员变量的初始化方法（包括基本数据类型的赋值）是在基类构造器调用之后才会被调用。最初实例化时，分配给对象的存储空间会被初始化为二进制的零。

在 C++ 等支持多重继承的语言中，同一层次的各基类构造函数的执行顺序取决于定义派生类时所指定的各基类顺序。

6.7 可替换性

可替换性是面向对象编程中一种强大的软件开发技术。可替换性的意思是：变量声明时指定的类型不必与它所容纳的值类型相一致，这在传统的编程语言中是不允许的，但在面向对象的编程语言中却常常出现。

6.7.1 替换原则

让我们观察在静态类型语言中，父类的数据类型与子类（或派生类）的数据类型之间的关系，就会发现以下的现象：

（1）子类的实例必须拥有父类的所有数据成员。

（2）子类的实例必须至少通过继承（如果不是显式地改写）实现父类所定义的所有功能（子类也可以定义新功能，但此时并不重要）。

（3）这样，在某种条件下，如果用子类实例来替换父类实例，那么将会发现子类实例可以完全模拟父类的行为，二者毫无差别。

由此，可以得出一条称为替换原则（principle of substitution）的思想。替换原则是指如果有 A 和 B 两个类，类 B 是类 A 的子类，那么在任何情况下都可以用类 B 来替换类 A，而外界则毫无察觉。

替换性是面向对象编程中一种强大的软件开发技术。可替换性的意思是：变量声明时指定的类型不必与它所容纳的值类型相一致。这在传统的编程语言中是不允许的，但在面向对象的编程语言中却常常出现。

术语子类型（subtype）是指符合替换原则的子类关系，以区别于一般的可能不符合替换原则的子类关系，如下代码所示的描述。

```
abstract class Shape
{
    public abstract void draw();
```

```
}
Shape[] listOfShapes;
……
for(int i = 0; i < listOfShapes.Count(); i++)
{
    persons[i].draw();
}
```

变量 listOfObjects 保持一个图形对象列表，图形对象可以是三种类型之一。在执行循环的过程中，集合元素所表示的对象将来自每个子类，有时表示圆形，有时表示正方形，有时表示三角形。在每种情况下调用 draw() 函数时，都会执行关于元素对象当前值的正确的方法——而不是声明于类 Shape 中的方法。只有每个子类实现的功能都匹配于其父类所指定的功能，即子类必须同时也是子类型，代码才能够正确执行。

所有面向对象编程语言都支持替换原则，尽管某些语言在改写方法时需要附加的语法。大多数语言都以一种非常直接的方式来支持替换原则，父类只包含从子类得来的值。对此，一个主要例外出现于 C++ 语言中，对于 C++ 语言，只有指针和引用真正地支持替换原则，声明为值（不是指针）的变量不支持替换原则。

6.7.2 内存分配方案

可替换性允许变量声明时指定的类型不必与它所容纳的值类型相一致。因此，继承和替换原则的引入对编程语言的存储分配产生了大的影响。从特定的类实例化对象需要多少存储空间？引入派生类是否包含基类所不包含的数据？

一般来说，内存分配方案有三种：最小静态空间分配、最大静态空间分配、动态内存分配，我们分别来了解这几种方案。

如下例 C++ 代码所示：

```
class Window {
public:
    virtual void oops();
private:
    int height;
    int width;
};

class TextWindow : public Window {
public:
        virtual void oops();
private:
char * contents;
int cursorLocation;
};
```

```
            Window win; // 为变量 win 分配空间的方案?
```

1. 最小静态空间分配

最小静态空间分配方案只分配基类所需的存储空间。C++使用最小静态空间分配策略，理由应该是为了运行高效。例如：

```
Window win;
Window *tWinPtr;
tWinPtr = new TextWindow;
```

对于赋值语句"win = *tWinPtr;"赋值操作无法将 tWinPtr 所指向的数值完全复制给变量 win，如图 6-4 所示。但是，C++保证变量 win 只能调用定义于 Window 类中的方法，不能调用定义于 TextWindow 类中的方法。

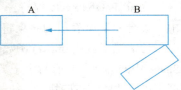

图6-4 赋值后果

C++规定定义并实现于 Window 类中的方法无法存取或修改定义于子类中的数据，因此不可能出现父类存取子类的情况。对于指针（引用）变量：当消息调用可能被改写的成员函数时，选择哪个成员函数取决于接收器的动态数值。对于其他变量：关于调用虚拟成员函数的绑定方式取决于静态类（变量声明时的类），而不取决于动态类（变量所包含的实际数值的类）。

2. 最大静态空间分配

最大静态空间分配方案是指无论基类还是派生类，都分配可用于所有合法的数值的最大的存储空间。

不论是父类变量还是子类变量，都分配变量值能使用的最大存储空间。因此，在为对象分配内存时，需要对整个程序进行扫描，从而发现整体的继承层次。这种要求过于严格，因此在主要的面向对象编程语言中，都没有使用这种方法。

3. 动态内存分配

动态内存分配方案只分配用于保存一个指针所需的存储空间。在运行时通过对其分配其所需的存储空间，同时将指针设为相应的合适值。

这种分配方案，堆栈中不保存对象值，堆栈通过指针大小空间来保存标识变量，数据值保存在堆中。由于指针变量都具有恒定不变的大小，变量赋值时，不会有任何问题。

Smalltalk、Java、C#等多数静态类型语言都采用该方法。例如：

```
class Box {
    public int value;
}

Box x = new Box();
x.value = 7;
Box y = x;
y.value = 12;   // what is x.value?
```

6.8 静态类、动态类及方法绑定

面向对象语言的强大之处在于对象可以在运行时动态地改变其行为。在编程语言中，术语静态总是用来表示在编译时绑定于对象并且不允许以后对其进行修改的属性或特征。术语动态用来表示直到运行时绑定于对象的属性或特征。动态类语言与静态类型语言之间的差异在于变量或数值是否具备类型这种特性。

静态类型语言，类型在编译时绑定于变量。动态类型语言（有时也称为非类型语言，untyped language），类型决定于数值，而与变量无关。变量仅仅代表一个名称。在程序执行期间，不仅变量所代表的数值可以改变，而且变量所代表的类型也可以改变。

6.8.1 静态类和动态类

变量的静态类是指用于声明变量的类，静态类在编译时就确定下来，并且再也不会改变，类型由声明该变量时使用的类型决定；变量的动态是类指与变量所表示的当前数值相关联的类。动态类在程序的执行过程中，当对变量赋新值时可以改变。类型由实际赋给该变量的对象决定。如果变量的动态类和静态类的类型不一致，会出现所谓的多态。

对于静态类型面向对象编程语言，在编译时消息传递表达式的合法性（调用的合法性）不是基于接收器的当前动态数值，而是基于接收器的静态类来决定的。在运行时执行动态类所具有类型的方法，即当使用多态方式调用方法时，首先检查父类中是否有该方法，如果没有，则编译错误；如果有，再去调用子类的该同名方法。

阅读以下代码中定义的类，观察其变量声明和调用的输出。

```
class Animal {
Public void speak() { System.out.println("Animal Speak!"); }
}
class Dog extends Animal {
Public void speak() { bark();}
Public void bark() { System.out.println("Woof!"); }
}
class Seal extends Animal {
Public void bark() { System.out.println("Arf!"); }
}
class Bird extends Animal {
Public void speak() { System,out.println("hreet!"); }
}
```

请体会以下变量声明和调用的输出：

```
Dog fido;
fido = new Dog();
fido.speak();   // Woof!
fido.bark();    // Woof!
Animal pet;
```

```
pet = fido;      // 合法赋值
pet.speak();     // Woof!
pet.bark() ;     // 编译错误
```

静态类型语言（如 C++ 和 Object Pascal 语言）比动态类型语言（如 Python，Smalltalk 和 Objective-C 语言）更加强调替换原则。其中的原因就是静态类型语言倾向于通过类来表现对象，而动态类型语言则是通过行为来表现对象。例如，在静态类型语言中，多态函数（可以通过多个不同类的对象来表示的函数）只有通过确保所有函数参数都是给定类的子类，才能实现特定的函数功能。而在动态类型语言中，由于参数根本就没有类型化，因此，同样的需求将变为参数必须能够对一组特定的消息进行响应。

关于这种差别的一个例子，需要一个以类 Measureable 的子类的实例作为参数的函数，与需要一个可以理解消息 lessThan 和 equal 的参数的函数进行比较。前者通过对象所属的类来表现对象，后者通过对象的行为来表现对象。两种类型检查形式都应用于面向对象语言。

6.8.2 方法绑定

变量的动态类在程序的执行过程中，类型由实际赋给该变量的对象决定。如果变量的动态类和静态类的类型不一致，会出现所谓的多态。在运行时执行动态类所具有类型的方法，即：响应消息时对哪个方法进行绑定是由接收器当前所包含的动态数值来决定的。

以 Java 为例，方法绑定的执行过程：

（1）编译器首先查看并获取到对象的声明类型和方法名；然后在其声明类型对应的相应类及其超类的方法表进行查找；搜索出所有方法声明为"pulbic"的对应方法名的方法，得到所有可能被执行的候选方法。

方法表是指，当一个类第一次运行，被类装载器（classloader）进行装载工作时，其自身及其超类的所有方法信息都会被加载到内存中的方法区内。

（2）编译器查看调用方法时传入的参数的类型。如果在执行第一步工作中所获得的所有候选方法中，存在一个与提供的参数类型完全符合，则会决定绑定调用该方法。这个过程被称为重载解析。也就可以明白：用重载表现的多态，其动态绑定的解析工作就是这样完成的。关于重载解析的详细内容在第 7 章多态中继续讲解。

另外，由于 Java 允许类型转换，重载解析的过程可能会很复杂。如果没有找到与参数类型匹配的方法，或者经过类型转换过后有多个匹配的方法，则会报告编译错误。

如果采用的是动态绑定的方式。当程序运行时，一定会选择：对象引用所指向的实际对象所属类型中最合适的方法。这也是为什么在继承中，子类改写超类中的方法后，如果使用超类的类型进行声明，而实际引用子类的对象调用方法，会准确的调用到子类中改写后的方法的原因。

6.9 继承的形式

使用继承的方式多得令人惊奇。本节将描述一些比较常用的方式。需要注意的是，下面所描述的只是一些普遍的抽象类别，并没有将所有的抽象方式一一列举。而且，由于不同的类方法使用继承的方式不同，因此有些抽象方式有时只适用于特定的情况。

6.9.1 特殊化继承

很多情况下，都是为了特殊化（specialization）才使用继承。在这种形式下，新类是基类的一种特定类型，它能满足基类的所有规范。用这种方式创建的总是子类型，并明显符合可替换性原则。特殊化继承与规范化继承一起，这两种方式构成了继承最理想的方式，也是一个好的设计所应追求的目标。

特殊化继承总是能满足替换原则。子类可以扩展父类的功能，但不能改变父类原有的功能，子类中可以增加自己特有的方法。子类型是指符合替换原则的子类关系，区别于一般的可能不符合替换原则的子类关系。子类说明了新类是继承自父类，而子类型强调的是新类具有父类一样的行为（未必是继承），因此满足替换原则。

这里有一个特化子类化的实例。类 Window 提供一般的窗口操作（移动、改变大小、最小化等等）。特化的子类 TextEditWindow 继承了窗口的操作，另外还提供了控件，可以使窗口显示文本，并且用户可以对这些文本值进行编辑。因为文本编辑窗口在总体上符合我们所要求的窗口的所有属性（TextEditWindow 窗口是 Window 的一个子类型，也是一个子类），因此我们将其作为特化子类化的一个实例。

6.9.2 规范化继承

另外一个继承常用的场合就是保证使子类和父类维持同一个特定的公共接口——也就是说，它们实现同样的方法。父类是由一部分已实现的操作和一部分需推迟到子类来实现的操作组成的结合体。在父类与子类之间通常不存在接口的变化——子类仅实现父类所描述的但却没有实现的行为。

规范化（specification）继承用于保证派生类和基类具有某个共同的接口，即所有的派生类实现了具有相同方法接口的方法。基类中既有已实现的方法，也有只定义了方法接口、留待派生类去实现的方法。派生类并没有重新定义已有的类型，而是去实现一个未完成的抽象规范。也就是说，基类定义了某些操作，但并没有去实现它，只有派生类才能实现这些操作。

实质上，规范子类化是特化子类化的一种特殊情况，只是这种子类化不是对已有类型的改进，而是实现了父类中未完成的抽象规范定义。在这种情况下，父类有时称为抽象规范类（abstract specification class）。

在 Java 中，关键字 abstract 确保了必须要构建派生类。声明为 abstract 的类必须被派生类化，不可能用 new 运算符创建这种类的实例。除此之外，方法也能被声明为 abstract，同样在创建实例之前，必须覆盖类中所有的抽象方法。

一般来说，规范子类化的使用场合是，父类仅仅对行为进行定义，却没有对其实现，而由子类来实现这些行为。规范化继承可以通过以下方式辨认：基类中只是提供了方法接口，并没有实现具体的行为，具体的行为必须在派生类中实现。

例如，GraphicalObject 没有实现关于描绘对象的方法，因此它是一个抽象类。其子类 Ball、Wall 和 Hole 通过规范子类化实现这些方法。

特殊化继承总是能满足替换原则。子类实现父类的抽象方法，但不覆盖父类的非抽象方法。子类中可以增加自己特有的方法。

6.9.3 构造继承

当继承的目的只是用于代码复用时，新创建的子类通常都不是子类型，这种形式的继承称为构造（construction）子类化。

子类一般通过父类就可以继承需要实现的几乎所有行为，只是需要对一些对应于接口的方法名称进行改变，或者以一种特定的方式对方法参数进行修改。即使新类和基类之间并不存在抽象概念上的相关性，这种实现也是可行的。

例如，在创建对持久存储系统的二进制文件进行写操作的类时，父类仅仅实现原始二进制数据的写操作，子类主要用于存储每种结构。子类通过使用父类型的行为来完成数据类型的实际存储。

```
class Storable {
void writeByte(unsigned char);
};
class StoreMyStruct : public Storable {
void writeStruct (MyStruct & aStruct);
};
```

构造子类化经常违反替换原则（形成的子类并不是子类型），如 List 类与 Set 类，对于这个实例，由于我们从不会考虑在某种条件下，用子类实例来替换正在使用的父类的实例，因此子类并不是父类的更特殊的形式。

6.9.4 泛化继承

泛化继承是指派生类扩展基类的行为，形成一种更泛化的抽象。在某种意义上，通过继承进行的泛化子类化与特化子类化恰好相反。这里，子类将父类的行为进行扩展，建立了一种更泛化的对象。泛化子类化的使用场合通常是我们打算基于已存在的类来建立一种不想修改或者不能修改的类。

让我们来考虑一下图形显示系统，在这里，类 Window 定义为在简单的黑白背景下进行显示。可以建立一个子类型 ColoredWindow，通过增加一个存储颜色的数据字段，我们可以改写继承之后的窗口，使之显示相应的背景颜色，来代替原来的黑白颜色。

泛化子类化通常用于基于数据值的整体设计，其次才是基于行为的设计。这可以通过彩色窗口这个实例加以说明，彩色窗口就包含了简单窗口所不需要的数据字段。

作为规则，泛化子类化应该避免转换成为类型层次和使用特化子类化。然而，这并不容易做到。

6.9.5 扩展继承

如果派生类只是往基类中添加新行为，并不修改从基类继承来的任何属性，即是扩展继承。

泛化子类化对基类已存在的功能进行修改或扩展，而扩展子类化则是增加新功能。扩展子类化与泛化子类化之间的区别在于，后者必须至少改写来自父类的一个方法，而且子类的功能需要与父类紧密联系，而扩展子类化只是对父类增加新的方法，并且子类的功能与父类的联系并不那么紧密。

一个扩展子类化的实例就是继承于 Set 类用于存储字符串值的 StringSet 类。这个类将提供关于字符串操作的附加方法——例如,"通过前缀进行查找"的功能将返回关于所有元素的集合的一个子集,这个子集中的字符串都以指定的前缀开头。这些操作对于子类都很有意义,但对于父类则关系不大。

对于扩展子类化,子类只是往父类中添加新行为,并不修改从父类继承来的任何属性。由于基类的功能仍然可以使用,而且并没有被修改,因此扩展继承并不违反可替换性原则,用这种方式构建的派生类还是派生类型。

6.9.6 限制继承

如果派生类的行为比基类的少或是更严格时,就是限制继承。限制继承常常出现于子类的行为少于或限制于父类,基类不应该也不能被修改时。限制继承可描述成这么一种技术:它先接收那些继承来的方法,然后使它们无效。

例如,一个已存在的类库提供一个双向队列(deque)数据结构,可以从队列的两端添加或删除元素。但是,现在程序员希望写一个堆栈类,需要的功能是只能从堆栈的一端添加或删除元素。与构造子类化相近,程序员可以通过继承已存在的 Deque 类来创建 Stack 类,并且修改或者改写那些不符合要求的方法(如从队尾追加、删除元素),使其在被调用时无效。这些方法通过削弱父类的功能改写了父类已存在的方法,这就是限制子类化。

由于限制子类化显然违反替换原则,通过它来创建的子类不是子类型,因此应该尽可能避免使用限制子类化。

6.9.7 变体继承

两个或多个类需要实现类似的功能,但他们的抽象概念之间似乎并不存在层次关系,在这种情况下为了复用代码,就产生了变体继承。例如,控制鼠标和控制触摸屏。

在概念上,任何一个类作为另一个类的子类都不合适。因此,可以选择其中任何一个类作为父类,并改写与设备相关的代码。显然,变体继承并不符合继承的"Is-A"语义,也不是子类型。

例如,用来控制鼠标的代码可能与用来控制图形输入板的代码几乎完全相同。但是,在概念上,没有理由让其中任何一个类来作为另外一个类的子类。因此,可以选择其中任何一个类作为父类,另外一个类继承于这个父类,并改写与设备相关的代码。但是,通常使用的更好的替代方法是将两个类的公共代码提炼成一个抽象类,如类 PointingDevice,并且让这两个类都继承于这个抽象类。与泛化子类化一样,当基于已存在的类创建新类时,就无法使用这种方法。

6.9.8 合并继承(多重继承)

如前所述,一个类可以继承自多个基类的能力被称为多重继承。可以通过合并两个或者更多的抽象特性来形成新的抽象,即为合并继承或多重继承。合并继承使用的场合是,需要一个子类,可以表示两个或更多的父类的特征的结合。例如,一名助教,既有教师的特征,也有学生的特征,因此在逻辑上可以表示成任何一个。

最后,总结一下继承的不同形式见表 6-2。

表6-2 继承的形式

继承	说明
特殊化/泛化	子类是父类的一个特例，即子类是父类的一个子类型
规范化	父类中定义的行为在子类中实现，而父类本身没有实现这些行为
构造继承	子类利用父类提供的行为，但不是父类的子类型
扩展继承	子类添加一些新功能，但没有改变继承来的行为
限制继承	子类限制了一些来自父类的方法的使用
变体继承	抽象概念之间不存在层次关系
合并继承	子类从多个父类中继承特性

小　　结

继承是 OOP 中的重要概念之一，它允许一个类（子类）从另一个类（父类）继承属性和方法。通过继承，子类可以重用父类的代码，并且可以通过扩展和定制来实现特定的需求。本章讲解继承的概念、作用及延迟方法、重置等继承所产生的重要特征，通过学习，可以帮助开发者深入理解面向对象中的继承机制，并能够灵活地应用继承来设计和实现复杂的对象模型，提高代码的可维护性、可扩展性和重用性。

思考与练习

1. 阅读以下代码，写出输出结果，然后运行程序进行验证。

（1）子类构造函数会默认调用父类的无参构造函数。

```java
class Base{
    public Base(){System.out.println("父类无参构造函数");}
    public Base(int x){System.out.println("父类有参构造函数");}
}
public class Test extends Base{
    public Test(){System.out.println("子类无参构造函数");}
    public Test(int x){System.out.println("子类有参构造函数");}
    public static void main(String args[]){
        Test t = new Test();            // (1)
        Test t2 = new Test(2);          // (2)
    }
}
```

（2）子类使用 super() 关键字可以指定调用父类哪个构造函数。

```java
class Base{
    public Base(int x){System.out.println("父类有参构造函数");}
}
```

```
public class Test extends Base{
    public Test(){super(2);System.out.println("子类无参构造函数");}
    public Test(int x){super(x);System.out.println("子类有参构造函数");}
    public static void main(String args[]){
        Test t = new Test();          // (1)
        Test t2 = new Test(2);        // (2)
    }
}
```

2. 阅读以下代码，写出输出结果，然后运行程序进行验证。

```
class A {
        public String show(D obj)...{
                return ("A and D");
        }
        public String show(A obj)...{
                return ("A and A");
        }
}
class B extends A{
        public String show(B obj)...{
                return ("B and B");
        }
        public String show(A obj)...{
                return ("B and A");
        }
}
class C extends B...{}
class D extends B...{}

A a1 = new A();
A a2 = new B();
B b = new B();
C c = new C();
D d = new D();
System.out.println(a1.show(b));
System.out.println(a1.show(c));
System.out.println(a1.show(d));
System.out.println(a2.show(b));
System.out.println(a2.show(c));
System.out.println(a2.show(d));
System.out.println(b.show(b));
System.out.println(b.show(c));
System.out.println(b.show(d));
```

第 7 章　多　态

多态（polymorphism）是程序设计语言中一个重要的概念，多态通过继承和方法重写实现。它允许我们使用父类类型的引用变量来引用子类的对象，并根据对象的实际类型在运行时调用相应的方法。多态提供了代码的灵活性和可替换性，对于构建可复用、可扩展的代码非常有价值。面向对象的方法引入多态的概念是为了得到更为灵活的方式，使对象或行为表示的形式尽可能与所表示的内容无关。本章首先介绍多态的概念和作用，然后重点讲解形式的四种形式：重载、覆盖/重写、多态变量、泛型。

本章知识导图

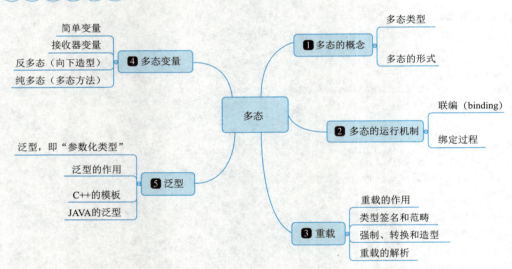

学习目标

- **了解**：了解多态的定义和基本原则，包括继承、重写、向上转型等多态要素。
- **理解**：理解多态的作用和优势，如何使用父类类型的引用变量来引用子类的对象，并通过该引用变量调用子类的方法，实现代码的灵活性和可替换性。
- **应用**：多态的用法和技巧，在适当的情况下应用多态，写出更灵活、可扩展的代码。

7.1 多态的概念

多态（polymorphism）这个术语有着希腊词根，它的意思大概就是"多种形式"（poly = "许多"，morphos = "形式"。morphos 与古希腊神 morphus 有关，他在睡觉的时候，会展现多种不同的形态，因此，是名副其实的多态）。多态物种是指在一个独立的生物中或者不同的生物之间，可以表现出不同的形态或者颜色类型，例如，现代人、寄生虫是另外一种多态物种。在化学上，多态化合物是指一种可以结晶成两种以上不同形式晶体的化合物，例如，碳可以结晶成石墨、金刚石或球壳状碳分子。生活中的多态主要是指"一词多义"，例如，"Cut"在不同场景下可以表示"剪发""停止表演"等。

7.1.1 多态简介

多态也是程序设计语言中一个重要的概念，"多态"一词是 C.Strachey 在 60 年代引入的，用来刻画多态函数，即函数的参数可以取多种类型。面向对象的方法引入多态的概念是为了得到更为灵活的方式使表示的形式尽可能与所表示的内容无关。

多态是面向对象程序设计的一个重要特征，其基本含义是相似的，即"拥有多种形态"，一个问题领域中的元素可以有多种解释。如果考虑的元素是名字，则多态的含义是一名多用，只用同一个方法名，可以有不同的语义及实现，这也称为重载多态。多态还具有另一种特征，这种特征使得一个属性或变量可以在不同时期表示不同类的对象，多态可以描述为当某一对象调用另一对象的方法时，不必知道该对象属于哪个类，即方法是定义在哪个类的方法，系统将自动进行方法搜索以确定该方法是定义在哪个类上的方法，发出同样的消息被不同类型的对象接收时有可能导致完全不同的行为。

面向对象语言中的多态大致有两种类型：

（1）静态多态：包括变量的隐藏、方法的重载，也称为编译时多态，即在编译时决定调用哪个方法，静态多态一般是指方法重载，只要构成了方法重载，就可以认为形成了静态多态的条件。静态多态与是否发生继承没有必然联系。

（2）动态多态：在编译时不能确定调用方法，只有在运行时才能确定调用方法，又称为运行时的多态性。形成动态多态必须具备以下条件：必须要有继承的情况存在；在继承中必须要有方法覆盖（覆盖/重写）；必须由父类的引用指向派生类的实例，并且通过父类的引用调用被覆盖的方法。由上述条件可以看出，继承是实现动态多态的首要前提。

7.1.2 多态的价值

采用多态技术的优点：引进多态技术之后，尽管子类的对象千差万别，但都可以采用"父类引用.方法名([参数])"的统一方式来调用，在程序运行时能根据子对象的不同得到不同的结果。这种"以不变应万变"的形式可以规范、简化程序设计，符合软件工程的"一个接口，多种方法"思想。

当讨论设计优秀的软件时，通常会提到"即插即用"（plug-and-play）的概念。即插即用的概念是指，某物体可以被"插入"（plugged）系统并能够在不需要任何其他工作（如重新设置系统）的情况下立即"使用"（played）。这个术语通常在讨论计算机硬件时使用，比如将卡片插入计算机的扩展槽中并可以立即使用。

但是，这个概念也同样适用于计算机软件，尤其是如果软件是优雅的，那么就可以删除某类的一个对象，并轻松地替换，或"插入"另一个"同等"的类的对象，而该过程将自动完成或只需极少量的代码改动。

7.1.3 多态的形式

多态主要包括四种形式：重载（overloading）、覆盖/重写（overriding）、多态变量（polymorphic variable）、泛型（generics）。在本章后续章节针对重载、多态变量、泛型分别详细讲解。由于重置/改写及其与重载、重定义的区别已经在第6章进行了详细讲解，相关知识可参考第6章。

1. 重载（专用多态）

同一个方法名，可以有不同的语义及实现，通过类型签名区分。例如：

```
Class overloader{
//three overloaded meanings for the same name
public void example (int x){……}
public void example (int x,double y){……}
public void example (string x){……}
}
```

2. 重置/重写（包含多态）

发生于继承的层次关系中，相同方法名和类型签名。可以看作是重载的一种特殊情况，但是只发生在有父类和子类关系的上下文中。例如：

```
Class parent{
public void example(int x){……}
}
Class child extends parent{
// same name,different method body
public void example(int x){……}
}
```

3. 多态变量（赋值多态）

变量声明时的类型与运行时包含的实际类型不同。例如：

```
Parent p = new child();  //declared as parent,holding child value
```

4. 泛型（模板）

用于创建通用工具。例如：

```
Template <class T> T max(T left,T right) {
    // return largest argument
    if (left<right)
       return right;
return left;
}
```

7.2 多态的运行机制

在多态的概念中，一种方法可在不同的类中有不同的实现，因此，在系统编译或运行过程中消息接收的实例对象负责搜索并且找出方法是定义在哪个类的方法。当有多态的情况时，解决方案便是所谓的后期绑定。

7.2.1 联编

把一个过程调用和响应这个调用而需要将执行的代码加以结合的过程称作联编（binding），也称为方法绑定，就是建立方法调用（method call）和方法本体（method body）的关联。如果这种联编发生在编译时刻（由编译器和连接器完成），称为静态联编（static binding）或提前联编（early binding）。多态性有时在编译时刻不能确定消息接收对象属于哪个类，即不能确定到底执行方法的哪个具体操作。这时需在系统运行时刻决定执行的方法到底是定义于哪个类的方法，这时就存在运行时方法搜索，这就称为动态联编（dynamic binding）也称延迟联编（late binding）或者执行期绑定（run-time binding），动态联编示例如图7-1所示。

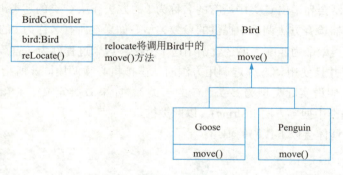

图7-1 动态联编示例

动态联编非常灵活，但性能有所下降；在原理上，方法搜索算法是在运行时刻进行的，这就意味着每传递一次消息（每调用一次方法），方法搜索算法就要执行一次。动态联编的优势在于使系统变得非常灵活，这种灵活性对于经常进行有规则修改的系统是非常有用的，执行前不进行联编，许多修改都不影响发送消息（调用方法）的对象。

然而，静态联编是比较安全和有效的。如果对于有类型的语言，由于错误是在编译时刻被发现，在运行时刻就不会引起故障，因而是比较安全的，由于方法查找算法在编译时刻只执行一次，因而是比较有效的。

对于在编译时刻不能确定方法的多态，要求在运行时刻将消息（方法调用的名称及参数）真正地传给接收消息的对象，因为只有在运行时刻接收消息的对象才得以知道属于哪个类，即所调用的方法定义在哪个类上，因此，在此之前就不能将消息与真正的操作（方法的实现）进行联编，需要使用动态联编技术。所以动态联编是实现多态性的一个好的方式。

C 编译器只有一种 method call，就是先期绑定。C++ 有先期联编和后期联编。在 Java 中，几乎所有的方法都是后期绑定的，在运行时动态绑定方法属于子类还是基类。但是也有特殊，针对 static 方法和 final 方法由于不能被继承，因此在编译时就可以确定值，这是属于前期绑定的。将方法声明为 final 型可以有效防止他人改写该函数。或许更重要的是，这么做可以"关闭"动态绑定。或者说，这么做便是告诉编译器：动态绑定是不需要的。于是编译器可以产生效率较佳的程序代码。

7.2.2 绑定过程

在运行环境中，通过引用类型变量来访问所引用对象的方法和属性时，Java 虚拟机采用以下绑定规则：

（1）成员（实例）方法与引用变量实际引用的对象的方法绑定，这种绑定属于动态绑定，因为是在运行时由 Java 虚拟机动态决定的。

（2）静态方法与引用变量所声明的类型的方法绑定，这种绑定属于静态绑定，因为实际上是在编译阶段就已经作了绑定。

（3）成员变量（包括静态变量和实例变量）与引用变量所声明的类型的成员变量绑定，这种绑定属于静态绑定，因为实际上是在编译阶段就已经作了绑定。

类似地，静态类型语言的动态绑定过程如下：

（1）编译器检查对象的声明类型和方法名。假设我们调用 x.f(args) 方法，并且 x 已经被声明为 C 类的对象，那么编译器会列举出 C 类中所有的名称为 f 的方法和从 C 类的超类继承过来的 f 方法。

（2）接下来编译器检查方法调用中提供的参数类型。如果在所有名称为 f 的方法中有一个参数类型和调用提供的参数类型最为匹配，那么就调用这个方法，这个过程称为"重载解析"。

（3）当程序运行并且使用动态绑定调用方法时，虚拟机必须调用同 x 所指向的对象的实际类型相匹配的方法版本。假设实际类型为 D 类（C 的子类），如果 D 类定义了 f(String) 那么该方法被调用，否则就在 D 的超类中搜寻方法 f(String)，以此类推。

根据上述规则，请体会以下代码的输出：

```java
public class Bird{
public void fly(Bird  p) {System.out.println("Bird fly with Bird");}
}
public class Eagle extends Bird {
public void fly(Bird  p) {System.out.println("Eagle fly with Bird!");}
public void fly(Eagle) { System.out.println("Eagle fly with Eagle!");}
}
Bird p1 = new Bird();
Bird p2 = new Eagle();
Eagle p3 = new Eagle();
p1.fly(p1);   // Bird fly with Bird
p1.fly(p2);   // Bird fly with Bird
p1.fly(p3);   // Bird fly with Bird
p2.fly(p1);   // Eagle fly with Bird
p2.fly(p2);   // Eagle fly with Bird
p2.fly(p3);   // Eagle fly with Bird
p3.fly(p1);   // Eagle fly with Bird
p3.fly(p2);   // Eagle fly with Bird
p3.fly(p3);   // Eagle fly with Eagle
```

7.3 重 载

多态的含义是一名多用，只用同一个方法名，可以有不同的语义及实现，这称为重载多态。重载是多态的一种很强大的形式。很多非面向对象语言也支持重载。语言中很多单词都是重载的，需要使用上下文来决定其确切含义。

重载（overloading）是指同一个类定义中有多个同名的方法，但有不同的形参，而且每个方法有不同的方法体，调用时根据形参的个数和类型来决定调用的是哪个方法。对于面向对象编程语言，重载是在编译时执行的，而改写是在运行时选择的。

7.3.1 重载的作用

语言含有重载多态的原因是可以使用传统的、自然的记法，还可以让多个程序员在各自设计的程序中使用相同的名或操作，把它们组成一个程序而不致引起混乱。只要有办法能区分重载的各个实例，重载就允许使用。

例如，对于类 Employee，如果这个类以后发生了扩充，有了更多的数据成员，如职工的地址（Address）、电话（Telephone），那么方法 change 显然提供不了对这些属性的修改。一种思路是修改原来的 change 使之能够新的属性的修改。这样做显然不可取，因为随意改动外界可访问的已有的方法接口，会在已使用了这个类的应用程序中引起错误，因此，应采用另一种思路，即增加一个新方法。这时又将出现的是重新命名方法呢，还是采用原有方法名的问题。我们这里采用的是仍沿用原有的方法名 change，以保持原风格，也就是重载。当有新的属性增加到该类时，就增加相应新方法，但方法名不变。在许多面向对象的程序设计语言中都指支持这种多态。下面示例代码是修改后的类 Employee。

```cpp
class Employee {
    protected:
        char *Name;
        int Age;
        char *Address;
        char *Telephone;
    public:
        void Change( char *name,int age);
        void Change(char *name,int age,char *address,char *telephone);
        virtual void Retire();
    Employee();
    Employee(char *name,int age);
    Employee(char *name,int age,char *address,char *telephone);
    ~Employee();
};
```

在这子例中，定义了两个重名方法 Change 及三个同名构造函数。在这种定义下，下面的语句都是合法的：

```cpp
Employee e0;
```

```
Employee e1("张三",35);
Employee e2("李四",40,"济南市","(0531)8906961");
e2.Change("李四",41);
e1.Change("张三",35,"(010)23424234");
```

在 C++ 中，编译器根据重载函数的参数类型和参数数目来调用正确的重载函数完成相应的活动。对于前边的例子来说，当执行到 Change() 函数时，系统便会依据实参的类型按照一定的算法寻找一个严格的匹配——即调用 Change() 函数完成，对于其他的 Change 语句，则按照一定的算法调用相应的函数体，完成其操作。

这种多态是在编译时刻完成的，即是静态联编。在编译器编译到 Change 语句时，系统决定由实例调用 Change 代码段，生成完成 Change。在这种方式下，编译器在编译语句时便知道消息是发往那个确定的实例，并调用适当的方法，生成能完成语句功能的可执行代码，静态联编支持 C++ 程序设计语言中操作符重载，函数名重载这两种形式的多态。

7.3.2 类型签名和范畴

函数的类型签名是关于函数参数类型、参数顺序和返回值类型的描述。类型签名通常不包括接收器类型，父类中方法的类型签名可以与子类中方法的类型签名相同。

范畴定义了能够使名称有效使用的一段程序，或者能够使名称有效使用的方式。例如，定义于函数中的局部变量 result 和 i，只能用于声明该变量的函数内部，超出函数的定义之外，该变量名称则不再有意义。

通过继承创建的新类将同时创建新的名称范畴，该范畴是对父类的名称范畴的扩展。

对于一个程序代码中的任何位置，都存在着多个活动的范畴。（类成员方法同时具有类范畴和本地范畴）

通过类型签名和范畴可以对重载进行两种分类：

（1）基于范畴的重载。

相同的名称可以在不引起歧义且不造成精度损失的情况下出现于多个不同的范畴。两个不同的方法可以使用相同名称的本地变量，由于它们的范畴之间并不重叠，因此不会产生任何混乱。

（2）基于类型签名的重载。

多个过程（或函数、方法）允许共享同一名称，且通过该过程所需的参数数目、顺序和类型来对它们进行区分。即使函数处于同一上下文，这也是合法的。例如：

```
class Example {
// same name,three different methods
int sum(int a){return a;}
int sum(int a,int b){return a+b;}
int sum(int a,int b,int c){return a+b+c;}
}
```

关于重载的解析，是在编译时基于参数值的静态类型完成的，不涉及运行时机制。详细的重载解析过程在本节稍后讲解。

```
Class Parent { };
```

```
Class Child : public Parent {  };

void Test(Parent *p) {  }
void Test(Child *c) {  }

Parent * value = new Child( );
Test (value); // 执行哪个方法？Parent
```

7.3.3 强制、转换和造型

强制（coercion）是一种隐式的类型转换，发生在无须显式引用的程序中。关于这种类型转换的一个典型例子就是两个变量（一个声明为实数，一个声明为整数）之间的相加操作：

```
double x = 2.8;
int i = 3;
x = i + x;//integer i will be converted to real
```

转换（conversion）表示程序员所进行的显式类型转换。在许多语言里这种转换操作称为"造型"。造型（cast）和转换既可以实现基本含义的改变（如将整数转换成实数）；也可以实现类型的转换，而保持含义不变（子类指针转换为父类指针）。例如：

```
x=((double)i)+x;
```

如果允许混合类型的算术运算，那么两个数值之间的相加操作可以至少有以下三种解释方式：

（1）存在四种不同的函数，分别对应于"整数＋整数""整数＋实数""实数＋整数"和"实数＋实数"。此时，使用的是重载而非强制。

（2）存在两种不同的函数："整数＋整数"和"实数＋实数"。在"整数＋实数"和"实数＋整数"时，整数值将强制转换成实数值。此时，使用的是重载和强制的结合。

（3）只存在一种函数："实数＋实数"。所有参数都强制转换成实数值。此时，只使用强制，不使用重载。

在以下代码中，假定 x 是 y 的父类：

```
// 上溯造型
X a = new X();
Y b = new Y();
a = b;   // 将子类对象造型成父类对象，相当做了个隐式造型：a = (X)b；

// 下溯造型
X a = new X();
Y b = new Y();
X a1 = b
Y b1 = (Y)a1
```

强制导致了"类型的改变"，替换原则引入了一种传统语言所不存在的另外一种形式的强制：类型为子类的数值作为实参用于使用父类类型定义对应的形参的方法中。

7.3.4 重载的解析

如果两个或更多的方法具有相同的名称和相同的参数数目，编译器如何匹配？当类的设计者提供了重载方法之后，类的使用者在使用这些方法时编译器需要确定调用哪一个方法，确定的唯一依据是参数列表，确定的过程被称为重载的解析。

编译器解析的步骤按照下面的顺序进行：

（1）第一步，根据调用的方法名，查找精确匹配（形参实参精确匹配的同一类型），如果找到，则匹配成功，找不到转第二步。

（2）第二步，查找可行匹配（符合替换原则的匹配，即实参所属类是形参所属类的子类），如果没找到可行匹配，报错；如果只找到一个可行匹配，匹配可行匹配对应的方法；如果有多于一个的可行匹配，转第三步。

（3）第三步，多个可行匹配两两比较，如果一个方法的各个形参，或者：与另一个方法对应位置形参所属类相同；或者：形参所属类是另一个方法对应位置形参所属类的子类，该方法淘汰另一个方法。

（4）第四步，如果只剩一个幸存者方法，则匹配成功；如果多于一个幸存者方法，报错。

例如，有如图 7-2 所示的类层次结构。假设在某段 Java 代码中包含三个重载方法，分别为：

```
void draw(Shape s,Circle c)
void draw(Rectangle r,Shape s)
void draw(Square q,Circle c)
```

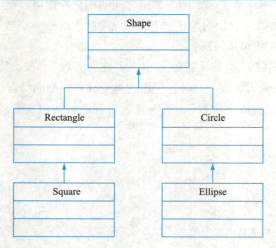

图7-2　类的继承层次

各个类分别有实例 aShape、aRectangle、aCircle、aSquare、aEllipse。

请思考并写出下列方法调用所执行的方法。

```
draw(aShape,aCircle)
draw(aShape,aShapee)
draw(aSquare,aEllipse)
draw(aRectangle,aCircle)
```

尽管编译器对于重载有一套解析规则,但是为了避免重载引起的困惑,应避免重载具有如下签名的两个版本的方法名:

(1)两个版本参数个数相同、参数顺序相同,其中某一个版本的参数是另一个版本的参数的子类型。

(2)尽量保证具有重载方法名的方法具有不同参数个数是个非常好的做法,因为这会使得判断具体执行的方法版本变得十分简单。

7.4 多态变量

多态变量(polymorphic variable)是指可以引用多种对象类型的变量,这种变量在程序执行过程可以包含不同类型的数值。对于动态类型语言,所有的变量都可能是多态的。对于静态类型语言,多态变量则是替换原则的具体表现。我们所看到的用来讨论替换原则的很多实例都曾使用过这样的简单赋值。

如果方法所执行的消息绑定是由最近赋值给变量的数值的类型来决定的,那么就称这个变量是多态的。Java、Smalltalk 等变量都是多态的。C++ 声明为简单类型的变量不是多态变量,只有使用指针或引用,相关方法声明为 virtual,才可以实现多态消息传递。

7.4.1 简单变量

简单变量的示例如下:

```
// assign a child value to a parent variable
Animal pet;
pet = new Dog();
pet.speak();
pet = new bird();
pet.speak();
```

然而,实际上很少使用这样的赋值。替换通常都是伴随着函数或方法调用,通过数值和参数之间的绑定来实现的。我们将讨论可以使用的各种不同的多态变量形式:简单变量、接收器变量、反多态、纯多态(多态方法)。

关于多态变量的另一个实例是声明一个 Shapes 数组,这个数组用来包含类型为 Shape 的数值,但是实际上它包含继承于父类的各种子类(圆形、正方形、三角形等等)的数值。关于这个数组数值的消息,例如,代码中的 draw() 方法,将执行与变量的动态类型而不是静态类相关的方法。

```
public class Solitaire {
    ...
static Shape[] shapes;
...
public void paint(Graphics g) {
for (int i= 0; i < shapes.length; i++)
shapes[i].draw(g);
```

```
    }
    ...
}
```

7.4.2 接收器变量

多态变量最常用的场合是作为一个数值，用来表示正在执行的方法内部的接收器。包含接收器的变量没有被正常地声明，因此，通常称之为伪变量（pseudo-variable）。不同的语言以不同的名称来表示它。Python、Smalltalk、Object Pascal 等语言中，用 self 来表示它。在 C++ 语言、C# 语言和 Java 语言中，用 this 来表示。这个变量的主要作用是作为存取数据字段的基础，并且在方法传递给"自身"时起到接收器的作用。在这些情况下，尽管无法禁止显式的命名，但该变量通常都是隐式的，即变量名称并不在代码中出现。

来看下面这个关于 Java 语言的简单的类代码：

```java
class ThisExample {
    public void one(int x) {
        value=x+4;
        two(x+3);
    }
    private int value;
    private void two(int y) {
        System.out.println("Value is"+(value+y));
    }
}
```

由于在类的多个实例中都存在名称为 value 的数据字段，因此在方法 one 内部对数据成员 value 的存取可能被看成是歧义的。类似地，对方法 two 的调用也发生在不存在已命名的接收器的情况下。但是，这两种情况都是明确的，都是通过隐式使用接收器数值来实现的。实际上，这个程序可以写成如下代码：

```java
class ThisExample {
    public void one(int x) {
        this.value=x+4;
        this.two(x+3);
    }
    private int value;
    private void two(int y) {
        System.out.println("Value is"+(this.value+y));
    }
}
```

许多代码惯例都建议在存取数据时，尤其是对于构造函数使用显式的标识符。这样做的一个好处就是，在参数只用于初始化本地数据字段时，无须考虑两个不同的变量名称。例如：

```java
class ThisExample {
public ThisExample (int value) {
// the use of "this" here is needed in order to
```

```
// disambiguate the two uses of the same name
this.value= value;
}
private int value;
…
}
```

7.4.3 反多态（向下造型）

在决定数值是否属于指定类之后，通常下一步就是将这一数值的类型由父类转换为子类。这一过程称为向下造型，或者反多态，因为这一操作所产生的效果恰好与多态赋值的效果相反。向下造型是处理多态变量的过程，并且在某种意义上这个过程的取消操作就是替换。能够将其赋值给一个声明为子类的变量吗？该取消多态赋值的过程，也称为反多态。例如：

```
// C++ 的向下造型
Animal * aPet = …;
Dog * d = dynamic_cast<Dog *>(aPet);
If (d != 0) { // null if not legal, nonnull if ok

// Java 的向下造型
Animal aPet;
Dog d;
d = (Dog) aPet;
```

例如，对于常用的数据结构：集合、堆栈、队列、列表等容器对象，将不同的对象放入一个这样的集合，取出每个对象时，如何知道该对象的类型呢？一种实现机制代码如下：

```
Child aChild;
If (aVariable instanceof Child )
    aChild = (Child)aVariable;
```

7.4.4 纯多态（多态方法）

实现多态函数的能力是面向对象编程最强大的技术之一，它支持代码只编写一次、高级别的抽象以及针对各种情况所需的代码裁剪。通常，程序员都是通过给方法的接收器发送延迟消息来实现这种代码裁剪的。

关于纯多态的一个简单实例就是用 Java 语言编写的 StringBuffer 类中的 append() 方法。这个方法的参数声明为 Object 类型，因此可以表示任何对象类型。例如：

```
Class Stringbuffer {
    String append(Object value){
        return append(value.toString();}
    …
}
```

其中，方法 toString() 被延迟实现。在子类中，方法 toString() 得以重定义。于是，toString() 方法的各种不同版本产生不同的结果。所以 append() 方法也类似产生了各种不同的结果。即 Append() 方法一次定义，多种结果。

以下是另一个纯多态的例子，产生了一个优雅的设计：

```
public abstract class Bird {
public abstract void Eat();
}

static void Main(string[] args) {
// 创建一个Bird基类数组，添加 Magpie 对象，Eagle 对象，Penguin 对象
    Bird[] birds = {
        new Magpie(),
        new Eagle(),
        new Penguin() };
// 遍历一下 birds 数组
foreach (Bird bird in birds) {
        bird.Eat();
}
    Console.ReadKey();
}
```

结合纯多态、反多态等机制，变量赋值可以总结为：

（1）父类引用可以指向子类对象，子类引用不能指向父类对象。

（2）把子类对象直接赋给父类引用叫向上转型（upcasting），向上转型不用强制转型。如 Father father = new Son()。

（3）把指向子类对象的父类引用赋给子类引用叫向下转型（downcasting），需要强制转型。如 father 就是一个指向子类对象的父类引用，把 father 赋给子类引用 son 即 Son son = (Son)father; 其中 father 前面的 (Son) 必须添加，进行强制转换。

（4）向上转型会丢失子类特有的方法，但是子类改写父类的方法后子类方法依旧有效。

（5）向上转型的作用，能够减少重复代码，父类为形参，调用时用子类作为实参，就是利用了向上转型。这样使代码变得简洁，体现了面向对象的抽象编程思想。

7.5 泛 型

7.5.1 什么是泛型

泛型（generic），即"参数化类型"，是指具有在多种数据类型上皆可操作的含意，即编写的代码可以在不同的数据类型上重用。泛型将名称定义为类型参数。在编译器读取类描述时，无法知道类型的属性，但是该类型参数可以像类型一样用于类定义内部。在将来的某一时刻，会通过具体的类型来匹配这一类型参数，这样就形成了类的完整声明。泛型能够实现对源代码进行重用，既不是

通过继承和聚合重用对象代码，也不是代码的复制粘贴复用。

泛型是具有占位符（类型参数）的类、结构、接口和方法（T 为委托类型），这些占位符是类、结构、接口和方法所存储或使用的一个或多个类型的占位符。

泛型的"参数化类型"即将类型由原来的具体的类型参数化，类似于方法中的变量参数，此时类型也定义成参数形式（可以称之为类型形参），然后在使用/调用时传入具体的类型（类型实参）。例如：

```
public class Generic<T> {
public T Field; //泛型类中的字段和方法必须是T类型
}
```

泛型也可以应用于接口，例如，需要 IA 的 doSomething() 返回的是一个对象，这个对象继承于 BaseBean 类。例如：

```
Interface IA<T extends BaseBean> {
public T doSomething();
}

class IAImpl implements IA<ChildBean> {
public ChildBean doSomething(){
return new ChildBean();
}
}
```

这样当调用这个实现的时候就能明确地得到返回的对象类型。

7.5.2 为什么需要泛型

有些情况下，确实希望容器能够同时持有多种类型的对象。但是，通常而言，只会使用容器来存储一种类型的对象。

泛型的主要目的之一就是用来指定容器要持有什么类型的对象，而且由编译器来保证类型的正确性。因此，与其使用 Object，我们更喜欢暂时不指定类型，而是稍后再决定具体使用什么类型。要达到这个目的，需要使用类型参数，用尖括号括住，放在类名后面。然后在使用这个类的时候，再用实际的类型替换此类型参数。

泛型的作用可总结为以下几点：

（1）泛化。可以用 T 代表任意类型，编程语言中引入泛型是一个较大的功能增强，许多重要的类，比如集合框架，都已经成为泛型化的，这带来了很多好处，例如能够避免由于数据类型的不同导致方法或类的重载。

（2）类型安全。泛型的一个主要目标就是提高程序的类型安全，使用泛型可以使编译器知道变量的类型限制，进而可以在更高程度上验证类型假设。如果不用泛型，则必须使用强制类型转换，而强制类型转换不安全，在运行期可能发生异常，如果使用泛型，则会在编译期就能发现该错误，这样可以使代码更加具有可读性，并减少出错的机会。

（3）向后兼容。支持泛型的编译器（如 JDK1.5 中的 Javac）可以用来编译经过泛型扩充的程序

（如 Generics Java 程序），但是现有的没有使用泛型扩充的 Java 程序仍然可以用这些编译器来编译。

（4）多态的一种表现形式。

7.5.3　C++ 的模板

在 C++ 语言中泛型有其专门的术语：模板（template），模板由函数模板和类模板两部分组成。以处理的数据类型的说明作为参数的函数称为函数模板，以处理的数据类型的说明作为参数的类就叫类模板。

模板定义使用 template 作为关键字，总是放在模板定义与声明的最前面；<class T1, class T2 …> 表示模板参数列表，如果有多个模板参数用逗号隔开；模板参数分模板类型参数和模板非类型参数（代表一个常量表达式）；class 关键字用于声明模板类型参数。

模板函数的实例化使用系统实际的内置或用户定义类型来替换模板的类型参数，需要注意的是：不论是内置类型还是用户自定义类型必须要支持模板函数内的操作。

下面是一个类模板的例子，定义了类模板 Vector：

```
template <class T> class Vector {
    T *V;
    int sz;
public:
    T &opeator[](int);
    Vector(int VectorSize);
    /*...*/
} ;
```

可以看出，这个类模板的定义与常规的定义有许多相似之处，如有类名 Vector，有数据成员和方法，有构造函数等。但也有语法上的差别。

（1）在常规的 class 关键字之前，有一个前缀关键字，和一个用尖括号括起来的参数表 <class T>，前者表明这是一个类模板的定义，后者则用关键字 class 来表明 T 是一个类型变量，但并不意味着 T 一定是一个类，也可以是基本类型。

（2）模板类的成员中，有一些成员（如数据成员 V 和重载操作符 []）的类型是用类型变元 T 来标识的，表明这些成员的真实类型在模板类进实例化时再行确定。

这个模板类定义了一组类的框架。这些类都是用来定义某种向量的，虽然向量元素的类型可能各不相同，但构造及基本操作都是相同的：都要用一个动态生成的数组（对应与成员 V）来存贮向量元素；都有一个向量长度（对应于成员 sz）；都有一个用整数下标取出向量元素的方法（对应于超载操作符 []）；实例生成时都要求给出向量长度（对应于构造函数 Vector(int VectorSize) 等。如果没有模板类的支持，在 C++ 中这一组十分相似的类仅仅由于元素的类型不同，就不得不一一分别定义。

模板类的实例不是对象而是类。模板类的实例化与对象的生成同时进行。例如：

```
Vector <int> V1(20);
Vector <complex> V2(30);
```

第一条语句用模板类 Vector 先实例出一个类，这个类的类名是 Vector<int>，然后用这个类生成一个长度为 20 的向量对象 V1；第二条语句类似，只不过生成的类名为 Vector<complex>，V2 为类

Vector<complex> 的实例。这样对象 V1 与 V2 类型虽然不同，但结构相似，而且共享着在类 Vector 中定义的方法。下面的语句都是合法的：

```
int j=V1[10]+V1[11];
complex c=v2[25];
```

由于模板类的实例是一个类，并且有类名，所以凡是能够引用类的地方都可用模板类的实例类，例如，这样的定义都是合法的：

```
class Svector:public Vector<Complex> /*...*/
```

模板类的引入进一步提高了面向对象程序设计的抽象层次。一个模板类是关于一组类的一个特性抽象，它强调的是这些类的成员特征中与具体类型无关的那一部分，而与具体类型相关的那些部分，则用变元来表示。这就使得对类的集合也可以按照特征的相似再次划分。

以下是另一个模板类的定义、实例化和使用的例子：

```
// 类模板定义
template <class T> class List {
public:
        void Add(T nValue);
        bool Insert(int nIndex, T nValue);
        T   Remove(int nIndex);
};
template <class T> class Box {
public:
        Box(T initial):value(initial) {}
        T getValue() {return value;}
        setValue(T newValue) {value=newValue;}
private:
        T value;
};

// 类模板的实例化：用系统实际的内置或用户定义类型将替换模板的类型参数
List<int> intList;
List<double> douList;

// 模板类的使用：模板参数必须与具体类型联系起来
Box<int> iBox(7);
iBox.setValue(12);
// 参数必须与接收器的类型相匹配
iBox.setValue(3.1415); // 报错：invalid type
```

尽管模板类在表示和使用上很像一个类，但存在着本质的区别。即模板类的实例不是对象。一个模板类除了可以生成实例外，再没有任何操作可以作用于模板类的任何实例。例如，类 Employee 的一个实例 e1 可以发送一条消息来改变其值，但不能向模板类 Vector<int> 发送这样的消息。这个实例的状态，就是类的一个基本结构，一经生成便不可修改。

7.5.4 Java 的泛型

Java 语言中引入泛型是一个较大的功能增强。不仅语言、类型系统和编译器有了较大的变化，而且类库也进行了很大的改动，许多重要的类，比如集合框架，都已经成为泛型化的了。

1. 泛型类

如果定义的一个类或接口有一个或多个类型变量，则可以使用泛型。泛型类型变量由尖括号界定，放在类或接口名的后面，下面定义尖括号中的 T 称为类型变量。意味着一个变量将被一个类型替代，替代类型变量的值将被当作参数或返回类型。对于 List 接口来说，当一个实例被创建以后，T 将被当作一个函数的参数下面分别是泛型类、泛型接口的定义：

```java
class Point< T > {                      // 此处可以随便写标识符号，T是type的简称
    private T var ;                     // var的类型由T指定，即：由外部指定
    public T getVar(){                  // 返回值的类型由外部决定
        return var;
    }
    public void setVar(T var){          // 设置的类型也由外部决定
        this.var = var ;
    }
};

public class GenericsDemo {
    public static void main(String args[]) {
        Point< String> p = new Point<String>();
        p.setVar("it");
        System.out.println(p.getVar().length());
    }
};
```

2. 泛型接口

泛型接口 java.util.Map 的定义：

```java
public interface Map<K, V> {
public void put(K key, V value);
public V get(K key);
}
```

当声明或者实例化一个泛型的对象时，必须指定类型参数的值：

```java
Map<String, String> map = new HashMap<String, String>();
```

Java 泛型是在编译器的层面上实现的。在编译后，通过擦除，将泛型的痕迹全部抹去。擦除是指将任何具体的类型信息都消除，唯一知道的就是正在使用一个对象。

3. 泛型 Map 示例

程序 MapAcctRepository 类显示了泛型集合更实际的用法。程序创建了账户储存库，它声明 HashMap<String,Account> 类型的一个变量（accounts），并定义两个方法 put() 和 get() 以将元素添加

到 map 储存库中和从 map 储存库中获取元素。

```java
public class MapAcctRepository {
    HashMap<String, Account> accounts;
    public MapAcctRepository() {
        accounts = new HashMap<String, Account> ();
    }
    public Account get(String locator) {
        Account acct = accounts.get(locator);
        return acct;
    }
    public void put(Account account) {
        String locator = account.getCustomer();
        accounts.put(locator, account);
    }
}
```

小　　结

多态是程序设计语言中一个重要的概念，面向对象的方法引入多态的概念是为了得到更为灵活的方式使表示的形式尽可能与所表示的内容无关。多态通常被认为是一种方法在不同的类中可以有不同的实现，甚至在同一类中仍可能有不同的定义及实现。引进多态技术之后，尽管子类的对象千差万别，但都可以采用父类引用 . 方法名 ([参数]) 统一方式来调用，在程序运行时能根据子对象的不同得到不同的结果。这种"以不变应万变"的形式可以规范、简化程序设计，符合软件工程的"一个接口，多种方法"思想。多态为我们构建高质量的面向对象程序提供了重要的工具和思想，是每个面向对象开发者应该掌握和运用的核心概念之一。

思考与练习

1. 对于图中类的继承层次，有如下三个重载方法的定义：

```
Void order (Dessert d, Cake c);
Void order (Pie p, Dessert d);
Void order (ApplePie a, Cake c);
```

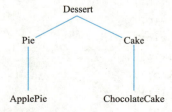

以下方法调用应该绑定哪种方法？

```
order (aDessert, aCake);
order (anApplePie , aDessert);
order (aDessert , aDessert);
order (anApplePie , aChocolateCake);
order (aPie , aCake);
order (aChocolateCake, anApplePie );
order (aChocolateCake, aChocolateCake);
order (aPie , aChocolateCake);
```

2. 对于如下 Java 代码，写出其输出结果。

```java
class A {
      public String show(D obj)…{
           return ("A and D");
      }
      public String show(A obj)…{
           return ("A and A");
      }
}
class B extends A{
      public String show(B obj)…{
           return ("B and B");
      }
      public String show(A obj)…{
           return ("B and A");
      }
}
class C extends B…{  }
class D extends B…{  }

A a1 = new A();
A a2 = new B();
B b = new B();
C c = new C();
D d = new D();
System.out.println(a1.show(b));
System.out.println(a1.show(c));
System.out.println(a1.show(d));
System.out.println(a2.show(b));
System.out.println(a2.show(c));
System.out.println(a2.show(d));
System.out.println(b.show(b));
System.out.println(b.show(c));
System.out.println(b.show(d));
```

第8章 代码复用

面向对象编程允许通过通用的可复用的组件来构建软件,实现软件复用是面向对象开发技术最重要的特征之一,并且这种技术比以前的软件构造技术更加强大。在本章,我们将通过一个例子讨论和比较两种最常用的软件复用机制:继承(inheritance)和组合(composition),然后通过三个具有一定复杂程度的例子来学习如何优雅地使用继承,尽量降低继承带来的强耦合和复杂性代价。最后讲解"即插即用"软件设计思想以及面向对象编程语言和开发环境普遍提供的类库和框架。

本章知识导图

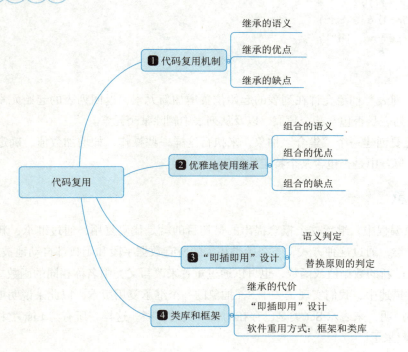

学习目标

- **了解**:了解继承和组合两种软件复用机制,以及继承的多种形式及其优缺点。
- **理解**:理解继承和组合之间的区别和适用场景,根据具体需求选择适合的代码复用方式,避免滥用继承或组合导致代码不易维护和扩展的问题。
- **应用**:根据具体需求选择适合的代码复用方式,实现复杂的对象关系和功能,提高代码的可重用性和可扩展性。

8.1 代码复用机制

软件复用是面向对象编程的最重要的目标之一,允许通过可复用的组件来构建软件,并且这种技术比以前的软件构造技术更加强大。在本节,将讨论和比较两种最常用的软件复用机制:继承(inheritance)和组合(composition)。

为了说明这两项技术,使用已存在的 List 类(包含整数值的列表)来构造一系列抽象。假定已经开发了具有下列接口的 List 类。

```
class List {
  public:
    // constructor
    List ();
    // methods
    void add(int);
    int firstElement();
    int size();
    int includes(int)
    void remove(int);
    ……
}
```

所建立的"列表"抽象允许在列表的起始位置增加新元素,返回列表的起始元素,计算列表中元素数目,检查列表是否包含某个数值,以及从列表中删除某个元素。

如果现在想要创建一个"集合"抽象,来执行这样一些操作,如增加数值、确定集合中元素的数目,以及检查集合中是否包含某个特定的数值。

8.1.1 使用继承

在面向对象编程中,继承这个概念提出的最初目的就是代码复用,通过继承,新的类可以声明为已存在类的子类,通过这种方式,与初始类相关的所有数据字段和函数都自动地被新的类所拥有。新类可以定义自己新的数据值或函数,也可以通过重置来改写父类中名称相同的函数。

在下面的类描述中,我们实现了关于 Set 抽象的一个继承复用版本,以此来说明上述现象的可能性。通过在类的声明,来表示 Set 类是已存在的 List 类的扩展。这样,所有与 List 类相关的操作就立即与 Set 类关联起来了。

```
class Set : public List {
  public:
    // constructor
    Set();
    // operations
    void add (int);
    int size ();
};
```

注意，新的 Set 类并没有定义任何新的数据字段。List 类所定义的数据字段仍然用于保存集合元素，但是需要对其进行初始化。在新类的构造函数中，需要调用父类的构造函数来实现初始化。例如：

```
Set: : Set() : List() {
    // no further initialization
}
```

类似地，不需要任何附加操作，父类所定义的函数即可用于子类，因此，无须为定义 includes() 方法而困扰，直接从父类继承同名的方法并共享同样的目的即可。

但是，为集合增加元素的操作则需要进行一些附加的操作，例如：

```
void Set:: add (int newValue) {
  // add only if not already in set
  if (! includes (newValue))
    List::add (newValue);
}
```

与组合不同，继承传送一项隐式的假定，就是子类实际上也是子类型。这意味着，新抽象实例的行为方式必须与父类实例的行为方式一致（后续第 10 章中的 10.3 里氏替换原则小节会更加透彻地讲解这一点）。然而，对于这一实例而言，集合类 Set 并不是列表类 List 的子类型，例如，List 类的 firstElement() 方法对于 Set 类来说是不合理的，即使 Set 类可以通过重置来屏蔽其实现，但是这一对于集合来说不合理的行为却是被继承下来了。

因此，继承无法防止用户使用父类的方法来操纵新的数据结构，即使这个方法是不正确的。例如，当我们使用继承通过 List 类来建立 Set 类时，无法防止用户使用 firstElement() 方法来获取第一个元素。

在使用继承时，新数据抽象的操作是使其得以构建的原数据结构的操作的超集，这样，为了确切了解哪些操作对新数据结构是合法的，程序员必须检查原数据结构的声明。例如，通过检查 Set 类的声明，无法立即知道 includes() 方法是否可以合法地应用于集合。只有通过检查更早的 List 数据抽象的声明，才可以确定可以用于集合的合法操作。但是，当程序员想要理解一个通过继承方式构建的类时，会有一些困难：程序员必须经常在两个（或更多个）类声明之间切换。

使用继承构建数据抽象的代码的简洁性是继承的一个优点。使用继承，我们不必为子类编写任何访问父类功能的代码。由于这个原因，对于实现一个案例来说，使用继承来实现的代码几乎总是要短于使用组合实现的代码，并且，继承还通常提供更多的功能。例如，在前面的实例中，继承不但实现了 includes 检测，还实现了 remove 这个功能。

8.1.2 组合复用的例子

组合是一种通过创建一个组合了其他对象的类来获得新功能的软件重用方法，组合提供了一种利用已存在的软件组件来创建新的应用程序的方法。组合的语义描述的是类之间的 Has-A 关系。

组合是在设计类的时候把要组合的类的对象加入到该类中作为自己的成员变量。例如，一个汽车的属性中包含了车轮类的对象，利用组合的语法与图形表示如图 8-1 所示。

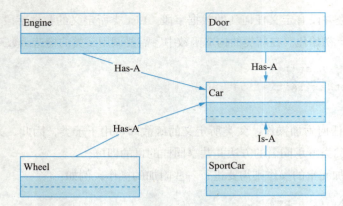

图8-1 汽车类的组合关系

汽车类的实现代码如下：

```
class Engine {
    public void start() {}
    public void rev() {}
    public void stop() {}
}
class Wheel {
    public void inflate(int psi) {}
}
class Window {
    public void rollup() {}
    public void rolldown() {}
}
class Door {
    public Window window = new Window();
    public void open() {}
    public void close() {}
}

public class Car {
    public Engine engine = new Engine();
    public Wheel[] wheel = new Wheel[4];
    public Door left = new Door(), right = new Door();
    // 2-door
    Car() {
        for(int i = 0; i < 4; i++)
            wheel[i] = new Wheel();
    }
    public static void main(String[] args) {
        Car car = new Car();
        car.left.window.rollup();
```

```
        car.wheel[0].inflate(72);
    }
}
```

8.1.3　使用组合

对于 8.1.1 中通过复用已存在 List 类来创建 Set 类的例子，使用组合复用已存在的数据抽象来创建新类时，新类的部分状态只是已存在的数据结构的一个实例，也就是说，数据类型 Set 包含一个名称为 theData 且类型声明为 List 的实例字段。例如：

```
class Set {
  public:
    Set() ;        // constructor
    // operattons
    void add (int);
    int size();
    int includes (int);
  private:        // data area for set values
    List theData;
};
```

由于 List 抽象只是作为集合的部分数据，因此，它必须在构造函数中进行初始化。在类的数据字段初始化时，构造函数中的初始化子句提供了用来初始化数据字段的参数。

在组合复用中，可以通过使用原来的数据类型所提供的已存在的操作来实现新的数据结构的操作。例如，在实现集合数据结构的 includes() 操作时，只需调用列表中已经定义的名称类似的函数即可。

```
int Set:: size() {
  return theData.size();
}

int Set:: includes(int newValue) {
  return theData.includes(newValue);
}
```

唯一有些复杂的操作就是增加元素。此时，必须先进行检查，以保证集合中不包含将要增加的数值（因为一个数值在集合中只能出现一次）。在继承复用中，基类 List 和子类 Set 的增加元素的行为并不相同（因为列表允许重复元素，而集合不允许重复元素），需要利用重置来改写基类的行为。

```
void Set :: add (int newValue) {
  // if not already in set
  if (! includes (newValue))
    // then add
    theData.add(newValue);
  // otherwise do nothing
}
```

组合提供了一种利用已存在的软件组件来创建新的应用程序的方法。通过使用已存在的 List 类，完成了在管理新的组件的数据值时所需的大部分困难的工作。在使用组合时，List 类是作为集合的存储机制来使用的，这仅仅是一个技术实现的细节。通过组合这项技术，我们可以很容易地使用另一种不同的技术来重新实现 Set 类（如使用哈希表），并且对 Set 抽象的用户影响很小。当以组合方式编程时，Set 数据类型和 List 数据类型完全不同，其中任何一种数据类型都无法应用于另一种数据类型的应用场合。

组合的优点是，可以更清楚地指示出在特定的数据结构中需要执行哪些操作。通过观察 Set 数据抽象的声明，可以清晰地看到，列表这个数据类型所提供的操作仅仅是增加一个元素、包含检验和泛化集合大小等。我们无须考虑列表类所定义的所有操作。实际上，各种面向对象语言都支持组合，组合也可以应用于非面向对象语言。

8.1.4 继承和组合

继承和组合两项技术都是用于代码复用的强大工具，对于一个具体问题，应该使用继承还是组合来实现呢？本节讨论并比较这两种技术。

1. 继承及其优缺点

继承是在已有的类的基础上建立新的类的方法，支持重复使用和扩展那些经过测试的已有的类，以实现重用；另外，继承可以增强处理的一致性，是一种规范和约束。

继承的语义是 Is-A 关系，代码的简洁性是继承的一个优点，此外子类可以重写父类的方法来实现对父类的扩展。

由于类继承允许我们根据自己的实现来覆盖重写父类的实现细节，父类的实现对于子类是可见的，所以我们一般称之为白盒复用。

继承的缺点也很明显：

（1）破坏了封装性，父类的内部细节对子类是可见的；

（2）子类从父类继承的方法在编译时就确定下来了，所以无法在运行期间改变从父类继承的方法的行为；

（3）子类与父类是一种高耦合，如果对父类的方法做了修改（比如增加了一个参数），则子类的方法必须做出相应的修改。继承中父类定义了子类的部分实现，而子类中又会重写这些实现，修改父类的实现，设计模式中认为这是一种破坏了父类的封装性的表现。这个结构导致结果是父类实现的任何变化，必然导致子类的改变。

对于上述例子，当使用继承时，我们无法知道一个方法是否可以合法地应用于集合，并且继承无法防止用户使用父类的方法来操纵新的数据结构，如对于集合的 FirstElement() 操作。

2. 组合及其优缺点

组合是较为简单的一种技术，语义是 Has-A 关系，设计类的时候把要组合的类的对象加入到该类中作为自己的成员变量。对于上述例子，使用组合只需考虑在特定的数据结构中需要执行哪些操作，而无须考虑列表类所定义的所有操作。

对象持有（其实就是组合）的整体类和部分类之间不会去关心各自的实现细节，即它们之间的实现细节是不可见的，故成为黑盒复用。

组合的优点：

（1）当前对象只能通过所包含的那个对象去调用其方法，所包含的对象的内部细节对当前对象不可见；

（2）当前对象与包含的对象是低耦合关系，如果修改包含对象的类中代码不需要修改当前对象类的代码；

（3）当前对象可以在运行时动态绑定所包含的对象。

组合的缺点：

（1）容易产生过多的对象；

（2）为了能组合多个对象，必须仔细对接口进行定义。

由此可见，组合有助于保持每个类被封装，并被集中在单个任务上（类设计的单一原则）。这样类的层次结构不会扩大，一般不会出现不可控的庞然大类。而类的继承就可能出现这些问题，所以一般编码规范都要求类的层次结构不要超过三层。组合是大型系统软件实现即插即用时的首选方式。组合比继承更具灵活性和稳定性，所以有一种说法：在设计的时候优先使用组合，甚至有一个设计原则称为"组合优先原则"，但是并非在任何情况下组合都比继承更加合适。总之，两种技术都非常有用，并且对于面向对象程序员来说，这两种技术都需要熟悉。

3. 继承还是组合

继承描述的是一种一般性和特殊性的关系，使用继承可创建已存在类的特殊版本；组合描述的是一种组成关系，使用组合可用已存在的类组装新的类。也就是"是一个"，还是"有一个"的语义判定？如果 A 类有一个 B 类，那么自然地，B 类的数据字段也应该是一个 A 类实例的一部分。另一方面，如果 A 类是一个 B 类，那么使用继承是正确的编码方式。

有时候我们很难对可理解性和可维护性进行取舍。继承具有代码简练的优点，但规则不简练。程序员如果想要理解继承的类，必须知道继承自父类的代码是否适合于新的子类，因此，需要同时了解父类和子类。组合的代码虽然更长，但是在其他程序员理解这个抽象时，只需研究这部分代码即可。

对于本章前面的案例来说，在这两种可能的实现技术中，我们可以确定哪一种技术更好吗？一种回答是考虑到替换原则。首先自问，在这个应用中，是否希望使用 List 数据抽象来替换 Set 类的实例。有时回答为"是"（当 Set 抽象不实现 List 类的所有操作时），但更常见的回答是"否"。当需要保留类型签名时，add 操作的含义需要改变。由于这个原因，在这个案例中组合是更好的手段。

对组合和继承两种技术进行了总结比较，见表 8-1。

表8-1 组合和继承比较

特　　性	组合关系	继承关系
封装性	不破坏封装，整体类与局部类之间松耦合，彼此相对独立	破坏封装，子类与父类之间紧密耦合，子类依赖于父类的实现，子类缺乏独立性
可扩展性	具有较好的可扩展性	支持扩展，但是往往以增加系统结构的复杂度为代价
动态复用	支持动态组合。组合中类之间的关系在运行时才确定，在运行时整体对象可以选择不同类型的局部对象	静态复用，不支持动态继承。在编译时子类和父类的关系就已经确定了，在运行时，子类无法选择不同的父类

特 性	组 合 关 系	继 承 关 系
修改性	整体类可以对局部类进行包装，封装局部类的接口，提供新的接口	子类不能改变父类的接口
简洁性	整体类不能自动获得和局部类同样的接口	子类能自动继承父类的接口
对象数量	创建整体类的对象时，需要创建所有局部类的对象	创建子类的对象时，无须创建父类的对象

8.2 优雅地使用继承

正如上节所述，继承的一个主要问题就是所有子类都是和父类紧密联系的，要追溯执行流程变得十分困难，尤其是在一个具有很多世代的深度继承树之中，其树的底层的方法的代码分散在高层的祖先当中。

8.2.1 继承示例一：继承的代价

来看一个简单的例子，如 Rectangle 类的例子，假设实现如下：

```
Public class Rectangle {
  Private int width, height;
  Public Rectangle(int w, int h) { width = w; height = h;}
  Public int getWidth() { return width; }
  Public int getHeight()  { Return height; }
  Public void setWidth(int newWidth) { width = newWidth;}
  Public void setHeight(int newHeight) { height = newHeight; }
  Public void setSize(int w, Int h) { setWidth(w); setHeight(h); }
}
```

假设需要创建 Rectangle 的一个称为 ChangeMeasuredRectangle 的类，该类型记录了 Rectangle 对象的宽度改变的次数。

在这个例子中，继承似乎非常适用，因此可以让 ChangeMeasuredRectangle 类成为 Rectangle 类的子类。注意子类需要重写 Rectangle 类的 setWidth() 方法和 setSize() 方法，以记录宽度的改变次数，不过其他的方法都不需要改动。

来看一下实现 ChangeMeasuredRectangle 类的方法，下面给出一个实现方式：

```
Public class ChangeMeasuredRectangle extends Rectangle {
  Private int widthChangeCounter = 0;
  Public ChangeMeasuredRectangle(int w. int h) { super(w,h); }
  Public void setWidth (int newWidth){
    If (newWidth != getWidth() {
      widthChangeCounter++;
    }
  Public void setSize (int newWidth,  int newHeight){
```

```
    If (newWidth != getWidth() {
      widthChangeCounter++;
    }
    Super.setSize(newWidth, newHeight);
  }
}
```

注意，setWidth() 方法和 setSize() 方法是如何首先检查宽度是否将要改变的。如果宽宽度会改变的话，计数器将加 1。然后它们再调用父类的 setWidth() 方法和 setSize() 方法。这是一个优雅的代码重用。但遗憾的是，这段代码可能错误地计算了宽度改变的次数。

这是因为在 Rectangle 类的实现中，在 setSize() 方法内部调用了 setWidth() 方法，任何通过 setSize() 方法对 ChangeMeasuredRectangle 对象的宽度的改动，都会导致计数器增加了两次。即如果新的宽度与旧的宽度不等，那么计数器就增加 1。然后调用父类的 setSize() 方法。结果这个方法又调用了 setWidth() 方法。但是实际执行的是 ChangeMeasuredRectangle 类实现的 setWidth() 方法，因为该对象实际上是 ChangeMeasuredRectangle 对象。所以，计数器又增加了一次。

为了改正这个错误，需要从子类中删除重写的 setSize() 方法。总而言之，为了要正确地实现 ChangeMeasuredRectangle 类，该类的设计人员需要了解 Rectangle 类中 setSize() 方法的实现。尤其需要了解 Rectangle 类中的 setSize() 方法是否调用了 setWidth() 方法。

让我们来总结一下，如果某类的子类要正确地实现，就需要将该类的实现公开给子类的设计人员。然而这种公开并不总能得到满足，尤其是设计人员往往并无法访问到他们希望继承的类的实现细节，或者即使他们可以访问到这些信息，也不愿意花时间来了解这些实现。

8.2.2 继承示例二：多边形绘图

来看一个可以让用户绘制多边形的绘图程序，绘制的内容包括四边形（具有四个角的图形）、矩形、正方形、三角形、直线（具有两个角的图形）、点（一个角的图形）等。假设该绘图程序显示具有两个部分的窗口：一个大画布以及一个位于窗口顶部、带有按钮的工具栏，每个按钮均对应于一种多边形。假设用户需要单击工具栏的一个按钮来选择一个多边形，然后在画布上单击，随后就以单击的点为中心在画布上画出被选择的多边形。

现在还是先来关注该程序的部分设计，也就是当画布需要刷新时多边形的重新绘制（比如多边形被部分掩盖，然后又重新显现）。这里将会介绍继承是如何来协助完成优雅的设计的。

为了让应用程序可以绘制及重绘多边形，这些多边形以及它们的位置必须被存储在某个集合或某些集合中。因此，假设画布保存了多边形的一个集合，因而它能够在需要时轻松地进行重绘。现在来关注一下画布所保存的多边形集合。这个集合应该是什么形式的？这些多边形应该是什么形式的？也就是说，应该使用什么类和什么关系来存储多边形？

1. 设计 1（欠缺的设计）

一个简单的设计就是让画布存储两个排好序的集合，一个包含表明所绘制的多边形类型的 String 对象，另一个包含表明相应的（固定大小的）多边形的中心位置的 Point 对象。我们使用名为 polygonNames 的 ArrayList<String> 类来存储所绘制的多边形的类型，采用名为 centerPoints 的

ArrayList<Point> 类存储相应的多边形的位置。每当多边形需要重绘的时候，程序就调用画布的一个 paint() 方法。这个方法可以按如下方式实现：

```
Public void paint(Graphics g) {
  For( int I = 0; I < polygonNames.size(); i++ ) {
    String currentPolygon = polygonNames.get (i) ;
    Point currentCenter = centerPoints.get (i) ;
    If (currentPolygon . Equals  ( " triangle" ))
        //draw a triangle centered at currentCenter//
    else   if (currentPolygon . Equals (" square"))
        //draw a square centered at currentCenter.
    Else if //
}
```

使用两个不同的集合分别存储多边形的类型和位置，是不优雅的设计，因为如果这两个集合变得不同步，那么便会导致错误的产生（比如，如果从一个集合中删除了某一项，但是却忘了从第二个集合中删除相应的项）。而且 paint() 方法的不优雅性还在于，它包含绘制每一种图形的详细说明。这个版本的第三个缺点在于，如果该绘图程序以后要增强为可以绘制五边形或者六边形，那么就需要扩充 paint() 方法的实现来包括更多的条件语句。

2. 设计 2（一般的设计）

将两个 ArrayList 联合为一个"多边形"列表，其中每一项都保存绘制多边形所需的数据。例如，该列表中的项可以是如下描述的 PolygonData 对象：

```
Public class polygonData {
  Private String name;
  Private Point center;
  Public PolygonData(String n, Point c) {Name = n; center =C; }
  Public String getName ()  {  return name;  }
  Public Point getCenter () { return center; }
}
```

现在，paint() 方法可以从 PolygonData 对象中得到绘制多边形所需的所有数据：

```
public void paint(Graphics g) {
  For( int i  = 0; I < polygon.size(); i++) {
    String currentPolygon = polygons.get (i) .getName ()
    Point  currentCenter =  centerPoints .get (i) .getCenter ()
    If (currentPolygon.Equals ( " triangle "))
        //draw a triangle centered at currentCenter//
    Else   if (   currentPolygon . Equals ( " square " ))
        //draw a square centered at currentCenter//
    Else if  //
}
```

尽管由于每个多边形的数据都存储在一个对象中，数据结构比上一个版本稍微好了点，但是 paint() 方法中的代码在某种程度上却变得更差了。

3. 设计 3（好一些的设计）

让我们把多边形的类型存储在类的类型自身，而不是存储在 PolygonData 对象的一个字符串中。也就是说，为每一个多边形类型创建一个单独的类，这些类都具有共同的父类。比如，可以设计一个抽象类 Polygon 类，它具有"具体"（concrete）子类：Square 类、Rectangle 类和 Triangle 类。在这个设计中，画布将 Square 对象、Rectangle 对象和 Triangle 对象存储在一个列表中。

假设 Polygon 包含一个将 Graphics 对象作为参数的抽象的 draw() 方法，并且假设每个具体子类都恰当地实现了 draw() 方法来绘制自己的形状。

很明显，这个继承层次从"Is-A"观点、子类型观点和多态观点来看都是非常合适的，如果存在所有具体子类公共的数据和方法，则将这些公共的元素移至父类中。从代码重用和避免冗余的观点来看，这个设计同样非常适用。

当这些类都创建完成后，画布的 paint() 方法可以被很好地简化为如下形式（假设多边形存储在名为 polygons 的 Array<Polygon> 类中）：

```
Public void paint (Graphics g) {
    For (Polygon poly: polygons) {
      Poly. Draw (g);
    }
}
```

指导原则：可以使用继承、多态和动态方法调用来避免不优雅的条件判断。

4. 设计 4（特殊情况下更好的设计）

如果 Polygon 类的具体子类并没有共享共同的代码，那么需要做一些不一样的调整吗？也就是说，假设 Polygon 只有抽象方法而没有实例变量。

在这种情况下，设计中不存在代码重用，因而从代码重用的角度来使用继承就不再合适了。因此，在没有代码重用这种情况下的最优设计是，将 Polygon 作为一个接口而不是一个抽象类。

8.2.3 继承示例三：对象排序

现在来看另一个例子，在这个例子中，继承和接口的联合使得代码更加通用、更加优雅。

这个例子涉及 java.util.Arrays 类和该类的各种排序方法。假设实现如下的类，用于对数组中的数据进行排序。例如，这个类可能是如下实现：

```
Public class Sorter{
  Public static void sort(String [ ] A) {
    //code for sorting String arrays…}
  Public static void sort(Integer [] A) {
    //code for sorting Integer arrays //}
  //methods for sorting other kinds of arrays//
}
```

假设要被排序的数组包含各种复杂对象（诸如 int、char 等简单数据类型的数组将不在考虑范围内）。这个类看似非常实用，除了以下（至少）三个缺点：

（1）Sorter 类需要实现多少 sort() 方法？如果对于某个特定数组类型而言，并没有相应的 sort() 方法，那么一旦有人需要对该类型的数组进行排序，又该怎么办呢？或者，假设在实现了 Sorter 类以后，您定义了一个新的类 C 类，并且希望对一个存储了 C 对象的数组进行排序，该怎么办呢？除非包含一个针对 Object[] 类型的数组的 sort() 方法，否则 Sorter 类是不能处理这种情况的，而这个时候，我们不免要问，对于一般对象而言，排序意味着什么？

（2）每个 sort() 方法内部的代码几乎都一样，这里存在很大代码冗余。

（3）如果有时希望从小到大排序，而有时又希望可以从大到小排序，那么该怎么办？如果希望不用 String 对象的大小进行排序呢？如果希望利用数组中 String 对象的其他属性，比如 String 的长度，来进行排序呢？

为了达到最佳的可用性，Sorter 类需要能够针对每种数组类型，处理各种排序选项。让我们来增量式地改进 Sorter 类的设计，使它变得优雅。

首先，考虑一下如何在各种 sort() 方法中避免代码冗余。为了让代码保持简洁，首先看一下对于使用选择排序的 Integer 对象和 String 对象的 sort() 方法的实现，尽管选择排序算法并不常常用来进行排序。

下面是实现代码：

```
Public static void sort (Integer[]  data) {
  For (int i = data.length - 1; i >=1; i--) {
    // in each iteration through the loop
    // swap the largest value in data[O]..data[il into position I
    Int indexOfMax = 0;
    For (int j  = 1; j <= i; j++) {
      If (data [j] > data [indexOfMax])
        indexOfMax = j;
    }
    // swap the largest value into position I
    Integer temp = data[i];
    Data [i]  =  data [indexOfMax];
    Data [indexOfMax]  =  temp;
  }
}
Public static void sort(String[] data) {
  For (int I = data.length-l; I >=1; i--){
    // in each iteration through the loop
    // swap the largest value in lata [0] . .data [i]  into position  I
    Int indexOfMax = 0;
    For (int j = 1; j  <= I; j++) {
      If (data [j].compareTo(data[indexOfMax]) > 0)
        indexOfMax = j;
    }
    // swap the largest value into position I
    String temp = data[ij;
```

```
    Data [i]   =   data [indexOfMaxJ ;
    Data [indexOfMax]   =   temp;
  }
}
```

注意，这两个方法除了以下三点以外，其他地方都是一样的：

（1）这两个方法用不同类型的数组做参数。

（2）第一个方法取出对象中的整数值后，使用 ">" 来进行值的比较，第二个方法使用 String 的 compareTo() 方法来进行值的比较。

（3）当交换数据的时候，这两个方法使用了不同类型的临时变量（第一个方法是 Integer()，第二个方法是 String()）。

Sorter 类里面的其他 sort() 方法也基本类似。那么，怎么才能在所有这些方法中避免冗余呢？避免冗余的一个做法就是创建一个通用的、可以对任意类型的数组进行排序的选择排序方法。为了创建这样一个方法，那么就必须了解到，前面的 sort() 方法之间最大的差异就在于数组中的对象间比较方法的不同。

因此，移除冗余的第一步就是找出这个区别。为了找出比较对象的不同方法，我们先来创建一个新的对象 Comparator 对象，用这个对象进行对象之间的比较。创建 Comparator 类的第一个工作就是创建比较每种类型数据的各种方法：

```
Public class Comparator {
  Public int compare(String o1, String o2) {
    Return o1.compareTo(o2) ;
  }
  Public int compare(Integer o1, Integer o2) {
    int   i1   =   o1.intValue () ;
    int   i2   =   o2.intValue () ;
    Return i1 - i2;
  }
  ...compare methods for the other types of data we wish to sort.
}
```

如果在排序方法中增加一个 Comparator 类型的参数 "comp"，那么可以将存储了 String 对象的数组的排序方法做如下改动：

```
Public static void sort(String[] data, Comparator comp) {
  For (int I =Data.length-1; I >=1; i--) {
    // in each iteration through the loop
    // swap the largest value in data[O]//data[i] into position I
    int indexOfMax = 0;
    For (int j = 1; j <= I; j++) {
      If (comp.Compare(data [j], data[indexOfMax] > 0)
        indexOfMax = j;
    }
    // swap the largest value into position I
```

```
      String temp = data[i];
      Data[i] =  data [indexOfMax] ;
      Data[indexOfMax] = temp;
   }
}
```

可以用同一个 Comparator 来修改所有其他数组类型的 sort() 方法。代价是因为增加了一个类而使代码变得复杂。现在 String 数组、Integer 数组和其他数组的 sort() 方法已经看起来十分相像了。

Integer 数组和 String 数组的 sort 方法目前剩下的差异是，第一个参数的类型不同以及用来进行交换的局部变量 temp 的类型不同。为了消除这些差异，不妨将这些类型替换为 Object 类型，即 String 类、Integer 类以及其他所有 Java 中的类的父类。

注意，"替换原则"是如何帮助我们实现这个变化的。也就是说，因为 String 对象的数组同时也是 Object 对象的数组，所以可以在需要使用 Object 对象数组的地方使用 String 对象数组。更改后的排序过程如下：

```
Public static void sort(Object[]  data,  Comparator comp) {
   For (int I = Data.length-1; 1; I >=1; i--) {
      // each iteration through the loop
      // swaps the largest value in data[O]//data[i] into position I
      int indexOfMax = O;
      For (int j -. 1; j <= I; j++) {
         If (comp.Compare(data [j ] , data [indexOfMax]) > 0)
            indexOfMax = j;
      }
      // swap the largest value into position I
      Object temp = data[i];
      Data[i] = data [indexOfMax];
      Data[indexOfMax] = temp;
   }
}
```

现在删除了 Sorter 类中 sort() 方法中所有的冗余。实际上，通过使用这个方法，可以完全删除原来的 sort() 方法，因为这个新的 sort() 方法可以处理所有类型的数据。

但是上面代码依然存在问题，在这个新版本的 sort() 方法中，编译器无法判断 Comparator 类要调用的是哪个 compare() 方法。编译器只能看到 compare() 方法的两个参数都被声明为 Object 类型，然后它就寻找两个参数都为 Object 对象的 compare() 方法。但是 Comparator 类却没有这样的 compare() 方法，所以编译器会显示错误提示。

为了解决这个问题，先来修改 Comparator 类来使其拥有"有两个 Object 对象作为参数的" compare() 方法。之后，前面的通用 sort() 方法每次都会调用这个方法，因此我们可以将 Comparator 类中其他的 compare() 方法都删除，并将它们替换为这样一个通用的、能够处理所有情况的方法：

```
Public class Comparator {
```

```
    Public int compare (Object o1, Object o2) {
      If( o1 instanceof String && o2 instanceof String )
        return ((String)o1).compareTo((String)o2);
      else if (o1 instanceof Integer && o2 instanceof Integer)
        return (Integer) i1 – (Integer) i2;
      else
        ……
        }
}
```

现在最新版本的通用 sort() 方法能够正确地处理任何 String 对象数组或者 Integer 对象数组，并且会基于通用的 Comparator 类进行的比较来排序。

但是，这真的是一个巨大的进步吗？最新的这个实现的一个非常不优雅之处在于：对通用的 sort() 方法的清理是以 Comparator 类为代价的。Comparator 类的 compare() 方法不优雅，是因为它有很多对"对象类型"的条件判断。正如前面所讨论的，面向对象的处理方式就是利用多态来代替这些条件判断。

而且，Comparator 类还是无法处理所有可能的情况。例如，如果需要处理一个 C 对象的数组，但是 C 类是在 Comparator 类编码后才创建的一个新类呢？C 类型不会出现在 Comparator 类的类型比较的列表中。或者，如果对一个 String 对象数组，有时候需要根据大小写按照字母表顺序排序，有时候要忽略大小写，而又有些时候需要根据字符串的长度排序，那又该怎么办呢？Comparator 类如何来区别这些情况呢？

问题就在于 Comparator 对象在通用的 compare() 方法中做了太多的工作。所以，对代码的最后修改就是让 Comparator 成为接口，然后创建各个类来实现 Comparator 接口，每个类都对应于一种类型的数据。

事实上，Java 类库在 java.util 程序包中就包括了这样一个接口：

```
Public interface Comparator {
  Public int compare (Object o1, Object o2);
  Public boolean equals (Object o);
}
```

可以创建具体类来实现 Comparator 接口以比较两个特定类型的对象，并且对其他任何类型抛出异常。例如，可以创建如下的类：

```
Public class StringComparator implements Comparator {
  Public int compare(Object o1, Object o2) {
    String s1 = (String) o1;
    String s2 = (String) o2;
    Return s1.compareTo(s2);
  }
    }

Public class IntegerComparator implements Comparator {
```

```
    Public int compare (Object o1, Object o2) {
      Return (Integer) o1 - (Integer) o2;
    }
  }
```

这两个类都只需要比较一种类型的对象，如果参数类型不对，那么 compare() 方法就会抛出异常。（注意，这些类即使没有直接实现 equals() 方法也实现了 Comparator 接口，因为它们继承了 Object 类的 equals() 方法）。

如果希望可以按照字母表顺序来对 String 对象数组进行排序的用户，可以将这个数组以及一个 StringComparator 对象作为参数进行传递，来调用 Sorter 类的 sort() 方法：

```
String[ ] data = //initialize the data array//
Comparator comp = new StringComparator() ;
Sorter.Sort(data, comp);
```

如果需要在忽视大小写的情况下，对一个 String 对象的数组进行排序，用户除了要定义另一个如下实现 Comparator 接口的类以外，其他工作和以前完全一样：

```
Public class StringIgnoreCaseComparator {
  Public int compare(Object o1, Object o2) {
    String s1 = (String) o1;
    String s2 = (String) o2;
    Return s1.compareToIgnoreCase(s2);
  }
}
```

这个排序程序是多么优秀和通用。为了对不同顺序的相同数组进行排序，只需要创建不同的 Comparator 对象。这个通用的方法可以为任意对象类型的数组排序，即使是还没有定义的类的对象，只要用户定义了和新类相对应的 Comparator 对象。

下面是 Sorter 例子的最终代码，其中包括实现了 Comparator 接口的 StringComparator 类和 IntegerComparator 类，Main 类中的 main() 方法演示了如何使用 Sorter 对象和 Comparator 对象：

```
Public interface Comparator {
  Public int compare(Object o1, Object o2);
  Public boolean equals (Object o);
}

Public class StringComparator implements Comparator {
  Public int compare(Object o1, Object o2) {
    String s1 = (String)o1;
    String s2 = (String)o2;
    Return s1.compareTo(s2);
  }
}
```

```
Public class IntegerComparator implements Comparator {
  Public int compare (Object o1, Object o2) {
    Return (Integer)o1 - (Integer)o2;
  }
}

Public class Sorter {
  Public static void sort(Object[] data, Comparator comp) {
    For (int I = data.length - 1; I >=1; i--)
      // in each iteration through the loop
      // swap the largest value in data[0] //data[i]  into position i
      Int indexOfMax = 0;
      For (int j = 1; j <=I; j++) {
        If (comp.Compare (data[j ], data[indexOfMax] > 0)
        indexOfMax = j;
      }
      // swap the largest value into position I
      Object temp = data[i];
      Data[i] = data[indexOfMax] ;
      Data[indexOfMax] = temp;
    }
  }
}

Public class Main {
  Public static void main (String[]  args) {
    String[] B = {"John", "Adams", "Skrien", "Smith", "Jones"};
    Comparator stringComp = new StringComparator();
    Sorter.sort(B, stringComp) ;
    Integer[] C = {new Integer(3), new Integer(1), new  Integer (4)};
    Comparator  integerComp = new  IntegerComparator();
    Sorter.Sort(C, integerComp);
  }
}
```

回顾一下我们是如何使用多态以及其他的设计技术，来创建了一个比原来的版本优雅了很多的 Sorter 类：

（1）通过找出特定 Comparator 对象的比较操作，可以让原来的 Sorter 类中的各种各样排序方法的实现变得很相似。

（2）通过对数组以及数组中的对象使用多态，完成了排序算法的通用化，因此 Sorter 类只需要一个 sort() 方法。

（3）为了清理 Comparator 类，我们让其成为了一个具有各种各样比较器的接口。

8.3 "即插即用"设计

当讨论设计优秀的软件时，通常会提到"即插即用"（plug-and-play）的概念。即插即用的概念是指某物体可以被"插入"（plugged）系统并能够在不需要任何其他工作（如重新设置系统）的情况下立即"使用"（played）。这个概念也同样适用于计算机软件，尤其是如果软件是优雅的，那么就可以删除某类的一个对象，并轻松地替换，或"插入"另一个"同等"的类的对象，而该过程将自动完成或只需极少量的代码改动。

来看一个集合类的例子，这些类是被用作其他对象的存储容器类似于 java.util.LinkedList 类。假设经过系统的测试及使用，发现 LinkedList 在系统的某些部分运行过于缓慢，其原因是获取列表中第 n 个数据需要遍历列表中前 n-1 个元素。

此时，一个很好的处理方法是将某些地方使用的 LinkedList 类替换为另一种集合类，比如将数据存储在数组中因而可以在常数时间内进行随机访问的 ArrayList 类。问题在于这样的替换可能会需要对系统做一些大的改动，如果软件设计时并没有考虑到这样的替换，那么需要这样做：

首先需要寻找出系统中所有声明或初始化了 LinkedList 类型的变量的地方，然后判断是否要将其替换为 ArrayList 类型的变量的声明或初始化。

声明或初始化导致出现以下问题：

（1）这样的声明或者初始化可能遍布在整个程序包中。如果没有发现所有应该改动的地方并进行合理的改动，则会导致错误的产生。

（2）如果使用了某些特定于 LinkedList 类的方法，如 addFirst 和 addLast 则需要修改这些方法调用。这些方法调用需要被替换为使用 ArrayList 对象的相应代码。这些修改将导致巨大的工作量，而且，它们还能意外地引入更多新错误。

理想情况下，可以对系统代码只进行一个改动就改变系统对集合类的使用。为了彻底清理代码以便将来可以轻易改动代码：

第一步：要认识到，LinkedList 类和 ArrayList 类都实现了 List 接口。

第二步：查看 List 接口的方法是否满足系统内部所有需求，如果能够满足需求，那么所有使用这些集合的地方，都应该调用 List 接口的方法，而不是特定于 LinkedList 类或 ArrayList 类的方法。

第三步：处理所有 LinkedList 类型的变量的声明和初始化。为了避免以后对声明的改动，所有集合变量都要被声明为"实现了 List 接口中所有方法的对象"的类型，而不是将这些变量声明为诸如 LinkedList 的具体类的对象。也就是说，将变量声明为某种通用的 List 类型，可以允许这些变量指向实现了 List 接口的任何对象。那么以后改变设计来使用实现了 List 接口的新的集合类时，就不用再改动变量声明了。

如果需要改动代码来使 ArrayList 对象代替 LinkedList 对象，那么代码中所有具有如下形式的语句：

```
List list = new LinkedList();
```

都需要判断是否要替换成如下的形式：

```
List list = new ArrayList () ;
```

如何最小化工作量，来保证在改动变量初始化的时候，能够最小化由这样的改动而引入错误的概率呢？更进一步说，是否可以使得代码更易于以后的改动？

解决问题的方法是将需要改动的代码局部化。在需要初始化集合变量的地方，使用"工厂"方法代替前面的方式利用构造函数来创建新的对象，这个方法创建或者发现并返回所需对象，这将在后续第 10 章中详细介绍。

8.4 类库和框架

在面向对象领域中，软件或软件模块的重用是软件开发人员关心的焦点问题之一。支持软件重用的好的方式就是框架和类库。

1. 类库

面向对象的程序设计语言一般都带有类库。类库是一种预先定义好的程序库，可以由程序员自己扩充。虽然严格地说，类库并不是语言成分，但有无类库及类库设计的好坏对使用面向对象的程序设计影响很大。语言只担任构造类库的基本机制，而类库可根据具体的应用自行构造。

构造类库的基本机制是继承机制和类属机制等。与传统程序设计语言的子程序相比，面向对象的程序设计语言的类库是易于扩充的，并且类库本身就可以是某个应用领域的完整构架，即具有一定的组织结构，而不仅仅是程序构造的基本构件。

类库是用来完成程序设计任务的类的聚合。类库在宏观上可以分成两层：系统层和应用层。应用层是用户针对具体应用问题所设计的类，系统层是语言系统用于支持用户层类的设计所提供的类。本书主要讨论类库的系统层。要想发挥面向对象的软件构造方式的优点，程序员必须知道类库是怎样组织起来的。衡量一个程序员的好坏，要看他是否知道如何来最好地发挥已有类库的优点，要看他有没有能力将已有的类库与新的问题紧密联系起来，还要看他不得不另外编写的代码是不是最少。

2. 框架

框架是对于一类相似问题的骨架解决方案。通过类的集合形成，类之间紧密结合，共同实现对问题的可复用解决方案。严格地说，框架就是类库的一种扩展形式。框架除了可以被应用重用类以外，还可以驱动应用程序中的功能组件，完成特定的操作流程。例如，微软的 MFC 框架就可以将编写的消息处理代码连接起来，组成一个完整的窗口应用程序。JAVA 的 AWT 等也是框架系统的典型代表。

框架和类库的区别是：框架是一个"半成品"的应用程序，而类库只包含一系列被应用程序所使用的类。类库给用户提供了一系列可重用的类，这些类的设计都符合面向对象的原则和模式。用户使用时可以创建这些类的实例，可以使用继承机制或复合机制。框架则会为某一特定目的实现一个基本的、可知性的构架。框架中已经包含了应用程序从启动到运行的主要流程，流程中那些无法事先确定的步骤留给用户来实现。程序运行时框架系统自动调用用户实现的功能组件。这是框架系统的行为是主动的。

在多层的软件开发项目中，可重用、易扩展、经过良好测试的软件组件，越来越为人们所青睐。这意味着人们可以将充裕的时间用来分析、构建业务逻辑的应用上，而非繁杂的代码工程。于是人们将相同类型问题的解决途径进行抽象，抽取成一个应用框架。这也就是我们所说的框架。框架体系提供了一套明确机制，从而让开发人员很容易地扩展和控制整个框架开发上的结构。

根据应用范围，框架可以分为以下三类：

（1）系统框架：系统框架主要是来封装系统的底层结构（包括操作系统、通信协议、用户界面等）。开发系统框架的目的是降低应用程序的复杂度，提高应用程序的可移植性。例如，NET 中的应用框架、MFC 框架、JAVA AWT 等都属于系统框架的范畴。

（2）中间件框架：中间件框架主要来封装分布式系统中的通信协议、业务规则、事务模型等基本操作。中间件框架允许用户按着组件形式来组织应用程序，使软件更加易于重用和扩展，更易于在分布式环境中发布和配置。例如，SPRING 框架、HIBERNATE 框架等。

（3）企业应用框架：企业应用框架主要为不同行业的应用开发专用的框架系统。开发企业应用框架的目的是封装不同的行业特殊应用逻辑，以简化企业应用程序的开发工作。

3. 框架的例子

由于框架必须确保一个类的所有实例都对相关的信息作出合适的响应，因此延迟方法必须作为父类定义的一部分。框架需要的不只是一个类，一个框架通常是由大量的可以协同工作的类组成的。

下面继续以雇员对象排序为例说明框架的设计，这个例子与 8.2.3 节的示例有异曲同工之意。

```cpp
// 雇员类
class Employee {
  public:
    string name;
    int salary;
    int startingYear;
}

// 排序方法
void sort (Employee * data[ ], int n) {
  for (int i = 1; i < n; i++) {
    int j = i-1;
    while (j >= 0 && v[j+1]->startingYear < v[j]->startingYear) {
      // swap elements
      Employee * temp = v[j];
      v[j] = v[j+1];
      v[j+1] = temp;
      j = j - 1;
    }
  }
}
```

思考：如果希望按照薪水排序，按照姓名排序，甚至不再对雇员记录排序，要对一个浮点数组排序，应该怎样修改？需要在源代码级修改哪些地方？至少应该包括元素类型、元素数目、数值比较、元素交换等代码。

以下是排序框架的面向对象设计方案：

```cpp
class InsertionSorter {
  public:
    void sort () {
```

```cpp
      int n = size();
      for (int i = 1; i < n; i++) {
          int j = i - 1;
          while (j >= 0 && lessThan(j+1, j)) {
              swap(j, j+1);
              j = j - 1;
          }
      }
  }
  private:
    virtual int size() = 0;
  // abstract methods
    virtual boolean lessThan(int i, int j) = 0;
    virtual void swap(int i, int j) = 0;
}


// 特化部分的代码
class EmployeeSorter : public InsertionSorter {
  public:
    EmployeeSorter (Employee * d[], int n) {
      data = d; sze = n;
    }
  private:
    Employee * data[];
    int sze = n;
  virtual int size() { return sze; }
  virtual bool lessThan(int i, int j)
      { return data[i]->startingYear < data[j]->startingYear; }
  virtual void swap (int i, int j) {
      Employee * temp = v[i];
      v[i] = v[j];
      v[j] = temp;
  }
}
```

这样一来，基类不再需要改变。完成所需的特化子类来满足不同的需求。例如，改变为对收入进行排序只需改变子类，无须改变父类；对浮点数进行排序也只需创建一个新的子类，而无须改变父类。这是利用了继承的特点：继承允许进行高级别算法细节的封装，还允许在不改变原始代码的情况下修改或特化这些细节。

因此，框架改变了应用程序（开发者定义的代码）与库代码之间的关系。传统的应用程序中，应用程序特定的代码定义了程序执行的总体流程；在框架中，控制流是由框架决定的，并且随应用程序的不同而不同，新应用程序的创建者只需改变供框架调用的例程即可，而无须改变总体结构。框架占主导地位，而应用程序特定的代码处于次要位置。

小　结

实现软件复用是面向对象开发技术最重要的特征之一，本章我们通过一个例子讨论和比较了两种最常用的软件复用机制：继承和组合，然后通过若干个具有一定复杂程度的例子来学习如何优雅的使用继承，尽可能降低继承带来的强耦合和复杂性代价。最后讲解了"即插即用"软件设计思想以及面向对象编程语言和开发环境普遍提供的类库和框架。

思考与练习

1. 假定已经存在 List 类如下：

```
Class List {
    Public List( );
    Public void add (int element);
    Public int firstElement ( );
    Public int size ( );
    Public int includes (int element);
    Public void remove (int element);
};
```

利用类 List 创建一个集合类 Set，包括集合对象的三个操作：add（增加数值到集合）、size（确定集合种元素的数目）、includes（检查集合中是否包含某数值）。

（1）请分别使用继承和组合两种复用方法完成 Set 类；

（2）说明哪种方法更好，并简要分析原因。

2. 设计者认为圆形是一种特殊的椭圆，所以在以下代码中让圆形继承了椭圆，以便实现对椭圆类的复用。你认为是否合理？如不合理应当如何改造？

```
Public class Circle extends Oval{
  public Circle (double r) {
    super(r, r);
  }
  public void setMajorAxis (double r){
    super.setMajorAxis ( r );
    super.setMinorAxis ( r );
  }
 public void setMinorAxis (double r){
    super.setMajorAxis ( r );
    super.setMinorAxis ( r );
  }
}
```

第 9 章 面向对象建模

面向对象的分析与设计（OOA&D）方法的发展在 20 世纪 80 年代末至 90 年代中出现了一个高潮，统一建模语言（UML）是这个高潮的产物，它统一了 Booch、Rumbaugh、Jacobson 较早提出的表示方法 Booch 1993、OMT-2、OOSE 等，并且作了进一步的发展，并最终统一为大众所接受的统一建模语言。本章主要介绍 UML 提供的用于建模的可视化模型图，其中着重介绍 UML 类图模型。

本章知识导图

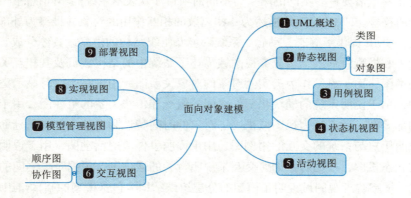

学习目标

- **了解**：了解统一建模语言（UML）的用途、为系统可视化模型提供的各种建模符号。
- **理解**：理解 UML 各种建模视图的侧重点，以及如何相互配合完成一个系统在某些方面的可视化模型表达。
- **应用**：将面向对象建模方法应用于系统分析和设计之中，特别是使用类图描述需求静态模型和程序设计模型。
- **养成**：能够在软件分析和设计的更高层面进行沟通的"语言"表达能力，这也是软件人才所应具备的软件分析设计能力。

9.1 UML 概述

模型是从特定角度对问题或解决方案的完整规范。每个模型都是完整的，不再需要任何额外的其他信息来从该角度理解系统。一个问题域或系统可以由代表不同项目角色所关心的不同透视图的多个模型来共同刻画。

统一建模语言（UML）是一个通用的可视化建模语言，用于对软件进行描述、可视化处理、构造和建立软件系统制品的文档。UML 标准并没有定义一种标准的开发过程，但它适用于各种软件开发方法、软件生命周期的各个阶段、各种应用领域以及各种开发工具，UML 是一种总结了以往建模技术的经验并吸收当今优秀成果的标准建模方法，它是为支持大部分现存的面向对象开发过程而设计的。

UML 模型是软件开发中使用的许多模型类型中的一种，帮助开发团队可视化、指定、构造和记录系统架构的结构和行为。使用像 UML 这样的标准建模语言，开发团队的不同成员可以相互交流他们的决策。可以使用 UML 模型来表示想要可视化地构建的系统，建立对一个系统的共同理解，开发、验证和交流系统架构并生成代码。

UML 是一种综合的通用建模语言，适合对诸如由计算机软件、固件或数字逻辑构成的离散系统建模。UML 不是一门程序设计语言，但可以使用代码生成器工具将 UML 模型转换为多种程序设计语言代码，或使用反向生成器工具将程序源代码转换为 UML。UML 也不是一种可用于定理证明的形式化语言，这样的语言有很多种，但它们的通用性较差，过于抽象，并且不易理解和使用。

系统的可视化模型需要许多不同的图来为不同的项目涉众表示系统的不同视图，UML 为可视化模型提供了丰富的符号。UML 将系统描述为一些离散的相互作用的对象并最终为外部用户提供不同角度的模型结构，UML 提供了静态、动态、系统环境及组织结构的模型，具体分成三个视图域：结构分类、动态行为和模型管理。结构分类视图域描述了系统中的结构成员及其相互关系，包括用于说明逻辑结构的类图，用于显示作为类实例对象的对象关系图，用于在运行时显示类或组件内部结构的复合结构图，用于说明系统的模块化部件之间的组织和依赖关系的组件图，用于显示软件到硬件配置的映射的部署图。动态行为视图域描述了对象的时间特性和对象为完成目标而相互进行通信的机制，包括说明用户与系统的交互的用例图，用于说明事件流的活动图，用于说明对象可能具有的一系列状态的状态机图，根据对象如何交互来说明行为的通信图，根据对象之间的交互顺序来说明行为的序列图。模型管理视图域说明了模型的分层组织结构，包是模型的基本组织单元。UML 还包括多种具有扩展能力的成分，包括约束、构造型、标记值，适用于所有的视图元素。

表 9-1 列出了 UML 的视图、建模工具以及有关概念。

表9-1 UML建模工具概览

主要的域	视图	图	主要概念
结构	静态视图	类图	类、关联、泛化、依赖关系、实现、接口
	用例视图	用例图	用例、参与者、关联、扩展、包括、用例泛化
	实现视图	构件图	构件、接口、依赖关系、实现
	部署视图	部署图	节点、构件、依赖关系、位置
行为	状态机视图	状态机图	状态、事件、转换、动作
	活动视图	活动图	状态、活动、完成转换、分叉、结合
	交互视图	顺序图	交互、对象、消息、激活
		协作图	协作、交互、协作角色、消息
模型管理	模型管理视图	类图	包、子系统、模型
可扩展性	所有	所有	约束、构造型、标记值

9.2 静态视图

静态视图包括类图、对象图和包图,其中最重要的是类图。类图是以类为中心来组织的,描述系统中类的静态结构,不仅定义系统中的类,包括类的内部结构(类的属性和操作),也表示类之间的联系,如关联、依赖、聚合等。

9.2.1 类图

类、对象和它们之间的关联是面向对象技术中最基本的元素。在 UML 中类和对象模型分别由类图和对象图表示,类图技术是面向对象方法的核心。类图用于各种各样的目的,包括概念(领域)建模和详细设计建模。

类图描述类和类之间的静态关系,显示了系统的类、它们之间的相互关系以及类的操作和属性,类图在系统的整个生命周期都是有效的。与数据模型不同,类图不仅显示了信息的结构,同时还描述了系统的行为,类图是定义其他模型图的基础,例如,在类图的基础上,状态图、交互图等进一步描述了系统其他方面的特性。

1. 类的表示

类用矩形框来表示,属性和操作分别列在分格中,如图 9-1 所示。

一般而言,类的名字是名词。类的命名应尽量用应用领域中的术语,应明确、无歧义,以利于开发人员与用户之间的相互理解和交流。类的获取是一个依赖于人的创造力的过程。

属性表示关于对象的信息,原则上描述该类对象的共同特点。系统建模的目的也会影响到属性的选取,只有系统感兴趣的特征才包含在类的属性中。通常对于外部对象来说,属性是可获取(gettable)、可设置的(settable)。

图9-1 类的表示示例

操作通常也被称为功能,是一个服务的实现,是对一个对象做什么事情的抽象。一个类可以有任意数目的操作,也可以没有操作。操作用于修改、检索类的属性或执行某些动作,只能作用到该类的对象上。

2. 类关系的表示

事物之间相互联系的方式,无论是逻辑上的还是物理上的,都被建模为关系。类之间的关系用类框之间的连线来表示,不同的关系用连线上和连线端头处的修饰符来区别。下图是一个汽车构成关系的类图。在面向对象的建模中,有三种最重要的关系:关联、泛化和依赖。

(1)关联(association)。关联是一种结构关系,它指明两个或多个类或对象之间存在某种语义上的联系。例如,一个人为一家公司工作,一家公司有许多办公室,人和公司、公司和办公室之间存在某种语义上的联系。在分析设计的类图模型中,则在对应人类和公司类、公司类和办公室类之间建立关联关系。

恰好连接两个类的关联称为二元关联;多于两个类的关联称为 n 元关联。关联可以是双向,也可以是单向,单向关联也成为导航(navigability)。

从语义上的稍有不同，整体/部分关联关系分为两类：聚合（aggregation）和组成（composition）。聚合用于理解和洞察类的组成，各个部分有自己的数据和行为，但仍然是整体的一部分，这在建模领域被称为"Has-A"关系，如图 9-2 所示。组合是聚合的进一步细化，因为它们具有一致的生命周期：创造整体，也就创造了部分；破坏整体，部分就会被破坏。组合的语义为"a-part-of"关系，如图 9-3 所示。另一方面，在聚合中，组成部分不必具有一致的寿命。

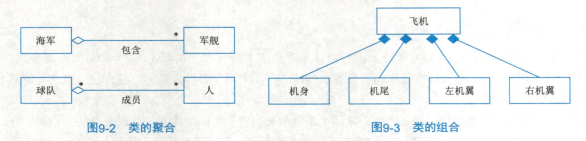

图9-2 类的聚合　　　　　　　　　　图9-3 类的组合

（2）泛化（generalization）。泛化定义了一般元素和特殊元素之间的关系，一个类（一般元素）的所有特征（属性或操作）能被另一个类（特殊元素）继承，用于定义抽象层次结构，在其中子类继承超类，这是一种"Is-A"关系。类的泛化关系如图 9-4 所示。

（3）依赖（dependency）。依赖用来描述一个类使用另一个类的关系。类之间可能存在依赖关系，因为：消息从一个类发送到另一个类，或者一个类是另一个类数据的一部分，抑或其中一个类作为另一个类的某个操作的参数。依赖是一种使用关系，它说明一个事物规格说明的变化可能影响到使用它的另一事物，但反之未必。

UML 中类之间的各种联系的表示符号，如图 9-5 所示。

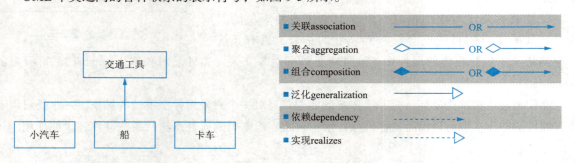

图9-4 类的泛化关系　　　　图9-5 UML中类之间的各种联系的表示符号

表 9-2 对上述类之间的各种联系进行了总结。

表9-2 类关系总结

类关系分类	类关系	主要含义
关联	关联	描述了模型元素之间一般性的联系，意味着一个类的实例连接到另一个类的实例
	导航	当关联关系是单向时，也称作导航，联系的箭头指向被导航的模型元素
	聚合	建模模型元素之间整体和部分之间的关系，部分元素可以脱离整体元素存在，聚合关系是 Has-A 语义
	组合	整体和部分具有相同的生命周期，组合关系是 a-part-of 语义

续表

类关系分类	类 关 系	主 要 含 义
泛化或特化	泛化/特化	描述了一个类共享一个或多个类的结构和行为的关系，定义一个关于抽象的层次结构，其中子类继承超类。泛化关系是 a-kind-of 或 Is-A 的语义
	实现	表示这样一种特殊的关系，客户端类实现了服务类的规范，在 OOP 中表示了一个类实现了一个接口
依赖	依赖	表示了一个类使用另一个类的关系，说明一个事物规格说明的变化可能影响到使用它的另一事物，但反之未必

在 UML 中用类之间不同的连线表示了不同的联系类型，在图 9-6 的类图例子中，除了类的表示之外，还体现了类之间的多种联系。

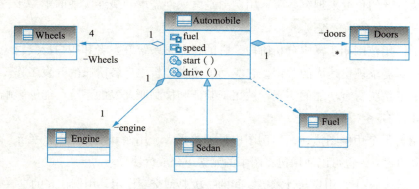

图9-6　类关系的表示示例

9.2.2　对象图

对象图显示了在特定时间点上建模系统结构的完整或部分视图，此快照关注一组特定的对象实例和属性，以及实例之间的链接。一组相关的对象图提供了对系统的任意视图如何随时间发展的洞察，对象图比类图更具体，并且经常用于提供示例，或者作为类图的测试用例图（见图 9-7）表示了一个车辆对象及其构成部分的对象图。只有当前感兴趣的模型的那些方面需要在对象图上显示。

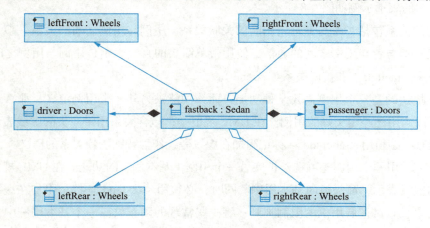

图9-7　对象图的表示示例

在开发工作的早期，对象图对于为支持需求调查的示例建模是最有用的。为了在稍后的开发工作中验证类图，可以使用对象图来为正确性和完整性建模测试用例。对象图基本上使用与类图相同的符号，但是使用一组实例而不是实际的类。

9.3 用例视图

用例视图是软件产品外部特性描述的视图，用例视图从用户的角度而不是开发者的角度来描述对软件产品的需求，分析产品所需的功能和动态行为。用例图从用户角度描述系统功能，并指出各功能的操作者，是获取系统功能需求的一种技术，它描述了待开发系统的功能需求。它将系统看作黑盒，从外部执行者的角度来理解系统。用例图是由软件需求到最终实现的第一步，它的正确与否直接影响到用户对产品的满意程度。

用例视图的适用范围用于需求分析阶段，它的建立是系统开发者和用户反复讨论的结果，表明了开发者和用户对需求规格达成的共识，它驱动了需求分析之后各阶段的开发工作。用例图不仅在开发过程中保证了系统所有功能的实现，被用于验证和检测所开发的系统，能够影响到开发工作的各个阶段和 UML 的各个模型。

用例模型由若干个用例图描述，用例图中显示执行者、用例和用例之间的关系。此外，用例图还可以包括注解和约束，也可以使用包将图中的元素组合成模块。

一个用例（use case）是用户与计算机之间的一次典型交互作用。用例代表的是一个完整的功能，是对一组动作序列的描述，显示了系统是如何被使用，系统执行该活动序列来为执行者产生一个可观察的结果，其中活动是系统的一次执行。系统中的每种可执行情况就是一个活动，每个活动由许多步骤组成。

执行者（actor）也称为角色，是指用户在系统中所扮演的角色，是与系统交互的人或事，可以是人，也可以是外界系统。角色代表一个群体，而不具体的指某一个体。其图形化的表示是一个小人状图案。执行者对提供用例是非常有用的。用例是对活动者使用系统的一项功能的交互过程的陈述。一个用例图的表示示例如图 9-8 所示。

用例图中的关系包括：参与者与用例间的关联关系、用例与用例之间的关系。参与者与用例间的关联关系表示参与者与用例之间的通信，使用带单箭头的直线表示；用例与用例之间的关系分为两种：包含关系（include）和扩展关系（extend）。

包含关系描述的是一个用例需要某种功能，而该功能被另外一个用例定义，那么在用例的执行过程中，就可以调用已经定义好的用例。在 UML 规范中，包含关系用带箭头的虚线表示，箭头指向包含用例。同时，必须用 <<include>> 标记附加在虚线旁，作为特殊依赖关系的语义。

扩展关系表示用一个用例（可选）扩展另一个用例（基本例）的功能。在 UML 规范中，扩展关系用带箭头的虚线表示，箭头指向基本用例。同时，必须用 <<extend>> 标记附加在虚线旁，作为特殊依赖关系的语义。对扩展用例的限制规则：将一些常规的动作放在一个基本用例中，将可选的或只在特定条件下才执行的动作放在它的扩展用例中。

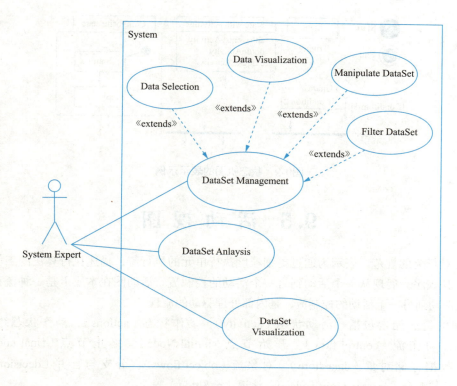

图9-8　用例图的表示示例

9.4　状态机视图

状态图描述类的对象所有可能的状态以及事件发生时状态的转移条件，表示单个对象在其生命周期中的行为。通常，状态图是对类图的补充。在实用上并不需要为所有的类画状态图，仅为那些有多个状态其行为受外界环境的影响并且发生改变的类画状态图。

状态机视图是通过对类的对象的生存周期建立模型，来描述对象随着时间变化的动态行为。所有对象都具有状态，状态是对象执行了一系列活动的结果。状态机由对象的各个状态和连接这些状态的转换组成。每个状态对一个对象在其生命周期中满足某种条件的一个时间段建模。当一个事件发生时，它会触发状态间的转换，导致对象从一种状态转化到另一种新的状态。事件是对象可以追踪到的，存在一系列运动状态的变化。与转换相关的活动执行时，转换也同时发生。

通常一个状态机依附于一个类，描述一个类的实例对接收到事物做出的反应。状态机是一个对象的局部视图，一个将对象与其外部世界分离并独立考察其行为的图。图 9-9 表示了一个库存对象的状态机图。

状态是指在一段时间内存在的可识别的情况。状态建模符号包括初态、终态、中间状态、复合状态。初态是指状态图的起始点，一个状态图只能有一个初态；终态是指状态图的终点，终态可以有多个。

状态转换是指系统从一种状态到另一种状态的可能路径，在状态图中使用带箭头的连线表示。状态的变迁通常是由事件触发的，触发事件是刺激状态转换的瞬时事件，此时应在转移上标出触发转移的事件表达式；如果转移上未标明事件，则表示在源状态的内部活动执行完毕后自动触发转移。

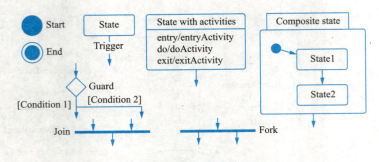

图9-9 状态机图的表示示例

9.5 活动视图

活动是对行为的规范，表示为通过更细粒度执行单元的执行流，描述执行算法的工作流程中涉及的活动及其顺序，展现从一个活动到另一个活动的控制流。活动图在本质上是一种流程图，着重表现从一个活动到另一个活动的控制流，是内部处理驱动的流程。

活动图的组成元素包括：活动状态（activity）、动作状态（actions）、动作状态约束（action constraints）、动作流（control flow）、开始节点（initial Node）、终止节点（final node）、对象（objects）、数据存储对象（data store）、对象流（object flows）、分支与合并（decision and merge nodes）、分叉与汇合（fork and join nodes）、泳道（partition）等。

动作状态是可执行功能的基本单元，它表示建模系统中的某些转换或处理，一个动作代表了你不想详细建模的行为——它是基本的或原子的。控制流是连接活动和动作（活动节点）的一组线，表示从一个节点到另一个节点的控制流。控制节点用于协调活动中的流，包括初始节点、分支/连接节点、决策/合并节点、活动结束节点、流终止节点。

活动图描述了一组顺序的或并发的活动，表示了对象活动的顺序关系所遵循的规则，它着重表现的是系统的行为，而非系统的处理过程。一个活动图的表示示例如图9-10所示。

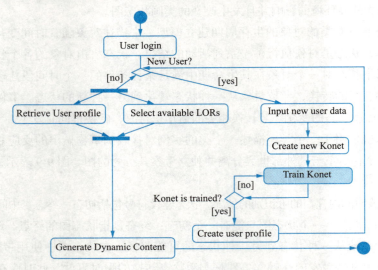

图9-10 活动图的表示示例

9.6 交互视图

交互视图用来描述对象之间的动态协作关系以及协作过程中的行为次序，常用来描述一个用例的行为，显示该用例中所涉及的对象和这些对象之间的消息传递情况。UML 的交互视图主要用两种图来表示：顺序图和协作图，它们各有不同的侧重点。在 UML2.0 里，交互式图有顺序图、通信图（协作图）、交互概览图和一个可选的时序图。顺序图是参与者之间为完成系统的行为目标而进行交互的面向时间的视图；通信图是协作中角色之间的消息传递的结构视图，取自于协作图的 UML1 概念，或者复合结构中的部件；交互概览图是组合成逻辑序列的交互集的高级视图，包括在交互之间导航的流控制逻辑。

顺序图是描述对象是怎么交互的，表示了对象之间传送消息的时间顺序。顺序图存在两个轴：水平轴表示不同的对象，垂直轴表示时间。在顺序图中，每一个角色 / 对象用一个带有垂直虚线的矩形框表示，在矩形框内标有对象名和类名，垂直虚线称为对象的生命线，代表整个交互过程中对象的生命期，生命线之间的箭头连线代表消息。顺序图的一个用途是用来表示用例中的行为顺序，当执行一个用例行为时，顺序图中的每条消息对应了一个类操作或状态机中引起转换的触发事件。一个顺序图的表示示例如图 9-11 所示。

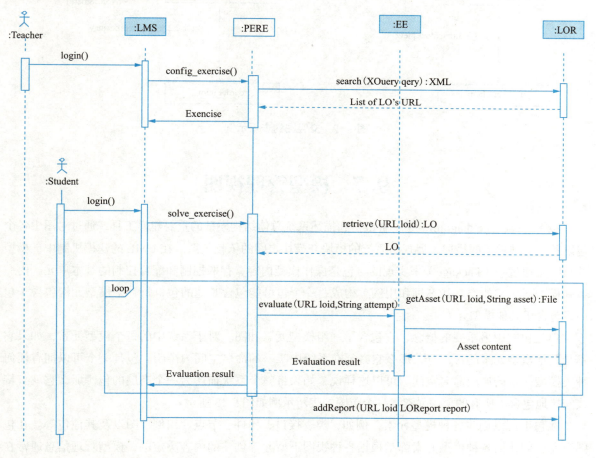

图9-11　顺序图的表示示例

协作图对在一次交互中有意义的对象和对象间的链建模，用来描述对象之间的动态协作关系以及协作过程中的行为次序，常常用来描述一个用例的行为。协作图描述了一个对象协作关系中的一个链，用几何排列来表示交互作用中的各角色，附在角色上的箭头代表消息，消息的发生顺序用消息箭头处的编号来说明。协作图的一个用途是表示一个类操作的实现，消息编号对应了程序中嵌套调用结构和信号传递过程。一个交互图的表示示例如图 9-12 所示。

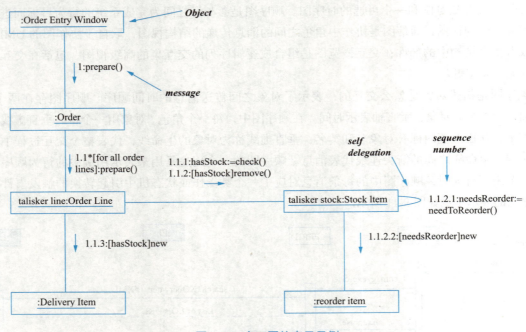

图9-12　交互图的表示示例

9.7　模型管理视图

包图（package diagram）是一种维护和描述系统总体结构模型的重要建模工具，通过对图中各个包以及包之间关系的描述，展现出系统的模块与模块之间的依赖关系。在 UML 的建模机制中，模型的组织是通过包（Package）来实现的。包是操作模型内容、存取控制和配置控制的基本单元，由一系列模型元素（如类、状态机和用例）构成，一个包可能包含其他的包，每一个模型元素包含于包中或包含于其他模型元素中。

包是包图中最重要的概念，它包含了一组模型元素和图。对于系统中的每个模型元素，如果它不是其他模型元素的一部分，那么它必须在系统中唯一的命名空间内声明。包是一个可以拥有任何种类模型元素的通用命名空间。可以这样说，如果将整个系统描述为一个高层的包，那么它就直接或间接地包含了所有的模型元素。一个包图的表示示例如图 9-13 所示。

在包下可以创建各种模型元素，例如，类、接口、构件、节点、用例、图以及其他包等。在包图下允许创建的各种模型元素都是根据各种视图下所允许创建的内容决定的，模型管理信息通常在类图中表达。

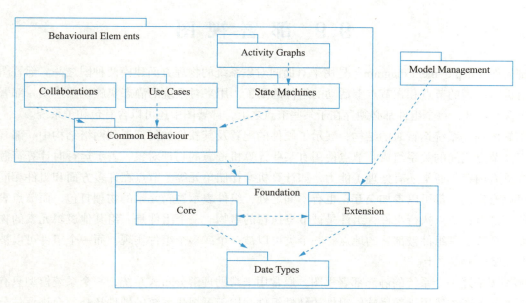

图9-13 包图的表示示例

9.8 实现视图

前面介绍的视图模型按照逻辑观点对应用领域中的概念建模，物理视图对应用自身的实现结构建模，例如，系统的组件组织和建立在运行节点上的配置，提供了将系统中的类映射成物理组件和节点的机制。物理视图有两种：实现视图和部署视图。

实现视图用组件图来建模，组件图为系统的组件建立模型（组件即构造应用的软件单元），在宏观层面上显示了构成系统某一个特定方面的实现结构。组件图中主要包含组件、接口和关系三种元素，通过这些元素描述了系统的各个组件及之间的依赖关系、组件的接口及调用关系。

组件是封装系统内容的模块化部分，其表现形式在其环境中是可替换的。组件根据提供的和需要的接口定义其行为。组件表示的是物理模块，与类处于不同的抽象级别，类表示逻辑抽象，而组件表示存在于计算机世界中的物理抽象。一般情况下，组件仅拥有只能通过其接口访问的操作。

接口是一个用来描述一个类或一个组件所提供的服务的操作集合。组件和接口的关系是很重要的，几乎所有流行的基于组件的操作系统辅助工具都以接口作为把组件联编在一起的黏合剂。

组件图显示了软组件及它们之间的依赖关系，用组件图可以对系统静态实现视图进行建模。组件图是顶点和弧的集合，通常包括组件、接口和依赖、泛化等关系，组件图中也可以包括包或子系统。在图形上，组件显示为带有关键字"component"的矩形。可选地，在右上角可以显示一个组件图标。这个图标是一个小矩形，从它的左边伸出两个较小的矩形。组件的名称（作为类型）放在外部矩形内。一个组件图的表示示例如图9-14所示。

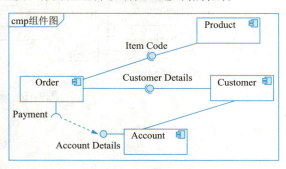

图9-14 组件图的表示示例

9.9 部署视图

部署图(deployment diagram)是用来对面向对象系统的物理方面建模两种图之一。部署图显示运行时进行处理的节点和在节点上活动的组件的配置,用来对系统的静态实施视图建模。部署图中也可以含有组件,每个组件都必须存在于某些节点之上,部署图中还可以含有包和子系统。

部署图描述系统运行时的结构,展示了硬件的配置及其软件如何部署到网络结构中。部署图由节点以及节点之间的关系组成。节点使用有某些计算机资源的物理对象,表示运行时计算资源,通常至少具有内存(通常还有处理)能力,如计算机、存储单元等。节点在许多方面和组件相同,比如都可以有实例、都可以参加交互;也有不同之处,组件表示逻辑元素的物理打包,而节点表示组件的物理部署;节点执行组件,组件是被节点执行的事物。一个组件是一组其他逻辑元素的物化实现,而一个节点是组件被部署的地点。一个类可以被一个或多个组件实现,而一个组件可以被部署在一个或多个节点之上。

部署图描述一个系统的静态部署视图,通常用来帮助理解分布式系统,一个系统模型只有一个部署图。部署图描述用于部署软件组件的硬件组件,用于可视化系统的硬件拓扑,允许评估分配结果和资源分配。一个部署图的表示示例如图9-15所示。

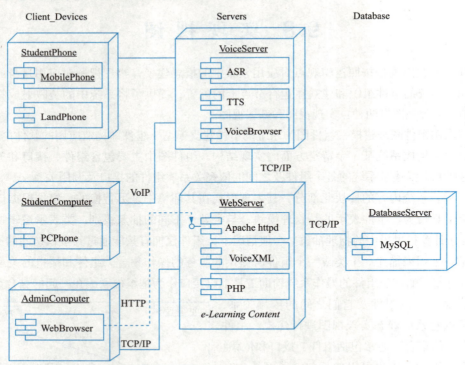

图9-15 部署图的表示示例

小　结

本章简要介绍了 UML 提供的用于建模的可视化模型图，包括类图、用例图、构件图、部署图、状态机图、活动图、顺序图、协作图等，由于类图是面向对象方法的核心模型，贯穿于软件系统的整个生命周期，本章着重介绍了 UML 类图模型。

思考与练习

1. 哪种类型的图是在特定时间点上建模系统结构的完整视图或部分视图的快照？
2. 哪个类关系涉及一个类共享一个或多个类的结构和/或行为？
3. 阅读以下系统的需求描述：

宠物商店（petStore）是一个集客户购物、订单处理、销售统计等功能于一体的电子商务网站。以下是简要的功能需求：

- 客户分为匿名客户和注册客户，对于注册客户以会员方式管理，登记并管理其个人信息，根据其消费积分分为金牌会员、银牌会员、普通会员，以享受不同程度的优惠。
- 通过浏览器，匿名客户可以查询宠物；创建账户并登录后才能够使用购物车、创建订单、提交订单、通过信用卡支付等购物活动。每个客户可以同时拥有多个订单，但只能有一个购物车，订单基于购物车内的商品创建。
- 宠物商店的工作人员能够接受或拒绝客户提交的订单、处理订单、发订单给供应商、接受供应商返回的配送结果；还能够统计销售情况。
- 注册客户可以随时查询其订单状态，当订单尚未处理时，可以取消订单；订单一旦开始处理，不允许客户取消。

要求：
（1）使用 UML 用例图表达以上需求。
（2）画出订单对象的状态图。

第10章 面向对象设计原则

可维护性和可复用性是一个高质量软件系统所应具备的最重要的特性，软件的复用或重用拥有众多优点，可以提高软件的开发效率，提高软件质量，节约开发成本，恰当的复用还可以改善系统的可维护性。在主流的软件开发方法中，实现支持可维护性的高质量设计的复用都是以面向对象设计原则为基础的，这些设计原则都是复用的、可维护性的原则，本章首先介绍设计原则的目标，然后结合示例详细讲解最有影响力的若干个面向对象设计原则，这些设计原则是比设计模式更为普适的开发原则，理解和掌握这些设计原则既有助于设计出良好质量的软件结构，也有助于对面向对象设计模式的理解。

本章知识导图

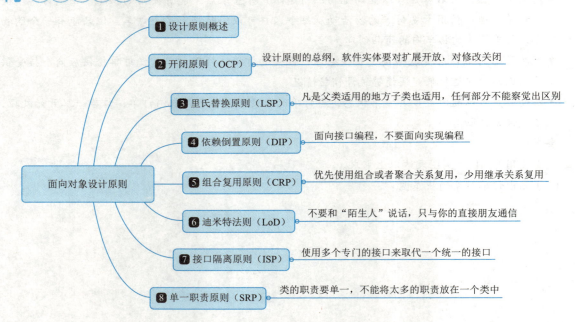

学习目标

- **了解**：了解软件质量（可维护性、可扩展性、可复用性）和良好设计（组件化、松耦合）的相关性，好的系统设计应该具备哪些性质。
- **理解**：理解开闭原则、里氏替换原则、依赖倒置原则、组合复用原则、接口隔离原则、迪米特法则、单一职责原则的内涵。

- **分析**：基于设计需求和未来可能的变化，运用合适的设计原则进行软件设计的实践经验。
- **应用**：将面向对象设计原则应用于相关实践题目的系统分析和设计之中。
- **养成**：工程型软件人才所必备的、能够进行高质量软件设计的"核心素养"。

10.1 设计原则概述

在软件系统的开发中，需求的变更是无法避免的，软件系统最大的特点和难点是对不断变化需求的适应，同时软件自身也必须不断演化完善，高质量软件要求其设计应是可维护的、可复用的，这也是软件质量最重要的特征。软件系统如何能实现拥抱变化，达到良好的可维护性（maintainability）和可复用性（reusability），这是一代代软件工程研究者和工程师不断追寻的目标。

10.1.1 影响软件可维护性的因素

知名软件大师 Robert C.Martin 认为，一个可维护性较低的软件设计，通常由于如下 4 个原因导致：

1. **过于僵硬**（rigidity）

在系统中新增一个功能，会变得非常复杂，涉及到很多模块的调整，这就是系统僵硬的体现。

2. **过于脆弱**（fragility）

对程序中某一个地方的修改，导致看上去没有什么关系的其他地方产生了影响，修改的同时，没有人能预测改动会给系统带来什么风险。

3. **复用率低**（immobility）

想使用软件中已有的设计、一段代码、函数、模块时，这些已有的代码总是依赖一大堆其他的东西，很难将它们独立出来使用。

4. **黏度过高**（viscosity）

如果一个系统设计，不能简单地复用一个类或者通过接口来实现扩展，想扩展一个系统功能，必须破坏原始架构，就是黏度过高。

既然软件产品生命周期内的变化是一个不可避免的事实，就应该在设计时尽量适应这些变化，以提高系统的稳定性和灵活性，实现"拥抱变化"。软件工程和建模大师 Peter Coad 认为，一个好的系统设计应该具备如下的性质：

（1）可扩展性（extensibility），可以很容易地在系统中加入一个新的功能，而不影响已经编译完成的组件。

（2）灵活性（flexibility），可以很容易地实现对某个代码的修改，而不必担心对其他模块产生影响。

（3）可插入性（pluggability），可以很容易地将一个类抽出去复用，或者将另一个有同样功能的接口的类加入到系统里。

10.1.2 面向对象设计原则概览

在主流的软件开发方法中，实现支持高质量设计的复用都是以面向对象设计原则为基础的，这些设计原则都是复用的、可维护性的原则，常用的设计原则如下表所示，这些设计原则都是以可维护性和可复用性为基础的,这些原则并不是孤立存在的,它们相互依赖相互补充,遵循这些设计原则可以有效地提高系统的复用性,同时提高系统的可维护性。常用的面向对象的设计原则见表10-1。

表10-1 常用的面向对象设计原则

设计原则名称	设计原则简介
开闭原则(open-closed principle, OCP)	软件实体对扩展是开放的,但对修改是关闭的,即在不修改一个软件实体的基础上去扩展其功能
里氏替换原则(liskov substitution principle, LSP)	在软件系统中,一个可以接受基类对象的地方必然可以接受一个子类对象
依赖倒置原则(dependency inversion principle, DIP)	要针对抽象层编程,而不要针对具体类编程
组合复用原则(composite reuse principle, CRP)	在系统中应该尽量多使用组合和聚合关联关系,尽量少使用甚至不使用继承关系
接口隔离原则(interface segregation principle, ISP)	使用多个专门的接口来取代一个统一的接口
迪米特法则(law of demeter, LoD)	一个软件实体对其他实体的引用越少越好
单一职责原则(single responsibility principle, SRP)	类的职责要单一,不能将太多职责放在一个类中

按照敏捷方法的观点,软件开发是一个渐进、迭代的过程,为保证软件系统的可维护性和可复用性,面向对象设计原则和设计模式是对系统进行合理重构的指南针。

【重构(refactoring)】
重构是指在不改变软件现有功能的基础上,通过调整软件设计和程序代码,用以改善软件的质量、性能,使其程序的设计模式和架构更趋合理,从而提高软件的扩展性和维护性。

10.2 开闭原则

开闭原则是最基础的设计原则,其他的设计原则都是开闭原则的具体形态,也就是说其他设计原则是指导设计的工具和方法,而开闭原则是设计纲领。

10.2.1 什么是开闭原则

开闭原则(open-closed principle,OCP)是指软件组成实体应该是可扩展的,但是不可修改的(software entities should be open for extension, But closed for modification)。这里的软件实体可以指组成软件的任何具体形式,包括:软件产品中按照一定的逻辑规则划分的组件或模块、类与接口、方法等。

什么是"扩展"?以 Java 语言为例,实现接口(implements someInterface)、继承父类(extends superclass),甚至重载方法(overload),都可以称作是"扩展"。

什么是"修改"?在 Java 中,凡是会导致一个类重新编译、生成不同的 class 文件的操作,都是对这个类的修改。在实践中，只有改变了业务逻辑的修改，才会归入开闭原则所说的"修改"之中。

开闭原则是对象技术大师 Bertrand Meyer 在 1988 年的著作《面向对象软件构造》(*Object Oriented Software Construction*) 中提出的，开闭原则认为应该试图去设计出永远也不需要改变的模块。

满足开闭原则的设计给系统带来两个无可比拟的优越性：

（1）通过扩展已有的软件系统，可以提供新的行为，以满足对软件的新需求，使变化中的软件系统有一定的适应性和灵活性。

（2）已有的软件模块，特别是最重要的抽象层模块不能再修改，这就使变化中的软件系统有一定的稳定性和延续性。

在面向对象方法中，开闭原则就是不允许更改系统的抽象层，而允许扩展的是系统的实现层。其关键在于设计的抽象化，给系统定义一个一劳永逸、不再更改的抽象设计，此设计允许有无穷无尽的行为在实现层被实现，在抽象层预见所有可能的扩展。

10.2.2 开闭原则解析

开闭原则告诉我们应尽量通过扩展软件实体的行为来实现变化，而不是通过修改现有代码来完成变化，它是为软件实体的未来事件而制定的对现行开发设计进行约束的一个原则。

1. 开闭原则的作用

开闭原则使软件实体拥有良好的适应性和灵活性，同时具备稳定性和延续性。具体来说，其作用包括：

（1）提高软件的可维护性。遵守开闭原则的软件，其稳定性高和延续性强，对于需求变化具有良好的适应性和灵活性，从而易于扩展和维护。

（2）提高代码的可复用性。软件组件划分越合理、粒度越小，被复用的可能性就越大，在面向对象的程序设计中，根据原子和抽象编程可以提高代码的可复用性。

（3）提高软件测试的效率。软件遵守开闭原则的话，测试时只需要对扩展的代码进行测试就可以了，由于已发布的部分不受修改的影响，避免了回归测试的大量工作。

2. 开闭原则的实现方法

可以通过"抽象约束、封装变化"来实现开闭原则，即通过接口或者抽象类为软件实体定义一个相对稳定的抽象层，而将相同的可变因素封装在相同的具体实现类中，其包含三层含义：

（1）通过接口或抽象类约束扩散，对扩展进行边界限定，不允许出现在接口或抽象类中不存在的 public 方法。

（2）参数类型，引用对象尽量使用接口或抽象类，而不是实现类，这主要是实现里氏替换原则的一个要求。

（3）抽象层尽量保持稳定，一旦确定就不要修改。

3. 开闭原则的实践步骤

要把开闭原则运用到开发实践中，可以采用四个基本步骤：

（1）首先，我们要做出"开闭计划"，也就是判断我们的代码中，哪些地方会发生变化、会发生什么样的变化。因为"开闭计划"预见未来变化非常困难，所以敏捷开发模式提出了"简单设计"的思想，类似互联网开发中的"快速试错"提倡不对未来做过多预测、也不根据这些预测做过多设计。

（2）然后，根据"开闭计划"，把不会改变的代码严密地封装起来；并根据可能发生的变化以及发生变化的方式，在代码中预留好扩展点。对变化封装包含两层含义：一是将相同的变化封装到一个接口或抽象类中，二是将不同的变化封装到不同的接口或抽象类中，不应该有两个不同的变化出现在同一个接口或抽象类中。封装变化，找出预计有变化或不稳定的点，为这些变化点创建稳定的接口。

（3）其次，合理地运用预留的扩展点来实现业务需求或者重构优化。

（4）最后，必要时根据实际情况去调整当初设计的扩展点，即"重构"。

因为抽象灵活性好、适应性广，只要抽象的合理，可以基本保持软件架构的稳定。而软件中易变的细节可以从抽象派生来的实现类来进行扩展，当软件需要发生变化时，只需要根据需求重新派生一个实现类来扩展就可以了。

10.2.3 开闭原则的示例

1. 图形绘图设计示例

设计需求：一个绘图系统的绘制模块，需要绘制饼图、直方图、折线图等各种图形，每种图形的绘制方法都不相同，设计方案要能够根据需要轻松地增加新的图形。

问题分析：因为会不断出现新的图形，要求所有新出现的图形能够被程序识别并加载，因此通过扩展新类的方法实现，不改变任何已经部署的代码，要求绘图系统的设计遵循开闭原则。

解决方案：所有的图形具有共同的特点，因此可以为其定义一个抽象类（abstract subject），而每个具体的图形（specific subject）作为其子类。可以根据需要选择或者增加新的图形对象，新增图形类不需要修改原代码，所以是满足开闭原则的，其类图如图10-1所示。

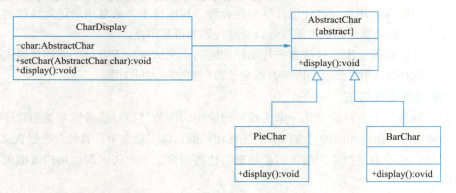

图10-1 绘图系统类图设计

要核心代码如下：

```
public class Ocp {
    public static void main(String[] args) {
        GraphicEditor graphicEditor = new GraphicEditor();
        graphicEditor.drawShape(new Rectangle());
        graphicEditor.drawShape(new Circle());
        graphicEditor.drawShape(new Triangle());
    }
```

```
}
// 这是一个用于绘图的类 [使用方]
class GraphicEditor {
    // 接收 Shape 对象，调用 draw() 方法
    public void drawShape(Shape s) { s.draw(); }}
// Shape 类，基类
abstract class Shape {
    int m_type;
    public abstract void draw();// 抽象方法
}
class Rectangle extends Shape { Rectangle() { super.m_type = 1; }
    @Override
    public void draw() { System.out.println(" 绘制矩形 "); }
}
class Circle extends Shape { Circle() { super.m_type = 2; }
    @Override
    public void draw() { System.out.println(" 绘制圆形 "); }
}
// 新增画三角形
class Triangle extends Shape { Triangle() { super.m_type = 3; }
    @Override
    public void draw() { System.out.println(" 绘制三角形 "); }
}
```

2. 赛车引擎的设计示例

国际汽联规定，某个赛季一辆 F1 赛车有一台 V10 引擎。然而，到了下一个赛季，规则改为一辆 F1 赛车只能安装一台 V8 引擎。于是，车队很快投入新赛车的研发，却从工程师那里得到消息，旧车身的设计不能够装进新研发的引擎。车队不得不为新的引擎重新打造车身，于是一辆新的赛车诞生了。但是，麻烦的事接踵而来，国际汽联频频修改规则，搞得设计师在"赛车"上改了又改，最终变得不成样子，只能把它废弃。

原有的设计是这样的，如图 10-2 所示。

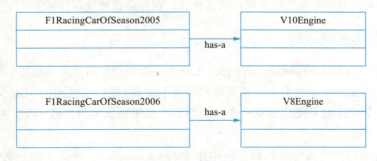

图10-2 初始的赛车及其引擎设计

现在需要利用开闭原则进行重构，工程师们提出了解决方案：

首先，在车身的设计上预留出安装引擎的位置和管线；

然后，根据这些设计好的规范设计引擎（或是引擎的适配器）；

最后，新的赛车设计方案就这样诞生了，如图10-3所示。如果新赛季的规则继续修改，只需要扩展新的引擎类，并复用或扩展赛车类即可，使得"赛车"、"引擎"两个"变化点"分别实现了封装，并且独立变化，不需改动已有的任何代码，符合开闭原则。

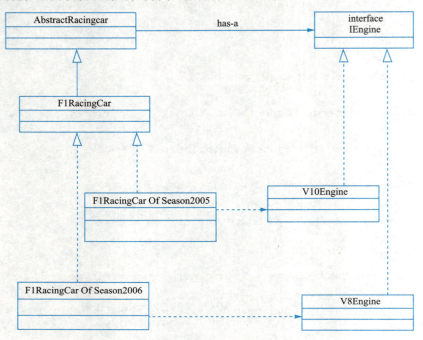

图10-3　符合开闭原则的赛车及其引擎设计

10.3　里氏替换原则

继承是面向对象的最重要的特征之一，但是面向对象技术的初学者很容易犯过度使用继承的错误，里氏替换原则是一个非常重要的设计原则，给出了如何正确使用继承的最有价值的指导。如果违反了里氏替换原则，不只是降低软件设计的优雅性，很可能会导致设计缺陷。

10.3.1　什么是里氏替换原则

里氏替换原则（liskov substitution principle，LSP）是指使用指向基类（超类）的引用的函数，必须能够在不知道具体派生类（子类）对象类型的情况下使用它们。就是说，凡是父类适用的地方子类应当也适用，一个软件如果使用的是一个父类的话，如果把该父类换成子类，它不能察觉出父类对象和子类对象的区别。

里氏替换原则最初由美国计算机科学科学家 Barbara Liskov 在 1987 年的一次学术会议中提出，而真正正式发表是在 1994 年，Barbara Liskov 和 Jeannette Wing 发表的学术论文 *A behavioral notion of subtyping*，论文中的表述具有相同的含义：如果 S 是 T 的子类型，对于 S 类型的任意对象，如果将他们看作是 T 类型的对象，则对象的行为也理应与期望的行为一致。

10.3.2 里氏替换原则解析

里氏替换原则认为,凡是父类适用的地方子类也适用,构成软件的任何部分不能察觉出父类对象和子类对象的区别,继承只有满足里氏代换原则才是合理的。

1. 继承的弊端

正如前面章节所讲,继承作为面向对象技术最重要的特性之一,在给程序设计带来巨大便利的同时,也带来了弊端。例如:

(1)继承是侵入性的。只要继承,就必须拥有父类的所有属性和方法。

(2)降低代码的灵活性。子类必须拥有父类的属性和方法,让子类自由的世界中多了些约束。

(3)增强了耦合性。当父类的常量、变量和方法被修改时,必须要考虑子类的修改,而且在缺乏规范的环境下,这种修改可能带来非常糟糕的结果——大片的代码需要重构。

里氏替换原则就是指导在软件设计中,利用继承的优势,同时避免产生继承带来的弊端。

2. 如何理解里氏替换原则

里氏替换原则告诉我们,在软件中将一个基类对象替换成它的子类对象,程序应该不会产生任何错误和异常,反过来则不成立。里氏替换原则的表述比较抽象,要理解里氏替换原则,其实就是要理解两个问题:什么是替换、什么是与期望行为一致的替换,以下分别讲解。

(1)什么是替换?替换的前提是面向对象语言所支持的多态特性,同一个行为具有多个不同表现形式或形态的能力。以 JDK 的集合框架为例,List 接口的定义为有序集合,List 接口有多个派生类,比如大家耳熟能详的 ArrayList、LinkedList。那当某个方法的形式参数是 List 接口类型时,实际参数既可以是 ArrayList 的实现,也可以是 LinkedList 的实现,这就是替换。

举个简单的例子:

```
public String getFirst(List<String> values) {
    return values.get(0);
}
```

对于 getFirst() 方法,接受一个 List 接口类型的参数,那既可以传递一个 ArrayList 类型的参数:

```
List<String> values = new ArrayList<>();
values.add("a");
values.add("b");
String firstValue = getFirst(values);
```

又可以接收一个 LinkedList 参数:

```
List<String> values = new LinkedList<>();
values.add("a");
values.add("b");
String firstValue = getFirst(values);
```

(2)什么是与期望行为一致的替换?在不了解派生类的情况下,仅通过接口或基类的方法,即可清楚地知道方法的行为,而不管哪种派生类的实现,都与接口或基类方法的期望行为一致。或者说接口或基类的方法是一种契约,使用方按照这个契约来使用,派生类也按照这个契约来实现。这就是与期望行为一致的替换。

继续以上节中的例子说明：

```
public String getFirst(List<String> values) {
    return values.get(0);
}
```

对于 getFirst() 方法，接收 List 类型的参数，而 List 类型的 get() 方法返回特定位置的元素，对于本例即为第一个元素。这些是不依赖派生类的知识的。因此不管是 ArrayList 类型的实现，还是 LinkedList 的实现，getFirst() 方法最终的返回值是一样的。这就是与期望行为一致的替换。

3. 如何避免违反里氏代换原则

（1）违反里氏替换原则的场景。

一个非常明显地违背里氏替换原则的示例就是使用 RTTI（run time type identification）来根据对象类型选择函数执行。

```
void DrawShape(const Shape& s)
{
    if (typeid(s) == typeid(Square))
        DrawSquare(static_cast<Square&>(s));
    else if (typeid(s) == typeid(Circle))
        DrawCircle(static_cast<Circle&>(s));
}
```

显然 DrawShape() 函数的设计存在很多问题，它必须知道所有 Shape 基类的衍生子类，并且当有新的子类被创建时就必须修改这个函数。事实上，很多人看到这个函数的结构都认为是在诅咒面向对象设计。

事实上，很多情况下对里氏替换原则的违背方式都十分微妙。我们从直观上觉得派生类对象可以在替换其基类对象是理所当然的，但会出现一些场景有意无意地违反了里氏替换原则。

例如，子类中抛出了基类未定义的异常。以 JDK 的集合框架为例，如果自定义一个 List 的派生类，如下：

```
class CustomList<T> extends ArrayList<T> {
    @Override
    public T get(int index) {
        throw new UnsupportedOperationException();
    }
}
```

ArrayList 的子类 CustomList 仅重写 get() 方法，抛出一个异常 UnsupportedOperationException，但是这违反了基类中定义的行为，因为 List 接口关于 get() 方法的描述，仅会抛出 IndexOutOfBoundsException，抛出 UnsupportedOperationException 的行为并不是基类所期望的，即违反了里氏替换原则。

JDK 集合框架中 List 接口对 get 行为的定义：

```
/**
 * Returns the element at the specified position in this list.
 *
```

```
     * @param index index of the element to return
     * @return the element at the specified position in this list
     * @throws IndexOutOfBoundsException if the index is out of range
     *         ({@code index < 0 || index >= size()})
     */
    E get(int index);
```

另一个违反里氏替换原则的情况是子类改变了基类方法的语义或引入了副作用。例如，自定义另一个 List 的派生类，代码如下：

```
class CustomList<T> extends ArrayList<T> {
    @Override
    public T get(int index) {
        if (index >= size()){
            return null;
        }
        return get(index);
    }
}
```

ArrayList 的子类 CustomList 仅重写了 get() 方法，当输入 index 大于当前 list 的 size 时，返回 null，而不是抛出 IndexOutOfBoundsException；但是，List 接口关于 get() 方法的描述是：当 index 超出范围时，应抛出 IndexOutOfBoundsException，因此这一继承的实现改变了基类方法的语义，即违反了里氏替换原则。

（2）违反里氏替换原则的危害。

违反了里氏替换原则会带来有一些软件设计方面的危害：

① 反直觉。期望所有子类行为是一致的，但如果不一致可能需要文档记录，或者在运行失败后仔细查找原因。

② 不可读。如果子类与基类的行为不一致，可能需要不同的逻辑分支来适配不同的行为，增加了代码的复杂度。

③ 不可用。可能出错的地方终将会出错。

（3）如何避免违反里氏替换原则。

里氏替换原则清楚地表明了 Is-A 继承关系全部都是与行为有关的，使用继承时，一定要基于里氏替换原则的定义，使得子类和基类的所有行为严格保持一致，才能进行替换。

为了保持里氏替换原则，所有子类必须符合使用基类的 client 所期望的行为。一个子类型不得具有比基类型更多的限制，可能这对于基类型来说是合法的，但是可能会因为违背子类型的其中一个额外限制，从而违背了里氏替换原则，这个将通过下一小节的例子进行说明。

基于行为设计。软件组件的设计应该从行为出发，在做抽象或设计时，不只是要从模型概念出发，还要从行为出发，比如下一小节将讲述的一个经典的例子，正方形和长方形，从现实的概念中正方形是一个长方形，但是在计算其面积的行为上是不一致的。

基于契约设计。这个契约即是基类的方法签名、功能描述、参数类型、返回值等。在派生类的实现时，时刻保持派生类与基类的契约不被破坏。

> **【契约式设计（design by contract）】**
> 契约式设计是指在设计程序时明确地规定一个模块单元在调用某个操作前后应当属于何种状态。Bertrand Meyer 在 1988 年阐述了 LSP 原则与契约式设计之间的关系。使用契约式设计，类中的方法需要声明前置条件和后置条件。前置条件为真，则方法才能被执行。而在方法调用完成之前，方法本身将确保后置条件也成立。

里氏替换原则是实现开闭原则的重要方式之一，由于使用基类对象的地方都可以使用子类对象，因此在程序中尽量使用基类类型来对对象进行定义，而在运行时再确定其子类类型，用子类对象来替换父类对象。

10.3.3 里氏替换原则设计案例

1. 正方形是不是长方形，圆是不是椭圆

在数学意义上，一个圆是也是椭圆，一个正方形也是一个矩形，即符合 is-a 的语义，因此可以把椭圆、矩形看作基类，把圆、正方形作为子类进行设计。子类继承设计如图 10-4 所示。

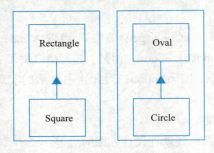

图10-4 子类继承的设计

以 C++ 代码为例，基类 Rectangle 的实现：

```
public class Rectangle
  {
    private double _width;
    private double _height;
    public void SetWidth(double w) { _width = w; }
    public void SetHeight(double w) { _height = w; }
    public double GetWidth() { return _width; }
    public double GetHeight() { return _height; }
  }
```

下面是子类 Square 的实现，从基类 Rectangle 派生，是基于"正方形是矩形"的判定，Square 类将继承 SetWidth() 和 SetHeight() 方法，这些方法对于 Square 来说是不适当的，因为一个正方形只有一个边长属性，并没有"长"和"宽"的概念，因此我们可以重置 SetWidth() 和 SetHeight() 方法，这样无论何时设置 Square 对象的 Width，Height 也会相应跟着变化，而当设置 Height 时，Width 也同样会改变。这样，Square 看起来很完美了，Square 对象仍然是一个数学意义上合理的正方形。

```
public class Square: Rectangle
  {
    public void SetWidth(double w)
    {
      base.SetWidth(w);
      base.SetHeight(w);
    }
    public void SetHeight(double w)
    {
      base.SetWidth(w);
      base.SetHeight(w);
    }
  }
```

现在我们看下面这个客户端方法：

```
void f(Rectangle r)
{
   r.SetWidth(32); // calls Rectangle::SetWidth
}
```

如果传递一个 Square 对象的引用到这个方法中（这是允许的，因为符合面向对象中的替换原则），但是 Square 对象将被损坏，因为它的 Height 将不会被更改。这里明确地违背了 LSP 原则，此函数在衍生对象为参数的条件下无法正常工作。而失败的原因是因为在父类 Rectangle 中没有将 SetWidth 和 SetHeight 设置为 virtual() 函数。

这个问题很容易解决。但尽管这样，当创建一个衍生类将导致对父类做出修改，通常意味着这个设计是有缺陷的，具体地说就是违背了 OCP 原则。可能真正地设计瑕疵是忘记了将 SetWidth 和 SetHeight 设置为 virtual() 函数，而且已经修正了这个问题。但是，其实也很难自圆其说，无论是何种原因将它们设置为 virtual，都将无法预期 Square 的存在。

假设将 SetWidth 和 SetHeight 设置为 virtual，解决了这个问题，最终得到下面这段代码：

```
public class Rectangle
{
   private double _width;
   private double _height;
   public virtual void SetWidth(double w) { _width = w; }
   public virtual void SetHeight(double w) { _height = w; }
   public double GetWidth() { return _width; }
   public double GetHeight() { return _height; }
}

public class Square : Rectangle
{
    public override void SetWidth(double w)
```

```
        {
            base.SetWidth(w);
            base.SetHeight(w);
        }
        public override void SetHeight(double w)
        {
            base.SetWidth(w);
            base.SetHeight(w);
        }
    }
```

此时此刻有了两个类 Square 和 Rectangle，而且看起来可以很好地工作，无论对 Square 做什么，都可以保持与数学中的正方形定义一致，而且也不管对 Rectangle 对象做什么，它也符合数学中长方形的定义。并且当传递一个 Square 对象到一个可以接收 Rectangle 指针或引用的函数中时，Square 仍然可以保证正方形的一致性。

既然这样，这个模型是正确的吗？并非如此，一个自洽的模型不一定对它的所有用户都保持一致。试想下面这个方法调用：

```
void g(Rectangle r)
{
    r.SetWidth(5);
    r.SetHeight(4);
    Assert.AreEqual(r.GetWidth() * r.GetHeight(), 20);
}
```

这个函数调用了 SetWidth() 和 SetHeight() 方法，并且认为这些函数都是属于同一个 Rectangle。这个函数对 Rectangle 是可以工作的，但是如果传递一个 Square 对象作为参数进去则会发生断言错误。

所以这才是真正的问题所在：写这个函数的程序员是否完全可以假设更改一个 Rectangle 的 Width 将不会改变 Height 的值？

很显然，写这个函数的程序员做了一个非常合理的假设，即改变 Rectangle 的宽而保持它的高不变。而传递一个 Square 对象到这样的函数中才会引发问题。同样，那些已存在的接收 Rectangle 对象指针或引用的函数也同样是不能对 Square 对象正常操作的。这些函数揭示了对 LSP 原则的违背。此外，Square 从 Rectangle 衍生也破坏了这些函数，所以也违背了 OCP 原则。

那么到底发生了什么？为什么看起来很合理的 Square 和 Rectangle 模型变坏了呢？难道说一个 Square 是一个 Rectangle 不对吗？Is-A 的关系不存在吗？并非如此，一个数学意义上的正方形可以是一个矩形，但是一个 Square 对象不是一个 Rectangle 对象，因为一个 Square 对象的行为与一个 Rectangle 对象的行为是不一致的。从行为的角度来看，一个 Square 不是一个 Rectangle，一个 Square 对象与一个 Rectangle 对象之间不具有多态的特征。而软件设计真正关注的应该是行为（behavior）。

里氏替换原则使我们了解了面向对象设计中 Is-A 关系是与行为有关的，是使用者依赖的行为。例如，上述函数的作者依赖了一个基本事实，那就是 Rectangle 的 Width 和 Height 彼此之间的变化是无依赖关系的，这种无依赖的关系就是一种外在的行为，并且其他程序员也会这么想。因此，为了仍然遵守里氏替换原则，并同时符合开闭原则，所有的衍生类必须符合使用者所期待的基类的行为。

2. 鸵鸟是不是鸟，企鹅是不是鸟

"鸵鸟非鸟"的另一个版本是"企鹅非鸟"，这两种说法本质上没有区别，前提条件都是这种"鸟"不会飞。生物学中对于鸟类的定义："恒温动物、卵生、全身披有羽毛、身体呈流线型、有角质的喙、眼在头的两侧、前肢退化成翼、后肢有鳞状外皮、有四趾"。所以，从生物学角度来看，鸵鸟肯定是一种鸟。

现在设计一个与鸟有关的系统，鸵鸟类顺理成章地由鸟类派生，鸟类所有的特性和行为都被鸵鸟类继承。大多数的鸟类在人们的印象中都是会飞的，所以，我们给鸟类设计了一个名字为 fly 的方法，还给出了与飞行相关的一些属性，比如飞行速度（velocity）。

鸟类 Bird：

```cpp
class Bird {
    double velocity;
    public :
        void fly() { // I am flying; };
        void setVelocity(double velocity) { this.velocity = velocity; };
        double  getVelocity() { return this.velocity; };
}
```

鸵鸟不会飞怎么办？那么就让它扇扇翅膀表示一下吧，在 fly() 方法里什么都不做。至于它的飞行速度，不会飞就只能设定为 0 了，于是就有了鸵鸟类的设计。

鸵鸟类 Ostrich：

```cpp
class Ostrich: public Bird {
    public fly() { // I do nothing; };
    public setVelocity(double velocity) { this.velocity = 0; };
    public getVelocity() { return 0; };
}
```

好了，所有的类设计完成，我们把类 Bird 提供给其他代码（客户端用户）使用。

现在，客户端用户使用 Bird 类完成这样一个需求：计算鸟飞越黄河所需的时间。对于 Bird 类的客户端用户而言，只看到了 Bird 类中有 fly 和 getVelocity 两个方法，至于里面的实现细节，他们不关心，而且也无须关心，于是给出了实现代码测试类 TestBird：

```cpp
class TestBird
{
    public:
        void calcFlyTime(Bird bird) {
            try{
                double riverWidth = 3000;
                cout.<<riverWidth / bird.getVelocity()<<endl;
            }
            catch(…){
                cout<<"An error occured!"<<endl ;   }
        };
}
```

如果用一种飞鸟对象来测试这段代码没有问题，并且结果正确、符合预期，系统输出了飞鸟飞越黄河所需要的时间；再拿鸵鸟对象来测试这段代码，结果代码发生了系统除零的异常，那么明显不符合我们的预期。

对于 TestBird 类而言，它只是 Bird 类的一个消费者，它在使用 Bird 类的时候，只需要根据 Bird 类提供的方法进行相应的使用，根本不会关心鸵鸟会不会飞的问题，而且也无须知道。它就是要按照"所需时间=黄河的宽度/鸟的飞行速度"的规则来计算鸟飞越黄河所需要的时间。

于是我们得出结论：在 calcFlyTime 方法中，Bird 类型的参数不能被 Ostrich 类型的参数所代替，如果进行了替换就得不到预期结果。因此，Ostrich 类和 Bird 类之间的继承关系违反了里氏替换原则，它们之间的继承关系不成立，鸵鸟不是鸟！

深层次原因分析：

"鸵鸟到底是不是鸟？"，鸵鸟是鸟也不是鸟！这个结论似乎是个悖论。产生这种混乱有两方面的原因：

原因一：对类的继承关系的定义没有搞清楚。面向对象的设计关注的是对象的行为，它是使用"行为"来对对象进行分类的，只有行为一致的对象才能抽象出一个类来。类的继承关系是一种"Is-A"关系，实际上指的是行为上的"Is-A"关系，可以把它描述为"Act-As"。

再回顾一下"正方形不是长方形"例子，正方形在设置长度和宽度这两个行为上，与长方形显然是不同的。长方形的行为：设置长方形的长度的时候，宽度保持不变，设置宽度的时候，长度保持不变。正方形的行为：设置正方形的长度的时候，宽度随之改变；设置宽度的时候，长度随之改变。所以，如果我们把这种行为加到基类长方形的时候，就导致了正方形无法继承这种行为。我们"强行"把正方形从长方形继承过来，就造成无法达到预期的结果。

"鸵鸟非鸟"基本上也是同样的道理。人们一讲到鸟，就认为它能飞，有的鸟确实能飞，但不是所有的鸟都能飞。问题就是出在这里。如果以"飞"的行为作为衡量"鸟"的标准的话，鸵鸟显然不是鸟；如果按照生物学的划分标准：有翅膀、有羽毛等特性作为衡量"鸟"的标准的话，鸵鸟理所当然就是鸟了。鸵鸟没有"飞"的行为，我们强行给它加上了这个行为，所以在面对"飞越黄河"的需求时，代码就会出现运行故障。

原因二：设计要依赖于系统责任和具体环境。继承关系要求子类要具有基类全部的行为：这里的行为是指落在需求边界范围内的行为。如图 10-5 所示，鸟类具有 4 个对外的行为：会飞、有羽毛、有翅膀、卵生，其中 2 个行为分别落在 A 和 B 系统需求中：

A 需求期望鸟类提供与飞翔有关的行为，即使鸵鸟跟普通的鸟在外观上就是 100% 的相像，但在 A 需求范围内，鸵鸟在飞翔这一点上跟其他普通的鸟是不一致的，它没有这个能力，所以，鸵鸟类无法从鸟类派生，鸵鸟不是鸟。

B 需求期望鸟类提供与羽毛有关的行为，那么鸵鸟在这一点上跟其他普通的鸟一致的。虽然它不会飞，但是这一点不在 B 需求范围内，所以它具备了鸟类全部的行为特征，鸵鸟类就能够从鸟类派生，鸵鸟就是鸟。

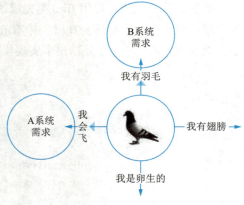

图10-5　系统需求和对象关系示意

因此，所有派生类的行为功能必须和使用者对其基类的期望保持一致，如果派生类达不到这一点，那么必然违反里氏替换原则。

在实际的开发过程中，不正确的派生关系是非常有害的。伴随着软件开发规模的扩大，参与的开发人员也越来越多，每个人都在使用别人提供的组件，也会为别人提供组件。每个开发人员在使用别人的组件时，只需知道组件的对外裸露的接口，那就是它全部行为的集合，至于内部到底是怎么实现的，无法知道，也无须知道。所以，对于使用者而言，它只能通过接口实现自己的预期，如果组件接口提供的行为与使用者的预期不符，错误便产生了。里氏替换原则就是在设计时避免出现派生类与基类不一致的行为。

10.4 依赖倒置原则

依赖倒置原则可以说是面向对象程序设计的标志性设计原则，给出了软件组件低耦合、高内聚设计原则的具体指导，对于提高软件可维护性、可扩展性具有重要指导意义。

10.4.1 什么是依赖倒置原则

依赖倒置原则（dependence inversion principle，DIP）是指：抽象不应当依赖于细节，细节应当依赖于抽象（Abstractions should not depend upon details, Details should depend upon abstractions）。高层模块不应该依赖低层模块，它们都应该依赖抽象。

依赖倒置原则是对象技术大师 Robert C. Martin 在 1996 年为 *C++ Reporter* 所写的专栏 Engineering Notebook 中提出的，后来加入到他在 2002 年出版的经典著作 *Agile Software Development, Principles, Patterns, and Practices* 中。依赖倒转原则的另一种表述为：要针对接口编程，不要针对实现编程。

10.4.2 依赖倒置原则解析

依赖倒置原则就是指：代码要依赖于抽象的类，而不要依赖于具体的类；要针对接口或抽象类编程，而不是针对具体类编程。实现开闭原则的关键是抽象化，并且从抽象化导出具体化实现，如果说开闭原则是面向对象设计的目标的话，那么依赖倒转原则就是面向对象设计的主要手段。

1. 如何理解依赖倒置原则

依赖倒置原则可以说是面向对象程序设计的标志，用哪种语言来编写程序并不重要，如果编写时考虑的都是如何针对抽象编程而不是针对细节编程，即程序中所有的依赖关系都是终止于抽象类或者接口，那就是面向对象设计，反之就是过程化设计。

为什么说"倒置"？因为传统的设计是抽象层依赖具体层，传统的重用侧重于具体层次的模块，比如算法、数据结构、函数库，因此软件的高层模块依赖低层模块，如图 10-6 所示。

使用接口的优点是很明显的：Client 不必知道其使用对象的具体所属类，因此一个对象可以很容易地被（实现了相同接口的）另一个对象所替换。此外，对象间的连接不必硬绑定（hardwire）到一个具体类的对象上，实现了组件之间的松散耦合（loosens coupling），因此增加了灵活性和重用的可能性。最后，提高了（对象）组合的概率，因为被包含对象可以是任何实现了一个指定接口的类。

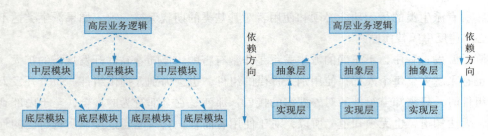

图10-6 系统模块依赖关系的倒置

2. 如何实现依赖倒置原则

依赖倒置原则的常用实现方式之一是在代码中使用抽象类,而将具体类放在配置文件中。"将抽象放进代码,将细节放进元数据",换句话说,要实现依赖倒置原则,要针对接口编程,不要针对实现编程。

具体来说,应当使用接口和抽象类(而不要用具体类)进行变量类型声明、参数类型声明、方法返回类型说明,以及数据类型的转换等。不将变量声明为某个特定的具体类的实例对象,而让其遵从抽象类定义的接口。实现类仅实现接口,不添加方法。

例如,应使用 Draw(Shape *p)定义形式参数,而不要用具体类定义:
Draw(Cricle *p)、Draw(Rectangle *p)、Draw(Triangle *p)等。

要保证做到这一点,一个具体类应当只实现接口和抽象类中声明过的方法,而不要给出多余的方法。以下是符合依赖倒置原则的基本开发原则:

(1)变量的声明类型尽量是接口或者是抽象类。
(2)任何变量都不应该持有一个指向具体类的指针或引用。
(3)任何类都不应该从具体类派生。
(4)任何方法都不应该覆写它的任何基类中已实现了的方法。
(5)每个类尽量提供接口或抽象类,或者两者都具备。
(6)使用继承时尽量遵循里氏替换原则。

如果一个类的实例必须使用另一个对象,而这个对象又属于一个特定的类,那么复用性会受到损害。如果"使用"类只需使用"被使用"类的某些方法,而不是要求"被使用"类与"使用"类有"Is-A"的关系,就可考虑让"被使用"类实现一个接口,"使用"类通过这个接口来使用需要的方法,从而限制了类之间的依赖。

为避免类之间因彼此使用而造成的紧密耦合,应该让它们通过接口间接使用。例如,一个类向另一个类发送消息,实现依赖倒置的设计转换如图 10-7 所示。

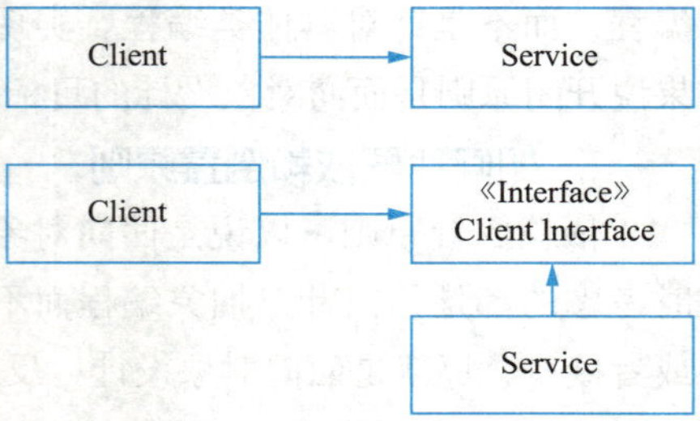

图10-7 依赖倒置的设计体现

10.4.3 依赖倒置原则设计案例

1. 数据转换模块设计例子

某系统提供一个数据转换模块,可以将来自不同数据源的数据转换成多种格式,如可以转换来自数据库的数据(databasesource),也可以转换来自文本文件的数据(textsource),转换后的格式可以是 XML 文件（XMLTransformer），也可以是 XLS 文件（XLSTransformer）等。

根据这一功能需求，初始设计的类图如图 10-8 所示。

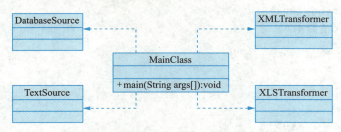

图10-8　数据转换模块的初始设计

由于需求的变化，该系统可能需要增加新的数据源或者新的文件格式，每增加一个新的类型的数据源或者新的类型的文件格式，客户类 MainClass 都需要修改源代码，以便使用新的类，这就违背了开闭原则。现在使用依赖倒转原则对其进行重构，如图 10-9 所示，通过引入两个接口，使得具体的数据源、格式转换的类从被依赖方转变为依赖方，客户端 MainClass 变得稳定，不再受新增数据源或者新的文件格式影响。

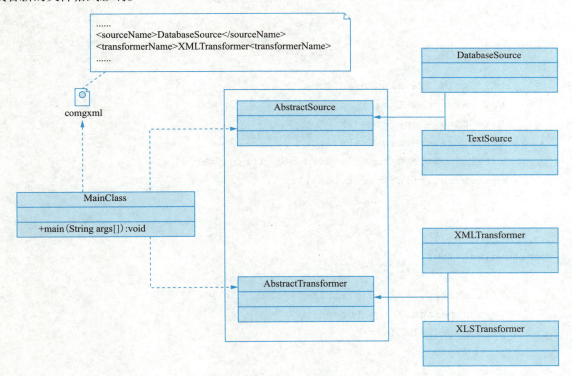

图10-9　基于依赖倒转原则的设计重构

2. 出行方式的代码重构示例

在代码设计中，往往会出现顶层模块依赖底层模块情况出现，比如现在要用代码实现设计一个人出门的方式有自行车、汽车、火车等方式，上述业务具体映射到代码中可分为 Person 模块、Bike 模块、Car 模块、Train 模块。按照主次划分，Person 属于上层模块，Bike、Car 和 Train 属于底层模块。

```
public class Bike
{
    public String run()  {
      return "自行车";
    }
}
public class Car
{
    public String run()  {
      return "汽车";
    }
}
public class Train
{
    public String run()  {
      return "火车";
    }
}
public class Person
{
    public void TravelMode()  {
      Car car = new Car();
      Bike bike = new Bike();
      Train train = new Train();
      //Person模块依赖Car模块，Bike模块，Train模块
      System.out.println(car.run());
    }
}

public class Test
{
    public static void main(String[] args)  {
      Person person = new Person();
      person.TravelMode();
    }
}
```

现在采用依赖倒置原则解决代码设计中顶层模块依赖底层模块的情况，也就是引进抽象层，使得上层依赖于抽象，底层的实现细节也依赖于抽象，所以依赖倒置可以理解为依赖关系被改变。

```
public interface TravelTool
{
    String run();
```

```java
}

public class Bike implements TravelTool
{
    public String run()  {
      return "自行车";
    }
}

public class Car implements TravelTool
{
    public String run()  {
      return "汽车";
    }
}

public class Train implements TravelTool
{
    public String run()  {
      return "火车";
    }
}

public class Person
{
    private TravelTool travelTool;
    public Person(TravelTool travelTool) {
      super();
      this.travelTool = travelTool;
    }
    public void TravelMode()  {
      System.out.println(travelTool.run());
    }
}

public class Test
{
    public static void main(String[] args)  {
      TravelTool travelTool = new Car();
      Person person = new Person(travelTool);
      person.TravelMode();
    }
}
```

在上面的代码中，Person 类把内部依赖的创建权力移交给了 Test 这个类中的 main() 方法。也就是说 Person 只关心依赖提供的功能，但并不关心依赖的创建。这种思想其实就是 Spring 等著名框架中的控制反转（inversion of control，IoC），控制反转的意思是反转了上层模块对于底层模块的依赖控制，IoC 对上层模块与底层模块进行了更进一步的解耦。比如上面的代码中，Person 类不再亲自创建 TravelTool 对象，它将依赖的实例化的权力交接给了 Test，而 Test 在 IoC 中又起到了 IoC 容器作用。

10.5 组合复用原则

已经知道，如果要使用继承关系，则必须严格遵循里氏替换原则。合成复用原则同里氏替换原则是相辅相成的，给出了软件复用方法的具体指导，两者都是开闭原则的具体实现规范。

10.5.1 什么是组合复用原则

合成复用原则（composite reuse principle，CRP）又叫组合/聚合复用原则（composition/aggregate reuse principle，CARP），其定义如下：尽量使用对象组合，而不是继承来达到复用的目的。

该原则是说，在实际开发设计中，尽量使用合成/聚合，也就是在一个新的对象里面使用一些已有的对象，使之成为新对象的一部分；新的对象通过向这些对象的委派达到复用已有功能的目的。

10.5.2 组合复用原则解析

在面向对象开发中，组合与继承都是重要的重用方法。然而，在面向对象技术的早期，继承被过度地使用；随着时间的推移，人们发现优先使用组合可以获得重用性与简单性更佳的设计，因此组合与继承可以一起工作，但是我们的基本法则是：优先使用对象组合，而非（类）继承。

1. 继承复用存在的问题

类的继承是一种通过扩展一个已有对象的实现，从而获得新功能的复用方法。泛化类（超类）可以显式地捕获那些公共的属性和方法，特殊类（子类）则通过附加属性和方法来进行实现的扩展。

继承作为面向对象最重要的特征之一，用于组件/代码的复用有其天然的优势，即非常简单简洁，基类的大部分元素（除了明确定义的私有成分）可以通过继承关系自动进入派生类，子类可以很容易地修改或扩展父类的实现，并且可以通过重置机制在子类中修改或扩展那些被复用的实现，从而进行新的实现。

随着面向对象技术逐渐占据软件开发技术的主流，人们逐渐认识到继承被过度使用造成的对于系统可维护性、可扩展性等质量特征的损害：

（1）继承复用破坏了封装性：继承将基类的实现细节暴露给了子类。由于超类的内部细节常常对于子类而言通常是可见的，因此继承复用又称"白盒"复用。

（2）对象之间的耦合变强：如果基类的实现发生改变，则子类的实现也不得不发生改变。

（3）系统灵活性变弱：从基类继承而来的实现是静态的，将不能在运行期间进行改变，没有足够的灵活性。

继承复用存在的上述问题，我们在前面关于优雅设计的章节中已经通过多个具体的例子进行了讲述和分析。

2. 组合复用及其特点

关于对象组合/聚合的概念和用法，我们同样在面向对象技术核心特征相关章节中有详细的讲述。虽然组合和聚合在语义上略有差别，但是这种差别主要体现在分析模型中（事实上组合和聚合在不同的场景中可能互相转换，UML 2 之后的版本中也逐渐将组合和聚合两个概念统一起来），在面向对象的设计和实现中是一致的，都是整体与部分的关系，因此本书中不再区分。

通过组合机制形成的新的对象能够完全支配其组成部分，包括它们的创建和销毁（一个组合关系中成分对象是不能与另外一个合成关系共享）。同继承复用相比，组合复用可以使系统更加灵活，降低类与类之间的耦合度，一个类的变化对其他类造成的影响相对较少。

组合复用的优点：

（1）保护封装性：组合复用是"黑盒"复用，因为成员对象的内部细节对新对象是不可见的，对象之间所需的依赖少，即复合对象只需依赖组合对象的接口，仅能通过被包含对象的接口来对其进行访问。

（2）实现弱耦合：组合复用在实现上使得对象之间的相互依赖性比较小，在设计时每一个类只专注于一项任务。

（3）提高灵活性：组合复用是动态的，可以在运行时把成员对象动态替换为另一个子类型相同的对象；也可以通过获取指向其他的具有相同类型的对象引用，可以在运行期间动态地定义（对象的）组合。

当然，组合复用也有其缺点，包括系统的对象数量会增加，对象之间使用委托（delegation）会使得系统变得复杂等，但是严格来说，这也不能称之为缺点，因为面向对象技术的基本出发点就是对现实世界运行模式的映射，而现实世界的运行正是大量不同职责的对象通过相互之间的责任委托实现高效协作。事实上，人类社会越发展，社会分工越精细，对象之间的协同合作越普遍、越频繁，这似乎不能称之为一个缺陷吧？

3. 如何选择复用机制

里氏替换原则指出了应该在什么情况下、以及如何使用继承，组合复用原则主张组合优先于继承，这两个设计原则是相辅相成的，两者都是开闭原则的具体实现规范。Coad 法则由 Peter Coad 提出，总结了什么时候使用继承作为复用工具的条件，只有当以下 Coad 条件全部被满足时，才应当使用继承关系：

（1）子类是基类的一个特殊种类，而不是基类的一个角色。区分"Has-A"和"Is-A"的语义，只有"Is-A"关系才符合继承关系，"Has-A"关系应当用聚合来描述。

（2）永远不会出现需要将子类换成另外一个类的子类的情况，即子类的一个实例永远不需要转化为其他类的一个对象。如果不能肯定将来是否会变成另外一个子类的话，就不要使用继承。

（3）子类具有扩展基类的责任，而不是具有重置（override）或废除（nullify）基类的责任。如果一个子类需要大量的置换掉基类的行为，那么这个类就不应该是这个基类的子类。

（4）只有在分类学角度上有意义时，才可以使用继承。不要从工具类继承，子类不要对那些仅作为一个工具类的功能进行扩展。

我们结合里氏替换原则对继承机制使用的指导，要正确地选择组合复用和继承复用，必须透彻地理解里氏替换原则和 Coad 法则。

10.5.3 组合复用原则设计案例

1. 汽车对象分类管理

汽车按"动力源"可划分为汽油汽车、电动汽车等；按"颜色"可划分为白色汽车、黑色汽车和红色汽车等。一辆汽车同时拥有这两种属性，如果使用继承实现，就会产生大量的组合，如图 10-10 所示。

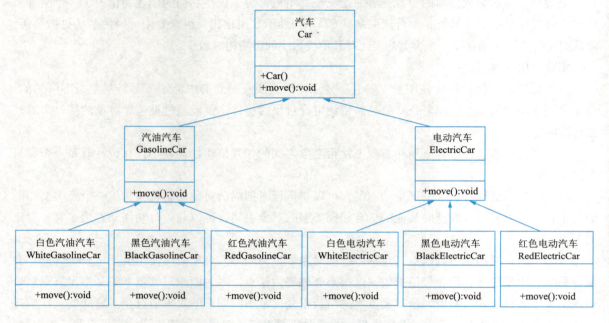

图10-10 基于继承机制实现的类结构

从图 10-10 中可以看出，使用继承关系实现会产生很多子类，更重要的是，上述功能需求中，"动力源"和"颜色"是两个"变化点"，增加新的"动力源"或者增加新的"颜色"都要产生多个新类，需要大量改动原有代码，这显然违背了开闭原则。

我们采用组合复用原则来重构这个设计，将"颜色"这个特性从继承产生改为组合方式，其类图如图 10-11 所示。

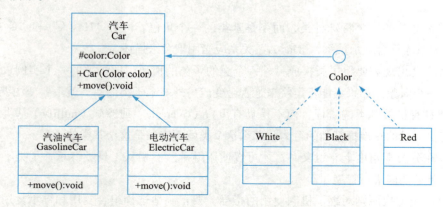

图10-11 基于组合机制实现的类结构重构

在新的设计中，"颜色"这一特性被封装为独立地对象，通过组合的方式被"汽车"对象引用，"汽车"和"颜色"独立变化，互不影响，这样当新增一个新的颜色时，只需要扩展一个新类即可，符合开闭原则。更重要的是，由于组合复用是动态的，可以在运行期间动态地定义对象的组合，能够灵活地实现"汽车"对象的"颜色"设置。

在重构的设计中，由于"动力源"这一特性较为稳定，所以设计为继承实现，事实上完全可以独立封装这一特性，通过组合关系实现"汽车"与"动力源"之间的耦合降低，请读者自行设计。

2. 人与角色关系的设计

人与角色的例子与上述例子有些相似，但需要更仔细的思考才能得出良好的设计。有一个系统需要描述经理、雇员和学生，他们都是人，所以使用一个抽象类来统一描述，如图10-12所示。但是现在的问题是，有些人既是经理，又是学生，比如某位在读MBA的老总，按照自然的理解使用多继承在系统中对这样的人进行刻画，如图10-13所示。这样的设计在系统管理的人的类型很少时，可以正常的工作，但是随着需求变化，更多新的身份的人可能被要求在系统中管理，这不可避免地出现类的数量激增的情况，并且继承关系使得各个类之间是紧密耦合的。

现在我们换一个角度来分析这个问题，仔细分析这些拥有不同身份的人，把"身份"或者"角色"从"人"中分离出来，雇员、经理、学生其实都是角色的一种，系统中的每个对象实际上是"人"+"角色"的组合，也就是说人拥有（多个）角色，于是重构的类图如图10-14所示。

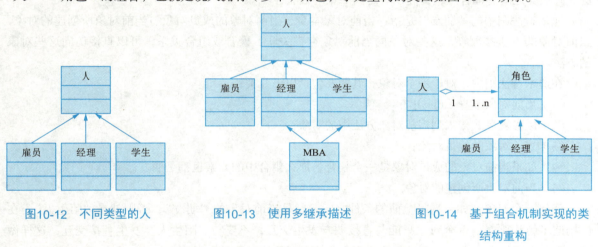

图10-12　不同类型的人　　　图10-13　使用多继承描述　　　图10-14　基于组合机制实现的类结构重构

10.6　迪米特法则

弱耦合是软件系统设计质量的重要衡量标准之一，一个模块设计的好坏的重要标志就是该模块在多大程度上将自己的内部数据与实现的有关细节隐藏起来，迪米特法则的目的在于降低类与类之间的耦合，使软件组件之间保持松散的耦合关系，体现了面向对象的封装性。

10.6.1　什么是迪米特法则

迪米特/迪墨特尔法则（law of demeter，LoD）又叫作最少知识原则（least knowledge principle，LKP），其定义是：每个软件单元对其他单元尽可能少了解，而且仅限于那些与自己密切相关的单元。

迪米特法则还有几种定义形式，包括：不要和"陌生人"说话、只与你的直接朋友通信等。

迪米特法则产生于 1987 年的美国东北大学的一个名为迪米特的研究项目，由伊恩·荷兰（Ian Holland）提出，后来又因为在经典著作《程序员修炼之道》（The Progmatic Programmer）中被提及而广为人知。

如果一个系统符合迪米特法则，那么当其中某一个模块发生修改时，就会尽量少的影响其他模块，扩展会相对容易，这是对软件实体之间通信的限制。迪米特法则要求限制软件实体之间通信的宽度和深度，这样可降低系统的耦合度，使类与类之间保持松散的耦合关系。

10.6.2 迪米特法则解析

1. 对象的朋友

每个对象都会与其他对象有耦合关系，只要两个对象之间有耦合关系，我们就说这两个对象之间是朋友关系。耦合的方式很多，包括依赖、关联、组合、聚合等。

迪米特法则的定义是：只与你的直接朋友交谈，不跟"陌生人"说话。其含义是：如果两个软件实体无须直接通信，那么就不应当发生直接的相互调用。对于被依赖的类来说，无论逻辑多么复杂，都尽量地的将逻辑封装在类的内部，对外除了提供的 public() 方法，不对外泄漏任何信息。其目的是降低类之间的耦合度，提高模块之间的相对独立性。

迪米特法则中的"朋友"是指：当前对象本身、当前对象的成员对象、当前对象所创建的对象、当前对象的方法参数等，这些对象同当前对象存在关联、聚合或组合关系，可以直接访问这些对象的方法。

在迪米特法则中，对于一个对象，其朋友包括以下几类：

（1）当前对象本身（this）；
（2）以参数形式传入到当前对象方法中的对象；
（3）当前对象的成员对象；
（4）如果当前对象的成员对象是一个集合，那么集合中的元素也都是朋友；
（5）当前对象所创建的对象。

任何一个对象，如果满足上面的条件之一，就是当前对象的"朋友"，否则就是"陌生人"。在应用迪米特法则时，一个对象只能与直接朋友发生交互，不要与"陌生人"发生直接交互，这样做可以降低系统的耦合度，一个对象的改变不会给太多其他对象带来影响。

在以下代码中，我们看到 Stranger 对象是由参数 friend 所创建的，并不属于当前对象"朋友"的范围：

```
Void Someone::Operation1(Friend friend){
   Stranger stranger = friend.provide();
   stranger.Operation3();
}


Stranger Friend::provide(){
   return stranger;
}
```

2. 迪米特法则的要求

迪米特法则要求我们在设计系统时，应该尽量减少对象之间的交互，如果两个对象之间不必彼此直接通信，那么这两个对象就不应当发生任何直接的相互作用，如果其中的一个对象需要调用另一个对象的某一个方法的话，可以通过委托第三者转发这个调用。也就是通过引入一个合理的第三者来降低现有对象之间的耦合度。

在以下代码中，我们看到 thermometer 对象是由当前对象的成员对象 station 所创建的，也不属于"朋友"，所以违反了迪米特法则：

```
Public float getTemp () {
    Thermometer thermometer = station.getThermometer ();
    return thermometer.getTemperature();
}
```

我们在气象站 station 中加进一个方法，用来向温度计请求温度，这样减少了所依赖的类的数目，符合迪米特法则：

```
Public float getTemp () {
    return station.getTemperature();
}// 采用这个原则
```

如果调用从另一个调用中返回的对象的方法，会有什么伤害？如果这么做，相当于向另一个对象的子部分发请求（增加了我们直接认识的对象数目）。LoD 原则要我们改为要求该对象为我们做出请求，这么一来，我们就不需要认识该对象的组件了。

3. 迪米特法则的弊端

过度使用迪米特法则，会造成系统的不同模块之间的通信效率降低，使系统的不同模块之间不容易协调等缺点。

同时，因为迪米特法则要求类与类之间尽量不直接通信，如果类之间需要通信就通过第三方转发的方式，这就直接导致了系统中存在大量的中介类，这些类存在的唯一原因是为了传递类与类之间的相互调用关系，这就毫无疑问的增加了系统的复杂度。

所以，在采用迪米特法则时需要反复权衡，确保高内聚和低耦合的同时，保证系统的结构清晰。解决这个问题的一个有效的方式是使用依赖倒转原则，即针对接口编程，不要针对具体编程。

4. 如何实现迪米特法则

在将迪米特法则运用到系统设计中时，要注意下面的几点：

（1）在类的划分上，应当尽量创建松耦合的类，类之间的耦合度越低，就越有利于复用，一个处在松耦合中的类一旦被修改，不会对关联的类造成太大波及；

（2）在类的结构设计上，每一个类都应当尽量降低其成员变量和成员函数的访问权限；

（3）在类的设计上，只要有可能，一个类型应当设计成不变类；

（4）在对其他类的引用上，一个对象对其他对象的引用应当降到最低。

迪米特法则在详细设计中的体现，可以表现在以下几个方面：

（5）尽量降低成员的访问权限，例如 Java 语言中：public -> protected -> private；

（6）限制局部变量的有效范围，变量要用到的时候才去声明它，这样使得代码更易懂，该变量不容易被其他代码误改，例如，我们经常写的循环代码块中控制循环次数的变量：

```
for (int i=0; i<n; i++) {
    ... ...
}
```

下面我们给出一个遵守迪米特法则代码的例子，请自行体会其中所通信的对象含义。

```
public  class Car {
    Engine engine;// 这是类的一个组件，能够调用它的方法
    public Car () {
    }
    public void start (Key key) {   // 被当作参数传进来的对象，可被调用
        Door doors = new Doors();    // 创建了一个新的对象，方法可被调用
        boolean authorized = key.turns();
        if (authorized) {
            engine.start();          // 可以调用对象组件的方法
            updateDashboardDisplay();  // 可以调用 local method
            doors.lock();             // 可以调用创建或实例化的对象的方法
        }
    }
    public void updateDashboardDisplay() {
    }
}
```

10.6.3 迪米特法则设计案例

1. 业务操作 UI 控件协调设计

Sunny 软件公司所开发 CRM 系统包含很多业务操作窗口，在这些窗口中，某些界面控件之间存在复杂的交互关系，一个控件事件的触发将导致多个其他界面控件产生响应，例如，当一个按钮（button）被单击时，对应的列表框（list）、组合框（combobox）、文本框（textbox）、文本标签（label）等都将发生改变，在初始设计方案中，界面控件之间的交互关系可简化为如图 10-15 所示结构。

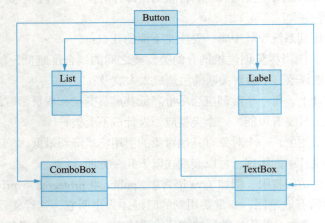

图10-15　控件协调的初始设计

在图中，由于界面控件之间的交互关系复杂，导致在该窗口中增加新的界面控件时需要修改与之交互的其他控件的源代码，系统扩展性较差，也不便于增加和删除新控件。

现在我们使用迪米特对其进行重构，可以通过引入一个专门用于控制界面控件交互的中间类（mediator）来降低界面控件之间的耦合度。引入中间类之后，界面控件之间不再发生直接引用，而是将请求先转发给中间类，再由中间类来完成对其他控件的调用。当需要增加或删除新的控件时，只需修改中间类即可，无须修改新增控件或已有控件的源代码，重构后结构如图10-16所示。

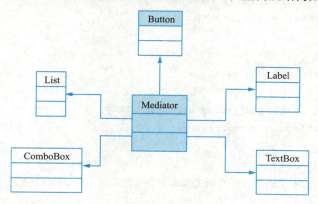

图10-16 控件协调设计的重构

2. 明星与经纪人关系实例

明星由于全身心投入艺术，所以许多日常事务由经纪人负责处理，如与粉丝的见面会、与媒体公司的业务洽谈等。在这里，经纪人是明星的朋友，而众多粉丝、媒体等是陌生人，所以适合采用迪米特法则进行设计，其类图如图10-17所示。

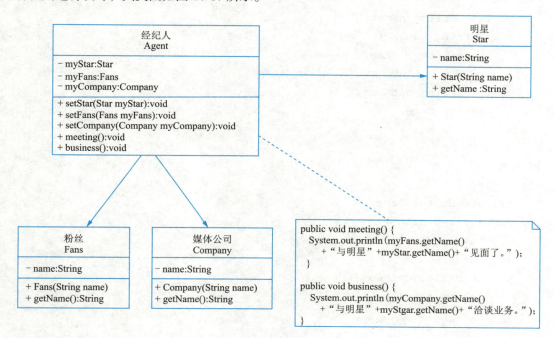

图10-17 符合迪米特法则的类设计

```java
package LoDPrinciple;
// 经纪人
class Agent {
    private Star myStar;
    private Fans myFans;
    private Company myCompany;
    public void setStar(Star myStar) {
        this.myStar = myStar;
    }
    public void setFans(Fans myFans) {
        this.myFans = myFans;
    }
    public void setCompany(Company myCompany) {
        this.myCompany = myCompany;
    }
    public void meeting() {
        System.out.println("明星见面："+myFans.getName());
    }
    public void business() {
        System.out.println("洽谈业务："+myCompany.getName());
    }
}
// 明星
class Star {
    private String name;
    Star(String name) {
        this.name = name;
    }
    public String getName() {
        return name;
    }
}
// 粉丝
class Fans {
    private String name;
    Fans(String name) {
        this.name = name;
    }
    public String getName() {
        return name;
    }
}
// 媒体
```

```
class Company {
    private String name;
    Company(String name) {
        this.name = name;
    }
    public String getName() {
        return name;
    }
}
public class LoDTest {
    public static void main(String[] args) {
        Agent agent = new Agent();
        agent.setStar(new Star("明星XXX"));
        agent.setFans(new Fans("粉丝Y"));
        agent.setCompany(new Company("ZZ传媒公司"));
        agent.meeting();
        agent.business();
    }
}
```

10.7 接口隔离原则

依赖倒置原则指出：针对接口编程，不要针对实现编程，应当使用接口进行变量类型声明、参数类型声明、方法返回类型说明、数据类型转换等。接口的作用就是建立系统组件的职责规范，接口的设计对于软件可维护性也有很大影响，也需要遵循一定的原则。

10.7.1 什么是接口隔离原则

接口隔离原则（interface segregation principle，ISP）是罗伯特·C·马丁（Robert C.Martin）于2002年提出的，其定义是：客户端不应该依赖于它不使用的方法（Clients should not be forced to depend on methods they do not use），另一个定义是一个类对另一个类的依赖应该建立在最小的接口上（The dependency of one class to another one should depend on the smallest possible interface）。

以上两个定义的含义是一致的：要为各个类建立它们需要的专用接口，而不要试图去建立一个很庞大的接口供所有依赖它的类去调用。

10.7.2 接口隔离原则解析

1. 接口污染问题

接口污染是指把接口设计的过于胖，派生类必须实现某些它用不到的功能，这样不仅加大了接口间的耦合，而且带来不必要的复杂性。过于臃肿的接口设计是接口污染问题的直接原因。

例如，如果一个类A实现了这个接口B，但是接口B中某个"功能"C是A根本不可能有的，但是由于 A 实现了接口 B，所以必须实现 B 中的所有"功能"，那么这个 C 也要被 A 实现，显然这个 C 是 A 根本不可能有的，这就造成了接口污染。如果用户被迫依赖他们不使用的接口，当接口发生改变时，他们也不得不跟着改变。换而言之，一个用户依赖了未使用但被其他用户使用的接口，当其他用户修改该接口时，依赖该接口的所有用户都将受到影响。这显然违反了开闭原则，也不是我们所期望的。

接口污染问题导致派生类必须实现某些它用不到的功能，这样不仅加大了接口、类之间的耦合，而且带来不必要的复杂性，不利于代码的维护。

2. 理解接口隔离原则

从接口隔离原则的两个定义来简单理解其含义：

（1）不要强行要求客户端依赖于它们不用的接口。客户端需要什么接口，就依赖什么接口，不需要的就不依赖。反过来说，如果客户端依赖了它们不需要的接口，那么这些客户端程序就面临不需要的接口变更引起的客户端变更的风险，就会增加客户端和接口之间的耦合程度，显然与"高内聚、低耦合"的思想相矛盾。

（2）类之间的依赖应该建立在最小的接口上。何为最小的接口？即能够满足项目需求的相似功能作为一个接口，这样设计主要就是为了"高内聚"。那么如何设计最小的接口呢？那就要说说粒度的划分了，粒度细化的程度取决于接口划分的粒度。从这一点来说，接口隔离和单一职责两个原则有一定的相似性。

接口隔离原则要求建立单一接口，不要试图去建立一个很庞大的接口供所有依赖它的类去调用。一个类对另一个类的依赖性应建立在最小的接口上，其实质是提高内聚性。

不出现臃肿的接口（fat interface）是接口隔离原则的核心定义，但是避免臃肿的接口也是有限度的，首先就是不能违反单一职责原则，即接口要高内聚。高内聚就是要提高接口、类、模块的处理能力，减少对外的交互。如果类的接口不是内聚的，就表示该类具有"胖"的接口。接口隔离原则建议客户程序不应该看到它们作为单一的类存在，客户程序看到的应该是多个具有内聚接口的抽象基类。

迪米特法则要求尽量限制通信的广度和深度，为此尽量对接口进行分割，使其最小化，避免对客户提供不需要的服务，当然是符合迪米特法则的，所以接口隔离原则和迪米特法则目标是一致的，都是体现了高内聚、低耦合。

【内聚（cohesion）】
内聚指的是在软件系统中一个模块内部各成分之间相关联程度的度量。高内聚是指一个软件模块是由相关性很强的代码组成，只负责一项任务，是判断一个软件设计好坏的标准之一。

接口的设计粒度越小，系统越灵活，这是不争的事实。但是，灵活的同时也带来了结构的复杂化，开发难度增加，可维护性降低，这不是一个项目或产品所期望看到的。所以接口设计一定要注意适度，这个度只能根据经验和常识判断，没有一个固化或可测量的标准。

3. 如何实现接口隔离

接口隔离原则要求建立单一接口，不要建立庞大臃肿的接口，尽量细化接口，接口中的方法尽量少。我们要为各个类建立专用的接口，尽量将臃肿庞大的接口拆分成更小的和更具体的接口，让接口中只包含客户感兴趣的方法，而不要试图去建立一个很庞大的接口供所有依赖它的类去调用。

具体来说，要求在接口中尽量少公布 public 方法，接口是对外的承诺，承诺地越少对系统开发越有利，变更的风险也就越少，同时也有利于降低成本。

根据接口隔离原则，当一个接口太大时需要将它分割成一些更细小的接口，使用该接口的客户端仅需知道与之相关的方法即可。每一个接口应该承担一种相对独立的角色，不干不该干的事，该干的事都要干。

这里的"接口"往往有两种不同的含义：一种是指一个类型所具有的方法特征的集合，仅仅是一种逻辑上的抽象；另外一种是指 Java、C++ 等 OOPL 语言中的"接口"。对于这两种不同的含义，接口隔离原则的表达方式以及含义也有所不同。

（1）当把"接口"理解成一个类型所提供的所有方法特征的集合的时候，这就是一种逻辑上的概念，接口的划分将直接带来类型的划分。可以把接口理解成角色，接口对应的角色是指一个类型所具有的方法特征的集合，一个接口只能代表一个角色，每个角色都有它特定的一个接口，此时这个原则可以叫"角色隔离原则"。

（2）如果把"接口"理解成狭义的 Java 语言的接口，那么接口隔离原则表达的意思是指接口仅仅提供客户端需要的行为，客户端不需要的行为则隐藏起来，应当为客户端提供尽可能小的单独的接口，而不要提供大的总接口。在 Java 语言中，实现一个接口需要实现该接口中定义的所有方法，因此大的总接口使用起来不一定很方便，为了使接口的职责单一，需要将大接口中的方法根据其职责不同分别放在不同的小接口中，以确保每个接口使用起来都较为方便，并都承担某一单一角色。接口应该尽量细化，同时接口中的方法应该尽量少，每个接口只包含一个客户端（如子模块或业务逻辑类）所需的方法即可，这种机制也称为"定制服务"，即为不同的客户端提供宽窄不同的接口。

10.7.3 接口隔离原则设计案例

生产企业的订单有申请、审核、完成等操作，我们设计一个订单接口 IOrder 来规范所有订单需要的操作，要实现销售订单，只需要实现这个接口就好了；随着系统的不断扩展，需要加入生产订单，除了共有的订单申请、审核等操作之外，生产订单还有排产、冻结、导入、导出等特有的接口方法，于是向订单接口里面继续加入这些方法。于是订单接口的实现代码如下所示：

```
public interface IOrder
{
    // 订单申请操作
    void Apply(object order);
    // 订单审核操作
    void Approve(object order);
    // 订单结束操作
    void End(object order);
    // 订单下发操作
    void PlantProduct(object order);
    // 订单冻结操作
    void Hold(object order);
    // 订单删除操作
```

```csharp
    void Delete(object order);
    // 订单导入操作
    void Import();
    // 订单导出操作
    void Export();
}
```

生产订单类的实现代码如下所示：

```csharp
// 生产订单实现类
public class ProduceOrder : IOrder
{
    // 对于生产订单来说无用的接口
    public void Apply(object order) {
        throw new NotImplementedException();
    }
    // 对于生产订单来说无用的接口
    public void Approve(object order) {
        throw new NotImplementedException();
    }
    // 对于生产订单来说无用的接口
    public void End(object order) {
        throw new NotImplementedException();
    }
    public void PlantProduct(object order) {
        Console.WriteLine(" 订单下发排产 ");
    }
    public void Hold(object order) {
        Console.WriteLine(" 订单冻结 ");
    }
    public void Delete(object order) {
        Console.WriteLine(" 订单删除 ");
    }
    public void Import() {
        Console.WriteLine(" 订单导入 ");
    }
    public void Export() {
        Console.WriteLine(" 订单导出 ");
    }
}
```

销售订单类的实现代码如下所示：

```csharp
// 销售订单实现类
public class SaleOrder:IOrder
{
```

```csharp
        public void Apply(object order) {
            Console.WriteLine("订单申请");
        }
        public void Approve(object order) {
            Console.WriteLine("订单审核处理");
        }
        public void End(object order) {
            Console.WriteLine("订单结束");
        }
        # region 对于销售订单无用的接口方法
        public void PlantProduct(object order) {
            throw new NotImplementedException();
        }
        public void Hold(object order) {
            throw new NotImplementedException();
        }
        public void Delete(object order) {
            throw new NotImplementedException();
        }
        public void Import() {
            throw new NotImplementedException();
        }
        public void Export() {
            throw new NotImplementedException();
        }
    }
```

系统运行一段时间之后，新的需求变更来了，要求生产订单增加一个订单撤销排产的功能，那么我们的接口就不得不增加一个订单撤销排产的接口方法：void CancelProduct(object order)。

这样问题就来了，生产订单只要实现这个新增的撤销排产接口就可以了，但是销售订单怎么办？本来这一变更与销售订单没有任何关系，不应该做任何的修改，但是由于IOrder接口里面增加了一个方法，销售订单的实现类也必须要实现这个（无效的）接口方法。这就是我们前面讲的"接口污染"导致的问题。由于接口过"胖"，每一个实现类依赖了它们不需要的接口，使得层与层之间的耦合度增加，结果导致了不需要的接口发生变化时，实现类也不得不相应的发生改变。这里就凸显了接口隔离原则的必要性，下面来看如何通过接口隔离来解决上述问题。

将IOrder接口分成生产订单接口、销售订单接口两个接口来设计：

```csharp
    // 生产订单接口
    public interface IProductOrder
    {
        // 订单下发操作
        void PlantProduct(object order);
        // 订单撤排操作
```

```csharp
    void CancelProduct(object order);
    // 订单冻结操作
    void Hold(object order);
    // 订单删除操作
    void Delete(object order);
    // 订单导入操作
    void Import();
    // 订单导出操作
    void Export();
}
// 销售订单接口
public interface ISaleOrder
{
    // 订单申请操作
    void Apply(object order);
    // 订单审核操作
    void Approve(object order);
    // 订单结束操作
    void End(object order);
}
```

对应的实现类只需要实现自己需要的接口即可，这样设计就能完美解决上述"接口污染"导致的问题，如果需要增加订单操作，只需要在对应的接口和实现类上面修改即可，这样就不存在依赖不需要接口的情况。通过这种设计，降低了单个接口的复杂度，使得接口的"内聚性"更高，"耦合性"更低。通过这一订单设计的优化，看到了接口隔离原则的必要性。

10.8 单一职责原则

单一职责原则是最简单的面向对象设计原则，它用于控制类的粒度大小。单一职责原则的目的在于提高类的设计的内聚性，与用于降低组件耦合度的迪米特法则一起，共同体现软件设计的弱耦合、高内聚质量特性。

10.8.1 什么是单一职责原则

单一职责原则（single responsibility principle，SRP）又称单一功能原则，一个类只负责一个功能领域中的相应职责，或者可以定义为：就一个类而言，应该只有一个引起它变化的原因。所谓职责是指类变化的原因。如果一个类有多于一个的动机被改变，那么这个类就具有多于一个的职责。而单一职责原则就是指一个类或者模块应该有且只有一个改变的原因，否则类应该被拆分。

该原则由罗伯特·C·马丁（Robert C. Martin）于《敏捷软件开发：原则、模式与实践》一书中给出的。马丁表示此原则是基于汤姆·狄马克（Tom DeMarco）和 Meilir Page-Jones 的著作中的内聚性原则发展出的。

10.8.2 单一职责原则解析

高内聚是软件系统设计质量的重要衡量标准之一,一个模块/类最好只做一件事,只有一个引起它变化的原因,单一职责原则的核心就是控制类的粒度大小、将对象解耦、提高其内聚性。

1. 对象职责过多的危害

一个模块(或者大到类,小到方法)承担的职责越多,它被复用的可能性越小,而且如果一个类承担的职责过多,就相当于将这些职责耦合在一起,当其中一个职责变化时,可能会影响其他职责的运作。

单一职责原则提出对象不应该承担太多职责,如果一个对象承担太多的职责,至少存在以下两个缺点:

(1)一个职责的变化可能会削弱或者抑制这个类其他的职责能力。

(2)当客户端需要该对象的某一个职责时,不得不将其他不需要的职责全都包含进来,从而造成冗余代码或者代码的浪费。

如果一个类承担的职责过多,等于把这些职责耦合在了一起,这种耦合会导致脆弱的设计,当变化发生时,设计会遭受到意想不到的破坏。

在实际开发中,往往随着需求的不断增加,可能会给原来的类添加一些本来不属于它的一些职责,从而违反了单一职责原则。如果我们发现当前类的职责不仅仅有一个,就应该将本来不属于该类真正的职责分离出去。

不仅仅是类,函数(方法)也要遵循单一职责原则,即:一个函数(方法)只做一件事情。如果发现一个函数(方法)里面有不同的任务,则需要将不同的任务以另一个函数(方法)的形式分离出去。

2. 单一职责原则解释

单一职责原则是实现高内聚、低耦合的指导方针,在很多代码重构手法中都能找到它的存在,它是最简单但又最难运用的原则,需要设计人员发现类的不同职责并将其分离,而发现类的多重职责需要设计人员具有较强的分析设计能力和相关重构经验。

一个类,最好只做一件事,只有一个引起它变化的原因。单一职责同样也适用于方法。一个方法应该尽可能做好一件事情。如果一个方法处理的事情太多,其颗粒度会变得很粗,不利于重用。

问题举例:类 T 负责两个不同的职责:职责 P1、职责 P2。当由于职责 P1 需求发生改变而需要修改类 T 时,有可能会导致原来正常运行的职责 P2 功能发生故障。

解决方案:遵循单一职责原则。分别建立两个类 T1、T2,使 T1 完成职责 P1 功能,T2 完成职责 P2 功能。这样,当修改类 T1 时,不会使职责 P2 发生故障风险;同理,当修改 T2 时,也不会使职责 P1 发生故障风险。

类的职责主要包括两个方面:数据职责和行为职责,数据职责通过其属性来体现,而行为职责通过其方法来体现。在 SRP 中,我们把职责定义为"变化的原因"。如果你能够想到多于一个的动机去改变类,那么这个类就具有多于一个的职责。有时,我们很难注意到这一点。我们习惯于以组的形式去考虑职责。例如,以下对调制解调器类的定义:

```
class Modem{
    public:
```

```
            void dial(pno:String);
            void hangup();
            void send(c:Char);
            void  recv();
}
```

上述 Modem 接口，大多数人会认为这个接口看起来非常合理。该接口声明了 4 个函数确实是 Modem 所具有的功能。然而，该接口却显示出了两个职责，一个是连接管理（dial + hangup），第二个是数据通信（send + recv）。

这两个职责应该被分离开么？这依赖于应用程序的变化。是按照实际情况决定的。如果应用程序的变化会影响连接管理，那么设计就具有"僵化的臭味"。因为，调用 send 和 recv 的类必须要重新编辑。在这种情况下，这两个职责应该被分离，这样做会避免这两个职责耦合在一起。

另一方面，如果应用程序的变化总是导致这两方面职责同时变化，那么就不必分离他们。实际上，分离他们就会具有不必要的"复杂性臭味"。

3. 接口隔离原则和单一职责原则

从功能上来看，接口隔离和单一职责两个原则具有一定的相似性，二者都是为了提高类的内聚性，降低它们之间的耦合性，都体现了封装的思想。但如果仔细分析，它们还是有区别的：

（1）从原则约束的侧重点来说，接口隔离原则关注的是接口依赖程度的隔离，更加关注接口的"高内聚"；而单一职责原则注重的是接口职责的划分。

（2）从接口的细化程度来说，单一职责原则对接口的划分更加精细，而接口隔离原则注重的是相同功能的接口的隔离。接口隔离里面的最小接口有时可以是多个单一职责的公共接口。

（3）单一职责原则更加偏向对业务的约束，接口隔离原则更加偏向设计架构的约束。这个应该好理解，职责是根据业务功能来划分的，所以单一原则更加偏向业务；而接口隔离更多是为了"高内聚"，偏向架构的设计。

（4）单一职责原则主要是约束类，其次才是接口和方法，它针对的是程序中的实现和细节。接口隔离原则主要是约束接口，主要针对抽象和程序整体框架的构建。

10.8.3 单一职责原则设计案例

1. 矩形对象的绘制和计算

Retangle 类具有两方法：一个方法把矩形绘制在屏幕上，另一个方法计算矩形面积。有两个 Application 都使用 Rectangle 类，分别进行面积计算和图形绘制，类图设计如图 10-18 所示。

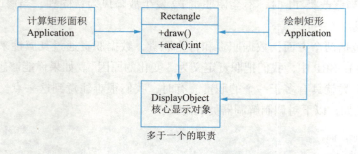

图10-18　Rectangle类多于一个职责

在这个设计中，Rectangle 类具有了两个职责，违反了单一职责原则。对于 SRP 的违反导致了一些严重问题：首先，必须在计算矩形面积应用程序中包含核心显示对象的模块；其次，如果绘制矩形 Application 发生改变，也可能导致计算矩形面积 Application 发生改变，导致不必要的重新编译和不可预测的失败。

一个较好的设计是把这两个职责分离到两个完全不同的类中，这个设计把 Rectangle 类中进行计算的部分移到 GeometricRectangle 类中，如图 10-19 所示，现在矩形绘制方式的改变不会对计算矩形面积的应用产生影响了。

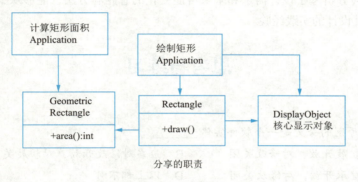

图10-19 符合SRP的设计重构

2. C/S 系统登录功能

某基于 Java 的 C/S 系统的"登录功能"通过如下登录类（login）实现，Login 类包含了用户登录过程中所需要的各种校验、显示等操作，如图 10-20 所示。

显然，该类承担了太多的职责，既包含与数据库相关的方法，又包含与图表生成和显示相关的方法。如果在其他类中也需要连接数据库或者使用 findUser() 方法查询客户信息，则难以实现代码的重用。无论是修改数据库连接方式还是修改图表显示方式都需要修改该类，它有不止一个引起变化的原因，违背了单一职责原则。因此需要对该类进行拆分，使其满足单一职责原则，重构后的设计如图 10-21 所示。

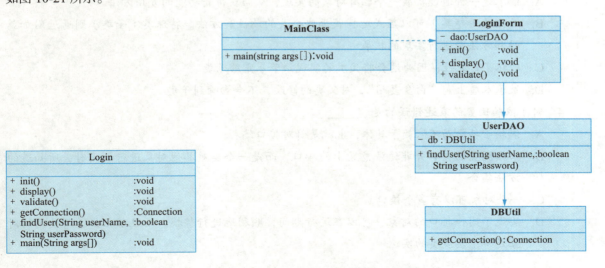

图10-20 登录功能初始设计　　　图10-21 符合SRP的登录功能设计重构

小　结

常用的面向对象设计原则包括 7 个，即开闭原则、里氏替换原则、依赖倒置原则、组合复用原则、接口隔离原则、迪米特法则、单一职责原则，这些原则并不是孤立存在的，它们相互依赖，相互补充。这些设计原则是比设计模式更为普适的开发原则，理解和掌握这些设计原则有助于设计出良好质量的软件结构，也有助于对面向对象设计模式的理解。本章详细讲述和解析了每种设计原则，通过案例解析，学会分析基于设计需求和未来可能变化的思路和方法，能够从案例中获取运用合适的设计原则进行软件设计的实践经验。

思考与练习

一、选择题

1. 开放 - 关闭原则的含义是一个软件实体_____。
    A. 应当对扩展开放，对修改关闭
    B. 应当对修改开放，对扩展关闭
    C. 应当对继承开放，对修改关闭
    D. 以上都不对

2. 对于违反里式替换原则的两个类，可以采用的候选解决方案错误的是_____。
    A. 创建一个抽象类 C，作为两个具体类的超类，将 A 和 B 共同行为移动到 C 中，从而解决 A 和 B 行为不完全一致的问题
    B. 将 B 到 A 的继承关系改组成委派关系
    C. 区分是 "IS-A" 还是 "Has-A"。如果是 "Is-A"，可以使用继承关系，如果是 "Has-A" 应该改成委派关系
    D. 以上方案都错误

3. 关于继承表述错误的是_____。
    A. 继承是一种通过扩展一个已有对象的实现，从而获得新功能的复用方法
    B. 泛化类（超类）可以显式地捕获那些公共的属性和方法。特殊类（子类）则通过附加属性和方法来进行实现的扩展
    C. 破坏了封装性，因为这会将父类的实现细节暴露给子类
    D. 继承本质上是 "白盒复用"，对父类的修改，不会影响到子类

4. 对于依赖倒置的表述错误的是_____。
    A. 依赖于抽象而不依赖于具体，也就是针对接口编程
    B. 依赖倒置的接口并非语法意义上的接口，而是一个类对其他对象进行调用时，所知道的方法集合
    C. 一个对象可以有多个接口
    D. 实现了同一接口的对象，可以在运行期间，顺利地进行替换。而且不必知道所使用的对象是哪个实现类的实例

5. 关于设计原则以下说法错误的是_____。
    A. 依赖倒置原则是指高层模块应该依赖于底层模块，两者都依赖于具体的实现
    B. 里氏替换是说子类的行为必须与父类的行为保持一致
    C. 单一职责原则是说只有一个可以让其改变的原因
    D. 迪米特法则的核心就是一个对象对其他对象有最少的了解

二、简答与编程题

1. 什么是面向接口编程？通过接口来操纵对象有什么好处？
2. 请比较接口隔离原则和单一职责原则的相同和不同之处？
3. 在面向对象设计原则中，那几个设计原则体现了软件设计的弱耦合目标？哪几个体现了高内聚目标？
4. 请说明下面的一段代码，违反了什么设计原则，应如何修改。

```
public class SuperDashboard extends JFrame implements MetaDataUser {
    public Component getLastFocusedComponent ()
    public void setLastFocused (Component lastFocused)
    public int getMajorversionNumber ()
    public int getMinorversionNumber ()
    public int getBuildNumber ()
}
```

5. 阅读以下两段代码，分别指出有没有违反最少知识原则？为什么？

代码1：
```
public house {
    weatherStation station;
    public float getTemp() {
        return station.getThermometer().getTemperature();
    }
}
```

代码2：
```
public House {
    weatherStation station;
    public float getTemp() {
        Thermometer thermometer = station.getThermomer();
        return getThempHelper (thermometer );
    }
    public float getThempHelper (Thermometer thermometer ){
        return thermometer .getTemperature();
    }
}
```

三、设计与分析题

1. 假定需要设计一个类 FileName 来描述文件名，由于文件名和字符串之间的 Is-A 语义联系：FileName is-a String，所以设计如图 10-22 所示。

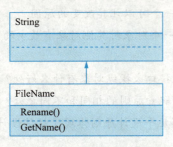

图10-22　设计图

这样设计是否合理？如合理请说明理由；如不合理请说明违反了什么设计原则，并给出改进的设计方案。

2. 使用开关控制电灯的设计如图 10-23 所示。

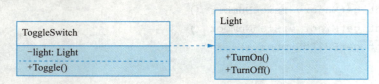

图10-23　设计图

（1）使用依赖倒置原则（DIP）对以上设计方案进行重构，使开关既可以控制灯管也可以控制灯泡，画出改进后的类图，并说明新设计的优点。

（2）如果希望开关的功能进一步扩展，除了控制灯之外，还能够控制电视机、空调等各种电器，请进一步重构上述设计方案，画出类图并写出代码框架。

3. 企鹅（penguin）有皮毛（hasfeather），有翅膀（haswings），会下蛋（layegg），但是不会飞行（fly）。因此企鹅是一种特殊的鸟类（bird），将 Penguin 设置为 Bird 的子类，同时在 Penguin 类中将 fly 行为重置为无效。请指出这个方案违反了什么设计原则？给出修改后的方案。

第11章 面向对象设计模式

在处理大量问题时，很多不同的问题中重复出现的一种性质，它使得我们可以使用一种方法来描述问题实质并用本质上相同，但细节永不会重复的方法去解决，这种性质就叫模式。设计模式（design pattern）使得我们可以使用一种方法来描述问题实质并用本质上相同，但细节永不会重复的方法去解决，可以帮助人们简便地复用以前成功的设计方案，让代码更容易被他人理解、保证代码可靠性，提高工作效率。

本章知识导图

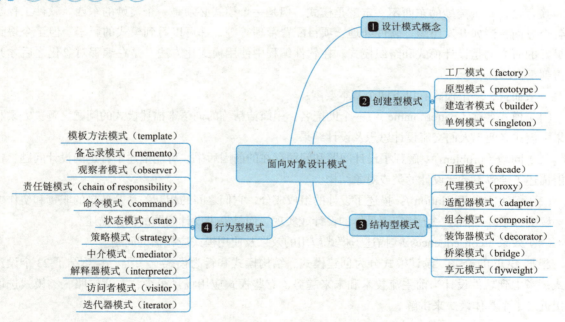

学习目标

- **了解**：了解设计模式的思想、构成要素和应用目的。
- **理解**：理解各种相关设计模式的内涵，通过案例真正理解各种设计模式。
- **分析**：基于设计需求和未来可能变化的思路和方法，能够运用合适的设计模式进行软件设计。
- **应用**：将面向对象设计模式应用于具体应用场景的系统设计方案。
- **养成**：掌握各种面向对象设计原则的设计思路、适用场景和带来的优势，针对需解决的问题完成高质量的设计方案。

11.1 设计模式概念

当代著名建筑大师克里斯托弗·亚历山大（Christopher Alexander）在《建筑模式语言》中首次提出模式的概念，"每一个模式描述了一个在我们周围不断重复发生的问题，以及该问题的解决方案的中心。这样你就能一次又一次地使用该方案而不必做重复劳动。"在面向对象的编程中使用模式化方法研究的开创性著作，是 E.Gamma, R. Helm, R. Johnson, J. Vlissides 于 1995 年出版的 *Design Patterns - Elements of Reusable Object-Oriented Software*，该书确立了设计模式这个术语，创导了一种新的面向对象设计思潮。

发现模式是与研究模式同时发生的，发现一个新的模式很不容易。一个好的模式必须满足以下几点：

（1）它可以解决问题。模式不能仅仅反映问题，而必须对问题提出解决方案。
（2）它所提出解决方案是正确的，而且不是很明显的。
（3）它必须是涉及软件系统深层的结构的东西，不能仅是对已有模块的描述。
（4）它必须满足人的审美，简洁美观。

换言之，一个美妙的东西不一定就是模式，但是一个模式必须是一个美妙的东西。软件工程学的各个方面，诸如开发组织、软件处理、项目配置管理等等，都可以看到模式的影子。但至今得到了最好的研究的是设计模式和组织模式。在软件编程中使用模式化方法，是在编程对象化之后才开始得到重视的。

一般而言，一个模式有以下四个基本要素：

（1）模式名称（pattern name）：一个助记名，用简洁精炼的词语来描述模式的问题、解决方案和效果。模式名便于人们交流设计思想及设计结果。
（2）问题（problem）：解释了设计问题和问题存在的前因后果，可能描述了特定的设计问题，也可能描述了导致不灵活设计的类或对象结构。
（3）解决方案（solution）：描述了设计的组成成分，它们之间的相互关系及各自的职责和协作方式。解决方案并不描述一个特定而具体的设计或实现，而是提供设计问题的抽象描述。
（4）效果（consequences）：描述了模式应用的效果及使用模式应权衡的问题。

根据 GOF 的论著，设计模式分为创建模式、结构模式和行为模式三大类，共总结了 23 个设计模式，考虑到软件设计当前主流技术和未来趋势，有些模式应用场景很少，本章按照三类模式选取了接近二十个具体模式来讲解。

11.2 创建型模式

创建性模式（creational patterns）是用于处理对类的实例化过程的抽象化，解决"怎样创建对象"、"创建哪些对象"、"如何组合和表示这些对象"等问题，是类在实例化时使用的模式。当一些系统在创建对象时，需要动态地决定怎样创建对象，创建哪些对象。创建性模式告诉我们怎样构造和包装这些动态的决定。

面向对象的设计的目的之一，就是把责任进行划分后分派给不同的对象。我们推荐这种划分责任的做法，是因为它和封装（encapsulation）、委托（delegation）的精神是相符合的。创建性模式把对象的创建过程封装起来，使得创建实例的责任与使用实例的责任分割开，并由专门的模块分管实例的创建，而系统在宏观上不再依赖于对象创建过程的细节。

所有面向对象的语言都有固定的创建对象的办法。Java 语言办法就是使用 new 操作符。例如：

```
StringBuffer s = new StringBuffer(1000);
```

创建了一个对象 s，其类型是 StringBuffer。使用 new 操作符的短处是事先必须明确知道要实例化的类是什么，而且实例化的责任往往与使用实例的责任不加区分。使用创建型模式将类实例化，首先不必事先知道每次是要实例化哪一个类，其次把实例化的责任与使用实例的责任分割开来，可以弥补直接使用 new 操作符的短处。例如，工厂模式就是专门负责将大量有共同接口的类实例化，而且不必事先知道每次是要实例化哪一个类的模式。

创建性模式通常包括：工厂模式（factory）、原型模式（prototype）、建造者模式（builder）、单例模式（singleton）。在创建型模式中，工厂方法模式是基础（严格来说，简单工厂违反了开闭原则，并不属于 GoF 设计模式），抽象工厂模式是它的扩展。工厂方法、抽象工厂、原型模式都涉及到类层次结构中对象的创建过程，Builder 往往适合于特定的结构需要，它所针对的对象比较复杂，应根据应用需求，以及编程语言提供的便利来决定使用哪种模式，有时需要结合两种或者多种模式完成系统中对象的构造过程。

11.2.1　工厂方法模式

工厂方法模式是指定义一个用于创建对象的接口，让子类决定将哪一个类实例化，工厂方法使一个类的实例化延迟到其子类。

1. 工厂方法模式类图

从图 11-1 可以看出，工厂方法模式涉及到以下的角色：

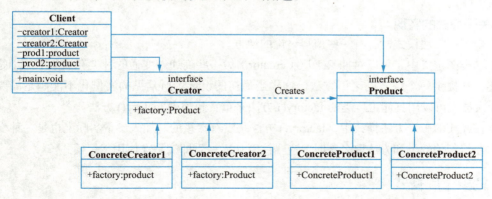

图11-1　工厂方法模式

抽象工厂接口（creator）：担任这个角色的是工厂方法模式的核心，它是与应用程序无关的。任何在模式中创立对象的工厂类必须实现这个接口。

具体工厂类（concrete creator）：担任这个角色的是与应用程序紧密相关的，直接在应用程序调用下，创立产品实例的一些类。

产品（product）：担任这个角色的类是工厂方法模式所创立的对象的超类，或它们共同拥有的接口。

具体产品（concrete product）：担任这个角色的类是工厂方法模式所创立的任何对象所属的类。

工厂方法模式的核心是一个抽象工厂类，而不像简单工厂模式，把核心放在一个具体类上。工厂方法模式可以允许很多具体的工厂类从抽象工厂类继承下来，从而可以在实际上成为多个简单工厂模式的综合，从而推广了简单工厂模式。反过来讲，在非常确定一个系统只需要一个具体的工厂类的情况下，简单工厂模式是由工厂方法模式退化而来。

与简单工厂模式一样的是，ConcreteCreator 的 factory() 方法返回的数据类型是一个接口，而不是一个具体的产品类，这种设计使得工厂类创建产品类的实例细节完全封装在工厂类内部。

2. 工厂方法模式应用场合

既然工厂方法模式与简单工厂模式的区别很是微妙，那么应该在什么情况下使用工厂方法模式，又应该在什么情况下使用简单工厂模式呢？

如果你的系统不能事先确定一个产品类在哪一个时刻被实例化，从而需要将实例化的细节局域化，并封装起来以分割实例化及使用实例的责任时，就需要考虑使用某一种形式的工厂模式。例如，在果园系统里，必须假设水果的种类随时都有可能变化，必须能够在引入新的水果品种时，很少改动程序就可以适应变化。

如果在发现系统只用一个产品类层次就可以描述所有已有的以及可预见的未来的产品类，简单工厂模式是很好的解决方案。然而，当发现系统只用一个产品类层次不足以描述所有的产品类，包括以后可能要添加的新的产品类时，就应当考虑采用工厂方法模式。工厂方法模式可以容许多个具体的工厂类，以每一个工厂类负责每一个产品类等级，这种模式可以容纳所有的产品等级。例如，在果园系统里，不只有水果种类的植物，也有蔬菜种类的植物。换言之，存在不止一个产品类层次，而且产品类层次的数目也随时都有可能变化。因此，简单工厂模式不能满足需要，为解决问题就需要工厂方法模式。

3. 关于模式的实现

在实现工厂方法模式时，有一些值得讨论的地方。

（1）在类图定义中，可以对抽象工厂（creator）做一些变通。变通的种类有抽象工厂不是接口而是抽象类，并提供一个缺省的工厂方法，这样当最初的设计者所预见的实例化不能满足需要时，后来的设计人员就可以用具体工厂类的 factory() 方法来重置超类中 factory() 方法。

（2）在经典的工厂方法模式中，factory() 方法是没有参量的。加入参量实际上也是一种变通。

（3）在给相关的类和方法取名字时，应当注意让人一看即知是在使用工厂模式。

11.2.2 抽象工厂模式

抽象工厂模式是所有形态的工厂模式中最为抽象和最具广泛性的一种形态。每一个样式都是针对一定问题的解决方案。正如前面所提到的，抽象工厂样式面对的问题是多个产品层级结构的系统设计。下面就从所面对的问题开始，将抽象工厂样式引进到系统设计中。

1. 产品族

抽象工厂样式与工厂方法样式的最大区别就在于，工厂方法样式针对的是一个产品层级结构；而抽象工厂样式则需要面对多个产品层级结构。

为了方便引进抽象工厂样式，特地引进一个新的概念：产品族（product family）。所谓产品族，是指位于不同产品层级结构中，功能相关联的产品组成的家族。显然，每一个产品族中含有产品的数目，与产品层级结构的数目是相等的。产品的层级结构和产品族将产品按照不同方向划分，形成一个二维的坐标系，如图 11-2 所示。

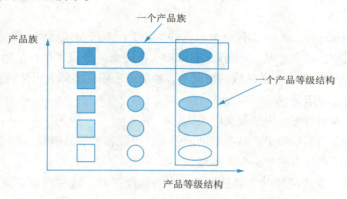

图11-2 产的层级结构和产品族

在上面的坐标图中，横轴表示产品等级结构，纵轴表示产品族。可以看出，图中有五个产品族，分布于三个产品层级结构中。只要指明一个产品所处的产品族以及它所属的层级结构，就可以唯一地确定这个产品。这样的坐标图，称为相图。在一个相图中，坐标轴代表抽象的自由度，相图中两个坐标点之间的绝对距离并没有意义，有意义的是点与点的相对位置。

2. 抽象工厂模式定义

抽象工厂模式是工厂方法模式的进一步扩广化和抽象化。我们给出抽象工厂模式的类图定义如图 11-3 所示。

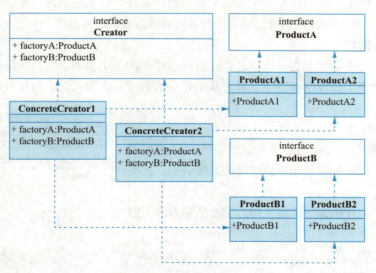

图11-3 抽象工厂模式

从图 11-3 可以看出，抽象工厂模式涉及到以下的角色：

抽象工厂接口（abstract factory）：担任这个角色的是模式的核心，创立对象的工厂类必须实现这个接口，或继承这个类。

具体工厂类（concrete factory）：担任这个角色的是与应用程序紧密相关的，直接在应用程序调用下，创立产品实例的一些类。

抽象产品（abstract product）：担任这个角色的类是工厂方法模式所创立的对象的父类，或它们共同拥有的接口。

具体产品（concrete product）：担任这个角色的类是工厂方法模式所创立的任何对象所属的类。

在抽象工厂模式中，抽象产品（abstract product）可能是一个或多个，从而构成一个或多个产品族（product family）。在只有一个产品族的情况下，抽象工厂模式实际上退化到工厂方法模式。

3. 抽象工厂模式应用场合

在以下情况下，应当考虑使用抽象工厂模式。

首先，一个系统应当不依赖于产品类实例被创立、组成和表示的细节。

其次，这个系统的产品有多于一个产品族。

然后，同属于同一个产品族的产品是设计成在一起使用的。这一约束必须在系统的设计中体现出来。

最后，不同的产品以一系列的接口的面貌出现，从而使系统不依赖于接口实现的细节。

其中第二、三个条件是选用抽象工厂模式而非其他形态的工厂模式的关键性条件。

11.2.3 单例模式

一个类只能有一个实例，这样的类常用来进行资源管理。例如，每台计算机可以有若干个打印机，但只能有一个打印处理器软件实例；每台计算机可以有若干通讯端口，软件应当集中管理这些通讯端口，以避免同时一个通讯端口被两个请求同时调用。再比如，大多数软件都有一个（或多个）属性文件存放系统配置，应当只有一个对象来管理属性文件；负责记录网站来访人数的组件，记录软件系统内部事件、出错信息的组件，或是进行系统表现监察的组件等等。

1. 单例类的特性

单例类只可有一个实例，它必须自己创立自己这唯一的一个实例，它必须给所有其他的类提供自己这一实例。单例类在理论和实践上都并非限定只能有"一个"实例，而是很容易推广到任意有限个实例的情况。

2. 饿汉式单例类

饿汉式单例类是在 Java 语言里实现得最为简便的单例类。饿汉式单例类如图 11-4 所示，图中的关系线表明，此类自己将自己实例化。

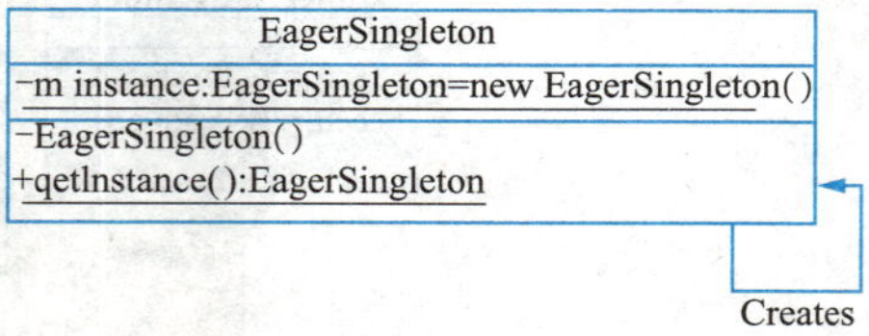

饿汉式单例类的代码如下，由于构造子类是私有的，因此此类不能被继承。

图11-4 饿汉式单例类

```
package com.javapatterns.singleton.demos;
public class EagerSingleton {
    private static final EagerSingleton m_instance = new EagerSingleton();
    private EagerSingleton() { }
    public static EagerSingleton getInstance() {
```

```
        return m_instance;
    }
}
```

3. 懒汉式单例类

懒汉式单例类在第一次被引用时将自己实例化。如果加载器是静态的，那么在懒汉式单例类被加载时不会将自己实例化。懒汉式单例类如图11-5所示，图中的关系线表明，此类自己将自己实例化。

需要注意，在下面给出懒汉式单例类实现里，使用了在多线程编程中常要使用的，著名的双重检查原则。同样，由于构造子是私有的，因此此类不能被继承。

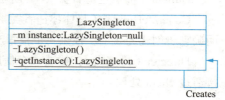

图11-5 懒汉式单例类

```
package com.javapatterns.singleton.demos;
public class LazySingleton {
        private static LazySingleton m_instance = null;
    public static synchronized LazySingleton getInstance() {
        // 这个方法比上面有所改进，不用每次都进行生成对象，只是第一次
        // 使用时生成实例，提高了效率！
        if (m_instance==null)
          m_instance = new LazySingleton();
          return m_instance; }
}
```

饿汉式单例类在自己被加载时就将自己实例化，即便加载器是静态的，被加载时仍会将自己实例化。单从资源利用效率角度来讲，这比懒汉式单例类稍差些。从速度和反应时间角度来讲，则比懒汉式单例类稍好些。然而，懒汉式单例类在实例化时必须处理多个线程同时首次引用此类时，实例化函数内部关键段的访问限制问题。特别是当单例类作为资源控器，在实例化时必然涉及资源初始化，而资源初始化很有可能耗费时间，这意味着出现多线程同时首次引用此类的几率变得较大。

饿汉式单例类可以在Java语言内实现，但不易在C++内实现，因为静态初始化在C++里没有固定的顺序，因而静态的m_instance变量的初始化与类的加载顺序没有保证，可能会出问题。这就是为什么GoF在提出单例类的概念时，举的例子是懒汉式的。

11.2.4 建造者模式

建造者模式（builder），也称为生成器模式，可以理解成分步骤创建一个复杂的对象。在该模式中允许使用相同的创建代码生成不同类型和形式的对象。Builder模式是一步一步创建一个复杂的对象，它允许用户可以只通过指定复杂对象的类型和内容就可以构建它们。

建造者模式相当于是对工厂生产产品的一种装配，由于这种装配可能随时改变，所以需要抽取出来，实现产品局部与整体的解耦。着重理解装配的含义，对应在程序中就是相当于调用顺序，以及调用参数问题。建造者模式非常类似抽象工厂模式，细微的区别大概只有在反复使用中才能体会到。

1. 建造者模式定义

在建造者模式中，有四个定义，如图11-6所示。

Product（产品类）：我们具体需要生成的类对象，表示被构造的复杂对象。

Builder（抽象建造者类）：为创建一个Product对象的各个部件制定抽象接口。

ConcreteBuilder（具体建造者类）：实现Builder的接口以构造和装配该产品的各个部件，定义并明确它所创建的表示，提供一个检索产品的接口。

Director（导演类）：构造一个使用Builder接口的对象，在实际应用中可以不需要这个角色，直接通过client处理。

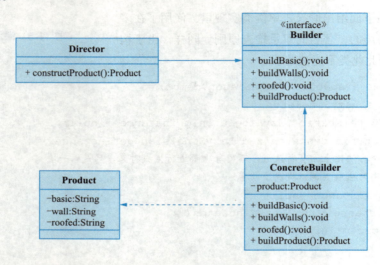

图11-6　建造者模式

2. 建造者模式应用场合

为何建造者模式是为了将构建复杂对象的过程和它的组件解耦呢？因为一个复杂的对象，不但有很多大量组成部分，如汽车有很多组件：车轮、方向盘、发动机还有各种小零件等，组件很多远不止这些。如何将这些组件装配成一辆汽车，这个装配过程也很复杂（需要很好的组装技术），建造者模式就是为了将部件和组装过程分开。

建造者模式适合以下应用场合：

（1）需要生成的产品对象有复杂的内部结构，每一个内部成分本身可以是对象，也可以仅仅是一个对象（即产品对象）的一个组成部分。

（2）需要生成的产品对象的属性相互依赖。建造模式可以强制实行一种分步骤进行的建造过程，因此，如果产品对象的一个属性必须在另一个属性被赋值之后才可以被赋值，使用建造模式是一个很好的设计思想。

（3）在对象创建过程中会使用到系统中的其他一些对象，这些对象在产品对象的创建过程中不易得到（满足跨平台修改扩展方便）。

11.2.5　原型模式

原型模式（prototype）是一种对象创建型模式，它是使用原型实例指定待创建对象的类型，并且通过复制这个原型来创建新的对象。它的工作原理很简单：将一个原型对象传给要发动创建的对象（即客户端对象），这个要发动创建的对象通过请求原型对象复制自己来实现创建过程。

1. 原型模式定义

原型模式包含以下三个角色，如图11-7所示。

抽象原型类（prototype）：声明克隆方法的接口，是所有具体原型类的公共父类，可以是抽象类也可以是接口，甚至还可以是具体实现类。

具体原型类（concretePrototype）：实现在抽象原型类中声明的克隆方法，在克隆方法中返回自己的一个克隆对象。

客户类（client）：在客户类中，让一个原型对象克隆自身从而创建一个新的对象，只需要直接实例化或通过工厂方法等方式创建一个原型对象，再通过调用该对象的克隆方法即可得到多个相同的对象。

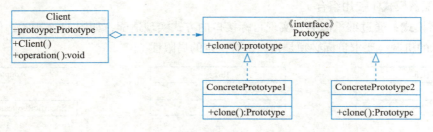

图11-7　原型模式

2. 原型模式适用场合

原型模式利用已有的一个原型对象，快速地生成和原型对象一样的实例，主要的适用场合：

（1）当一个系统应该独立于它的产品创建、构成和表示时。

（2）当要实例化的类是在运行时刻指定时，例如，通过动态装载。

（3）为了避免创建一个与产品类层次平行的工厂类层次时。

（4）当一个类的实例只能有几个不同状态组合中的一种时。建立相应数目的原型并克隆它们可能比每次用合适的状态手工实例化该类更方便一些。

例如，Java中的object clone()方法就是原型模式的应用。

原型模式的优点是能够性能提高，同时逃避构造函数的约束。缺点是必须实现Cloneable接口，而且设计克隆方法需要对类的功能进行通盘考虑，对于已有的类不一定很容易。

11.3　结构型模式

结构型模式描述如何将类或者对象结合在一起形成更大的结构。结构型模式可以分为类模式和对象模式。结构型类模式使用继承机制来组合接口或实现，结构型对象模式描述了如何对一些对象进行组合，从而实现新功能的一些方法。因为可以在运行时刻改变对象组合关系，对象组合方式具有更大的灵活性。结构型模式通常包括：适配器模式（adapter）、代理模式（proxy）、装饰器模式（decorator）、桥梁模式（bridge）、组合模式（composite）、门面模式（facade）、享元模式（flyweight）。

11.3.1 适配器模式

适配器模式（adapter）也称为包装器模式（wrapper），将一个类的接口转换成客户希望的另外一个接口，使得原本由于接口不兼容而不能一起的类可以一起工作。

1. 模式定义

适配器模式包含三个角色：

（1）目标角色（target）：该角色定义把其他类转换为所期望的接口。

（2）源角色（adaptee）：需要被适配器转换的对象，通常是已经存在的、运行良好的类或对象。

（3）适配器角色（adapter）：适配器模式的核心角色，它的职责非常简单：通过继承或组合的方式把源角色转换为目标角色，其功能的实现需要符合 Target 标准。

对于面向对象的编程语言，适配器模式有两种比较常见的实现方式：类适配器模式（使用继承）、对象适配器模式（使用组合）。

类适配器模式：通过继承源类，实现目标接口的方式实现适配，如图 11-8 所示，但是由于 Java 等语言单继承的机制，要求目标必须是接口，有一定的局限性。

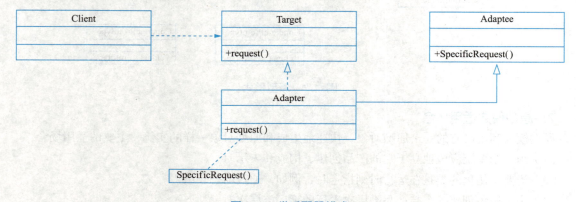

图11-8　类适配器模式

对象适配器模式：通过实例对象（构造器传递）来实现适配器，而不是再用继承，其余基本同类适配器，如图 11-9 所示。

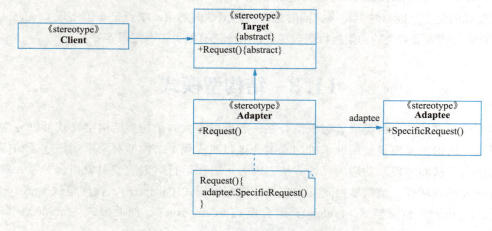

图11-9　对象适配器模式

2. 适用场合

适配器模式主要解决在软件系统中，常常要将一些"现存的对象"放到新的环境中，而新环境要求的接口是现对象不能满足的。在下列情况中使用 Adapter 模式：

（1）如果想使用一个已经存在的类，而它的接口不符合要求。

（2）如果想创建一个可以复用的类，该类可以与其他不相关的类或不可预见的类协同工作，这些源类不一定有一致的接口。

（3）对于对象适配器，如果想使用一些已经存在的子类，但是不能对每个都进行子类化以匹配他们的接口。对象适配器可以适配它的超类接口。

11.3.2 代理模式

代理模式（proxy）给某一个对象提供一个代理对象，并由代理对象控制对原对象的引用。对一个对象进行访问控制的一个原因是为了只有在我们确实需要这个对象时才对它进行创建和初始化。它是给某一个对象提供一个替代者（占位者），使之在 client 对象和 subject 对象之间编码更有效率。简单点说，代理模式就是设置一个中间代理来控制访问原目标对象，以达到增强原对象的功能和简化访问方式。

1. 模式定义

代理模式包含以下角色，如图 11-10 所示。

（1）抽象主题（subject）：声明了真实主题和代理主题的共同接口，这样在任何使用真实主题的地方都可以使用代理主题

（2）代理主题（proxy）：代理主题角色内部含有对真实主题的引用，从而可以在任何时候操作真实主题对象；代理主题角色提供一个与真实主题角色相同的接口，以便可以在任何时候都可以替代真实主题；控制真实主题的应用，负责在需要的时候创建真实主题对象。

（3）真实主题（realSubject）角色：定义了代理角色所代表的真实对象。

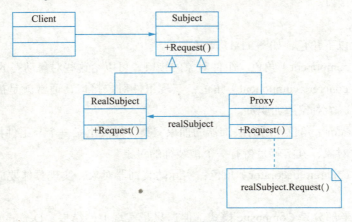

图11-10 代理模式

代理模式又分为静态代理和动态代理。静态代理是指在程序运行之前编译时就已经确定了代理类、被代理类、接口。动态代理更为灵活，用途更加广泛，是指代理类在程序运行时被创建的代理方式。

动态代理的关键在于动态，程序具有了动态特性，可以在运行期间根据不同的目标对象生成动态代理对象，并且可以通过动态代理对象对目标对象（真实对象）进行功能性补强。此处的动态代理对象不是通过预先编写好的程序生成的，而是运行期间根据用户需求或者代码指示生成的，动态代理分为两种：一类是基于接口实现的动态代理，另一类是基于类的动态代理。例如，JDK 动态代理通过反射完成，CGLIB 是基于类实现的动态代理。

2. 代理模式适用场合

有时一个客户不想或者不能够直接引用一个对象，而代理对象可以在客户端和目标对象之间起到中介的作用。代理可以提供延迟实例化（lazy instantiation）、控制访问等等，以下是代理模式几类较为普遍的应用场景：

（1）远程代理（remote proxy）为一个位于不同的地址空间的对象提供一个本地的代理对象。这个不同的地址空间可以是在同一台主机中，也可是在另一台主机中。

（2）虚拟代理（virtual proxy）根据需要创建开销很大的对象。如果需要创建一个资源消耗较大的对象，先创建一个消耗相对较小的对象来表示，真实对象只在需要时才会被真正创建。

（3）保护代理（protection proxy）控制对原始对象的访问。保护代理用于对象应该有不同的访问权限的时候。

（4）智能指引（smart reference）取代了简单的指针，它在访问对象时执行一些附加操作。

（5）Copy-on-Write 代理：它是虚拟代理的一种，把复制（克隆）操作延迟到只有在客户端真正需要时才执行。一般来说，对象的深克隆是一个开销较大的操作，Copy-on-Write 代理可以让这个操作延迟，只有对象被用到的时候才被克隆。

11.3.3 装饰器模式

装饰器模式是指动态地给一个对象添加一些额外的职责，别名也叫 Wrapper，装饰器必须和要包装的对象具有相同的接口。

1. 模式定义

装饰器模式包含以下角色，如图 11-11 所示。

（1）抽象构件（component）角色：组件对象的接口，可以给这些对象动态的添加职责。

（2）具体构件（concrete component）角色：实现组件对象接口，通常就是被装饰器装饰的原始对象，也就是可以给这个对象添加职责。

（3）装饰（decorator）角色：所有装饰器的抽象父类，需要定义一个与组件接口一致的接口，并持有一个 Component 对象，其实就是持有一个被装饰的对象。

（4）具体装饰（concrete decorator）角色：实际的装饰器对象，实现具体要向被装饰对象添加的功能。

图 11-11 中的上半部分是 Composite 模式，但这只是实现上的结果，Decorator 的意义不在于此。Decorator 是子类继承的一种替代方法，它适用于不方便产生子类的情况。图 11-11 中，如果不引入 Decorator 类，对于分别实现 ConcreteDecoratorA、ConcreteDecoratorB、ConcreteDecoratorA+ConcreteDecoratorB、ConcreteDecoratorB+ConcreteDecoratorA 代表的功能就需要增加四个 Component 的子类，远不如用 decorator 灵活。

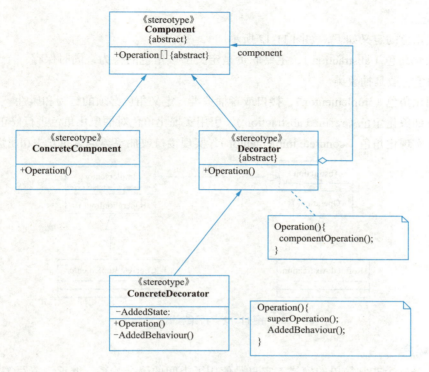

图11-11 装饰器模式

2. 适用场合

装饰器模式的目的是"动态地给一个对象添加一些额外的功能"。其关键之处在于"动态"和"对象"上。传统上依靠子类继承来实现功能的扩展，它针对的是整个类，但装饰器不使用继承，它只是针对单个对象实例进行功能扩展，可以在运行时动态地、灵活地对功能进行组装。因此，装饰器模式比继承更灵活。继承是静态的，而装饰模式采用把功能分离到每个装饰器当中，然后通过对象组合的方式，在运行时动态的组合功能，每个被装饰的对象，最终有哪些功能，是由运行期动态组合的功能来决定的。

装饰模式把一系列复杂的功能，分散到每个装饰器当中，一般一个装饰器只实现一个功能，这样实现装饰器变得简单，更重要的是这样有利于装饰器功能的复用，可以给一个对象增加多个同样的装饰器，也可以把一个装饰器用来装饰不同的对象，从而容易实现复用。

装饰模式可以通过组合装饰器的方式，给对象增添任意多的功能，因此在进行高层定义的时候，不用把所有的功能都定义出来，而是定义最基本的就可以，从而简化高层定义。

装饰模式也有其缺点，它把一系列复杂的功能分散到每个装饰器当中，一般一个装饰器只实现一个功能，这样会产生很多细粒度的对象。

11.3.4 桥梁模式

桥梁模式（bridge）也称为桥接模式，是将抽象和行为解耦，使得两者可以独立地变化，但能动态的结合。桥梁模式的重点是在"解耦"上，如何让他们解耦是我们要了解的重点，就是把变化的部分抽取出来，由原来的继承关系，变成组合关系。

1. 模式定义

桥梁模式角色的定义如下，如图 11-12 所示。

（1）抽象化角色（abstraction），主要职责是定义出该角色的行为，同时保存一个对实现化角色的引用，该角色一般是抽象类。

（2）实现化角色（implementor），接口或者抽象类，定义角色必须的行为和属性。

（3）修正抽象化角色（refined abstraction），引用实现化角色对抽象化角色进行修正。

（4）具体实现化角色（concrete implementor），实现接口或抽象类定义的方法和属性。

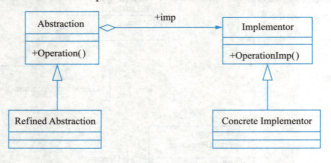

图11-12　桥梁模式

2. 适用场合

桥梁模式是一个非常简单的模式，它只是使用了类间的聚合关系、继承、覆写等常用功能，但是它却提供了一个非常清晰、稳定的架构。其使用场景包括：

（1）不希望或不适用使用继承的场景。例如，继承层次过渡、无法更细化设计颗粒等场景，需要考虑使用桥梁模式。

（2）接口或抽象类不稳定的场景。明知道接口不稳定还想通过实现或继承来实现业务需求，那是得不偿失的，也是比较失败的做法。

（3）重用性要求较高的场景。设计的颗粒度越细，则被重用的可能性就越大，而采用继承则受父类的限制，不可能出现太细的颗粒度。

实际应用上，常常有可能在多个具体类之间有概念上重叠。那么需要我们把抽象共同部分和行为共同部分各自独立开来，原来是准备放在一个接口里，现在需要设计两个接口，分别放置抽象和行为。例如，一杯咖啡为例，有中杯和大杯之分，同时还有加奶和不加奶之分。如果用单纯的继承，这四个具体实现（中杯 大杯 加奶 不加奶）之间有概念重叠，因为有中杯加奶，也有中杯不加奶，如果再在中杯这一层再实现两个继承，很显然混乱，扩展性极差，那我们使用 Bridge 模式来实现它。如何实现？只需要将抽象和行为分开，加奶和不加奶属于行为，我们将它们从杯子类型中分离出来，抽象成一个专门的行为接口。

桥梁模式的目的就是使抽象和行为分离，做到各自的独立发展，就是说抽象和行为各抽象出一个接口。当需要扩展行为或者抽象部分时，只需扩展相应部分，而不用修改原来的结构。

11.3.5　组合模式

组合模式（composite）将对象组和成树型结构以表示"部分 - 整体"的层次结构，使得用户对单个对象和组合对象的使用具有一致性。

1. 模式定义

组合模式通过引入一个抽象的组件对象，作为组合对象和叶子对象的父对象，这样就把组合对象和叶子对象统一起来了，用户使用的时候，始终是在操作组件对象，而不再去区分是在操作组合对象还是在操作叶子对象。

桥梁模式角色的定义如下，如图 11-13 所示。

（1）抽象的组件对象（component），为组合中的对象声明接口，让客户端可以通过这个接口来访问和管理整个对象结构，可以在里面为定义的功能提供缺省的实现。

（2）叶子节点对象（leaf），定义和实现叶子对象的行为，不再包含其他的子节点对象。在组合中定义具体的对象的行为。

（3）组合对象（composite），通常会存储子组件，定义包含子组件的那些组件的行为，并实现在组件接口中定义的与子组件有关的操作。

（4）客户端（client），通过组件接口来操作组合结构里面的组件对象。

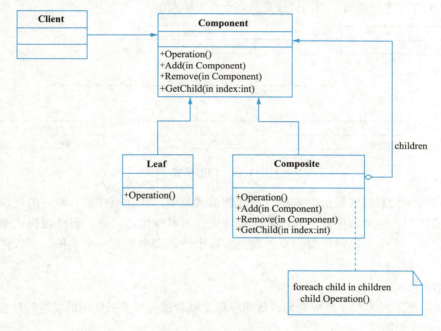

图11-13　组合模式

组合模式的关键就在于这个抽象类，这个抽象类既可以代表叶子对象，也可以代表组合对象，这样用户在操作的时候，对单个对象和组合对象的使用就具有了一致性。

2. 适用场合

组合模式使客户端调用简单，客户端可以一致的使用组合结构或其中单个对象，用户就不必关系自己处理的是单个对象还是整个组合结构，这就简化了客户端代码；更容易在组合体内加入对象部件，客户端不必因为加入了新的对象部件而更改代码。

如何使用组合模式？首先定义一个接口或抽象类，要在接口内部定义一个用于访问和管理 Composite 组合体的对象们（或称部件 Component）。组合模式是个很巧妙体现智慧的模式，在实际应用中，如果碰到树形结构，我们就可以尝试是否可以使用这个模式。

11.3.6 门面模式

门面模式（facade）也称作外观模式，为子系统提供了一个更高层次、更简单的接口，从而降低了子系统的复杂度和依赖，这使得子系统更易于使用和管理。当正确地应用门面模式时，客户不再直接与子系统中的类交互，而是与外观交互。外观承担与子系统中类交互的责任。实际上，外观是子系统与客户的接口，这样外观模式降低了子系统和客户的耦合度。

1. 模式定义

门面模式一共有两种角色，如图 11-14 所示。

（1）门面角色：客户端调用这个角色的方法。此角色知晓相关的子系统的功能和责任。正常情况下，本角色会将所有从客户端发来的请求委派到相应的子系统中。

（2）子系统角色：可以同时有一个或者多个子系统。每个子系统都不是一个单独的类，而是一个类的集合。每一个子系统都可以被客户端直接调用，或者被门面角色直接调用。子系统并不知道门面的存在，对于子系统而言，门面仅仅是另一个客户端而已。

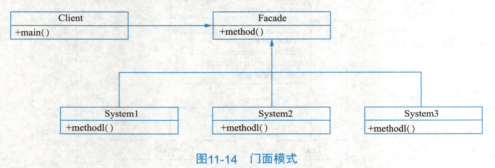

图11-14 门面模式

外观模式是由代理模式发展而来的，与代理模式类似，代理模式是一对一的代理，而外观模式是一对多的代理。与装饰模式不同的是，装饰模式为对象增加功能，而外观模式则是提供一个简化的调用方式。一个系统可以有多个外观类，每个外观类都只有一个实例，可以使用单例模式实现。

2. 适用场合

外观对象隔离了客户和子系统对象，从而降低了耦合度。当子系统中的类进行改变时，客户端不会像以前一样受到影响。

在真实的应用系统中，一个子系统可能由很多类组成。子系统的客户为了满足它们的需要，需要和子系统中的一些类进行交互。客户和子系统的类进行直接的交互会导致客户端对象和子系统之间高度耦合，而导致客户程序随着子系统的变化而变化。引入门面模式可以将复杂系统的内部子系统与客户程序之间的依赖解耦，简化客户程序与子系统之间的交互接口，也可以提高子系统的独立性和可移植性。

在层次化结构中，可以使用外观模式定义系统中每一层的入口，层与层之间不直接产生联系，而通过外观类建立联系，降低层之间的耦合度。

门面模式的缺点是不能很好地限制客户使用子系统类，如果对客户访问子系统类做太多的限制则减少了可变性和灵活性；在不引入抽象外观类的情况下，增加新的子系统可能需要修改外观类或客户端的源代码，违背了"开闭原则"。

11.3.7 享元模式

享元模式（flyweight pattern）通过运用共享技术来有效地支持大量细粒度对象的复用。它通过共享已经存在的对象来大幅度减少需要创建的对象数量、避免大量相似对象的开销，从而提高系统资源的利用率。

享元模式主要解决的问题是创建大量相似对象时的内存开销问题。该模式通过共享具有相同状态的对象来减少内存使用量。其思想是当需要创建一个新对象时，首先检查是否已经存在具有相同状态的对象。如果存在，则返回已经存在的对象，否则创建一个新的对象。因此，如果要创建多个具有相同状态的对象，可以重复使用相同的对象，从而减少内存开销。

享元模式的"享"就是分享之意，指一物被众人共享，而这也正是该模式的宗旨所在。享元模式有点类似于单例模式，都是只生成一个对象来被共享使用。

1. 模式定义

桥梁模式角色的定义如下，如图 11-15 所示。

（1）抽象享元（flyweight）：通常是一个接口或抽象类，在抽象享元类中声明了具体享元类公共的方法，这些方法可以向外界提供享元对象的内部数据（内部状态），同时也可以通过这些方法来设置外部数据（外部状态）。

（2）具体享元（concrete flyweight）：实现抽象角色规定的方法。在具体享元类中为内部状态提供了存储空间。通常我们可以结合单例模式来设计具体享元类，为每一个具体享元类提供唯一的享元对象。

（3）享元工厂（flyweight factory）：负责创建和管理享元角色。当客户对象请求一个享元对象时，享元工厂检查系统中是否存在符合要求的享元对象，如果存在则提供给客户；如果不存在的话，则创建一个新的享元对象。

（4）非享元（unsharable flyweight）：并不是所有的抽象享元类的子类都需要被共享，不能被共享的子类可设计为非共享具体享元类；当需要一个非共享具体享元类的对象时可以直接通过实例化创建。

（5）客户端角色：维护对所有享元对象的引用，而且还需要存储对应的外蕴状态。

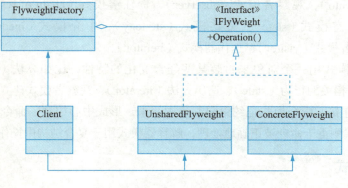

图11-15 享元模式

2. 适用场合

如果一个应用程序使用了大量的对象，而这些对象造成了很大的存储开销的时候就可以考虑是否可以使用享元模式。例如，如果发现某个对象生成了大量细粒度的实例，并且这些实例除了几个参数外基本是相同的，如果把那些共享参数移到类外面，在方法调用时将他们传递进来，就可以通过共享大幅度单个实例的数目。

常见的使用场景：

（1）当需要创建大量相似对象时可以使用享元模式，例如，游戏中的道具、棋子等。

（2）当对象需要被共享时，可以使用享元模式，例如，线程池中的线程。

（3）当系统的内存资源相对有限时可以考虑使用享元模式，以减少内存的使用。

（4）当需要减少对象的创建次数、降低系统开销时可以使用享元模式。

享元模式的优点：

（1）减少内存使用：由于享元模式共享对象，因此可以减少内存使用。

（2）提高性能：创建和销毁对象会占用大量的 CPU 时间和内存空间，使用享元模式可以提高性能。

（3）代码简洁：享元模式可以使代码更简洁，使用相同的对象来处理多个请求，而不需要创建大量的对象。

享元模式的缺点：

（1）共享对象可能会对线程安全造成问题。如果不正确地实现共享机制，则可能导致多个线程对同一对象进行更改，从而导致竞争条件。

（2）需要牺牲一定的时间和空间，来实现对象共享和控制机制。这意味着，当对象之间没有重复性时，使用享元模式可能会导致额外的开销。

11.4 行为型模式

行为型模式是对在不同的对象之间划分责任和算法的抽象化，行为模式不仅仅是关于类和对象的，而且关注它们之间的通信模式。类的行为模式是指使用继承关系在几个类之间分配行为，对象的行为模式是指使用对象的聚合来分配行为。行为型模式通常包括：模板方法模式（template）、备忘录模式（memento）、观察者模式（observer）、责任链模式（chain of responsibility）、命令模式（command）、状态模式（state）、策略模式（strategy）、中介模式（mediator）、解释器模式（interpreter）、访问者模式（visitor）、迭代器模式（iterator）。

大多数行为型模式用一个对象来封装某些经常变化的特性，比如算法（strategy）、交互协议（mediator）、与状态相关的行为（state）、遍历方法（iterator）；观察者模式建立起"目标"和"观察者"之间的松耦合连接，中介模式把约束限制集中起来，形成中心控制；命令模式侧重于命令的总体管理，责任链模式侧重于命令被正确地处理，解释器模式用于复合结构中操作的执行过程。

11.4.1 责任链模式

责任链模式（chain of responsibility）将请求的处理者组织成一条链（链上的每一个对象都是请求处理者），并使请求沿着链传递，由链上的处理者对请求进行相应的处理。客户端无须关心请求的处理细节以及请求的传递，只需将请求发送到链上即可。将请求的发送者和请求的处理者解耦。这就是职责链模式的模式动机。

击鼓传花便是责任链模式的应用。在责任链模式里，很多的对象由每一个对象对其下家的引用而连接起来形成一条链。请求在这个链上传递，直到链上的某一个对象决定处理此请求。发出这个请求的客户端并不知道链上的哪一个对象最终处理这个请求，这使得系统可以在不影响客户端的情况下动态地重新组织链和分配责任。责任链可能是一条直线、一个环链甚至一个树结构的一部分。

1. 责任链模式结构

责任链模式是一种对象的行为模式，它所涉及到的角色如下：

（1）抽象处理者（handler）：定义出一个处理请求的接口；如果需要，接口可以定义出一个方法，以返回对下家的引用。抽象方法 handleRequest() 规范了子类处理请求的操作。

（2）具体处理者（concrete handler）：处理接到请求后，可以选择将请求处理掉，或者将请求传给下家。具体处理者 ConcreteHandler 类只有 handleRequest() 一个方法。

责任链模式的静态类结构如图 11-16 所示。

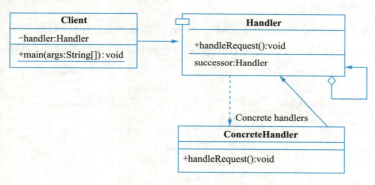

图11-16 责任链模式

2. 责任链模式适用场合

在下面的情况下使用责任链模式：

（1）系统已经有一个由处理者对象组成的链。这个链可能由复合模式给出。

（2）当有多于一个的处理者对象会处理一个请求，而且在事先并不知道到底由哪一个处理者对象处理一个请求。这个处理者对象是动态确定的。

（3）当系统想发出一个请求给多个处理者对象中的某一个，但是不明显指定是哪一个处理者对象会处理此请求。

（4）当处理一个请求的处理者对象集合需要动态地指定时。

责任链模式减低了发出命令的对象和处理命令的对象之间的耦合，它允许多与一个的处理者对象根据自己的逻辑来决定哪一个处理者最终处理这个命令。换言之，发出命令的对象只是把命令传给链结构的起始者，而不需要知道到底是链上的哪一个节点处理了这个命令。显然，这意味着在处理命令上，允许系统有更多的灵活性。

一个纯的职责链模式要求一个具体处理者对象只能在两个行为中选择一个：一个是承担责任，另一个是把责任推给下家。不允许出现某一个具体处理者对象在承担了一部分责任后又将责任向下传的情况。在一个纯的职责链模式里面，一个请求必须被某一个处理者对象所接收；在一个不纯的职责链模式里面，一个请求可以最终不被任何接收端对象所接收。

11.4.2 观察者模式

观察者模式（observer）在对象之间定义了一个一对多的依赖，如果一个对象改变了状态，就通知依赖于它的其他对象，并自动地更新这些对象。这一模式中的关键对象是目标（subject）和观察者（observer），一个目标可以有任意数目的依赖它的观察者，一旦目标的状态发生改变，所有的观察者都得到通知。这种交互也称为发布-订阅（publish-subscribe）。

1. 模式定义

观察者模式的结构如图11-17所示，角色的定义如下：

（1）目标（subject）：目标知道它的观察者。可以有任意多个观察者观察同一个目标，提供注册和删除观察者对象的接口。

（2）观察者（observer）：为那些在目标发生改变时需获得通知的对象定义一个更新的接口。

（3）具体目标（concrete subject）：将有关状态存入各ConcreteObserver对象。当它的状态发生改变时，它的各个观察者发出通知。

（4）具体观察者（concrete observer）：维护一个指向ConcreteSubject对象的引用；存储有关状态，这些状态应与目标的状态保持一致；实现Observer的更新接口以使自身状态与目标的状态保持一致。

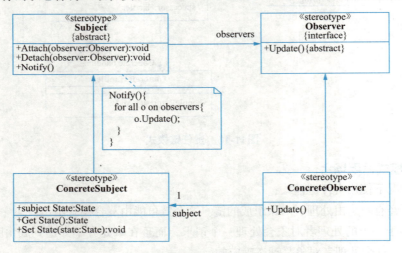

图11-17 观察者模式

观察者模式提供了主题和观察者之间的松耦合设计。因为主题只知道观察者实现了某个接口（即Observer接口），主题不需要知道具体观察者是谁、做了些什么或其他任何细节。要增加新的观察者或删除观察者，主题不会受到任何影响，不必修改主题代码。可以独立地复用主题和观察者，它们之间互不影响，即是松耦合的。

2. 适用场合

观察者模式定义对象间的一种一对多的依赖关系，当一个对象的状态发生改变时，所有依赖于他的对象都得到通知并被自动更新。其应用场景一般包括：

（1）当一个抽象模型有两个方面，其中一个方面依赖于另一方面。将这二者封装在独立的对象中以使它们可以各自独立地改变和复用。

（2）当对一个对象的改变需要同时改变其他对象，而不知道具体有多少对象有待改变。

（3）当一个对象必须通知其他对象，而它又不能假定其他对象是谁。换言之，你不希望这些对象是紧密耦合的。

11.4.3 策略模式

策略模式（strategy/policy）定义一系列的算法，把它们一个个封装起来，并且使它们可相互替换。本模式使得算法的变化可独立于使用它的客户。有些算法对于某些类是必不可少的，但是不适合于硬编进类中，客户可能需要算法的多种不同实现，允许增加新的算法实现或者改变现有的算法实现，可以把这样的算法封装到单独的类中，称为"策略"，"策略"提供了一种用多个行为中的一个行为来配置一个类的方法。

1. 模式定义

策略模式的结构如图11-18所示，角色的定义如下：

（1）环境（context）：持有一个Strategy类的引用。可定义一个接口让Strategy访问它的数据。

（2）抽象策略（strategy）：给出所有的具体策略类所需的接口，通常由一个接口或抽象类实现。

（3）具体策略（contrete strategy）：包装了相关的算法或行为，实现Strategy接口的某个具体类。

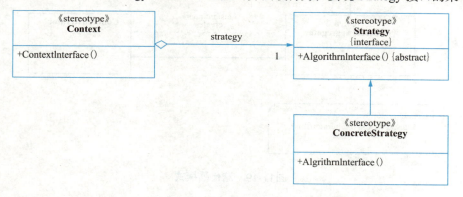

图11-18 策略模式

2. 适用场合

本模式可以适用的算法可独立与使用它的客户而变化。

（1）许多相关的类仅仅是行为有异。"策略"提供了一种用多个行为中的一个行为来配置一个类的方法。

（2）需要使用一个算法的不同变体。例如，你可能会定义一些反映不同的空间/时间权衡的算法。当这些变体实现为一个算法的类层次时，可以使用策略模式。

（3）算法使用客户不应该知道的数据。可使用策略模式以避免暴露复杂的、与算法相关的数据结构。

（4）一个类定义了多种行为，并且这些行为在这个类的操作中以多个条件语句的形式出现。将相关的条件分支移入它们各自的策略类中以代替这些条件语句。

11.4.4 迭代器模式

迭代器模式（iterator）提供一种方法顺序访问一个容器（container）对象中各个元素，而又不需暴露该对象的内部表示。迭代器模式将对聚合对象的访问和遍历从聚合对象中分离出来并放入一个迭代器，将遍历机制与聚合对象分离。

1. 模式定义

迭代器模式的结构如图 11-19 所示，角色的定义如下：

（1）迭代器（iterator）：定义访问和遍历元素的接口。

（2）具体迭代器（concrete iterator）：实现 Iterator 定义的接口，在遍历时跟踪当前聚合对象中的位置。

（3）聚合（aggregate）：定义一个创建 Iterator 对象的接口。

（4）具体聚合（concrete aggregate）：实现 Aggregate 所定义的接口。

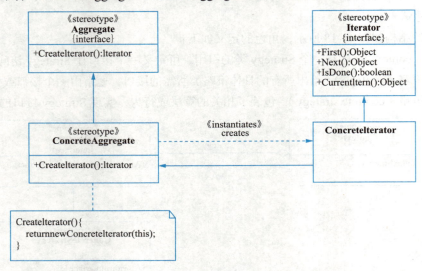

图11-19　迭代器模式

Iterator 模式总是用同一种逻辑来遍历集合：

```
for(Iterator it = c.iterater(); it.hasNext(); ) { ... }
```

客户端自身不维护遍历集合的"指针"，所有的内部状态（如当前元素位置，是否有下一个元素）都由 Iterator 来维护，而这个 Iterator 由集合类通过工厂方法生成，因此，它知道如何遍历整个集合。客户端从不直接和集合类打交道，它总是控制 Iterator，向它发送"向前"，"向后"，"取当前元素"的命令，就可以间接遍历整个集合。

2. 适用场合

迭代器模式的思想是将对容器的访问和遍历操作从集合对象中分离出来，放到一个专门负责迭代操作的对象中，其使用场合比较明确：一个集合对象（容器），如数组，应提供一种方法（服务）让外界可以访问它保存的元素，同时又不暴露它的内部结构。例如，JDK 中的 java.util.iterator。此外，迭代器模式能针对不同的需要，提供不同的方式遍历集合元素。

11.4.5 访问者模式

访问者模式（visitor）在不改变聚合对象内元素的前提下，为聚合对象内每个元素提供多种访问方式,即聚合对象内的每个元素都有多个访问者对象。访问者模式主要解决稳定的数据结构和易变元素的操作之间的耦合问题。

1. 模式定义

访问者模式的结构如图 11-20 所示,角色的定义如下:

(1) 抽象访问者(visitor):定义了对每一个元素(element)访问的行为,它的参数就是可以访问的元素,它的方法个数理论上来讲与元素类个数(element 的实现类个数)是一样的,从这点看出,访问者模式要求元素类的个数不能改变。

(2) 具体访问者(concrete visitor):实现了每个由抽象访问者声明的操作,每一个操作用于访问对象结构中一种类型的元素。

(3) 抽象元素(element):定义了一个接受访问者的方法(accept),其意义是指,每一个元素都要可以被访问者访问。

(4) 具体元素(concrete element):提供接受访问方法的具体实现,而这个具体的实现,通常情况下是使用访问者提供的访问该元素类的方法。

(5) 对象结构(object structure):是一个元素的集合,并且提供了遍历其内部元素的方法。它可以结合组合模式来实现,也可以是一个简单的集合对象,如一个 List 对象或一个 Set 对象。

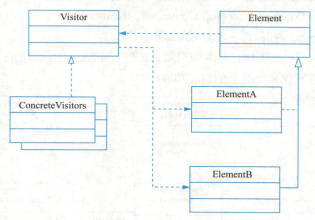

图11-20 访问者模式

2. 适用场合

访问者模式适用于对象结构相对稳定,但其操作算法又易变化的系统,对象结构中的对象需要提供多种不同且不相关的操作,而且要避免让这些操作的变化影响对象的结构。因为访问者模式使得算法操作增加变得容易。若系统数据结构对象易于变化,经常有新的数据对象增加进来,则不适合使用访问者模式。

例如,Java 的 Collection 是我们最经常使用的结构,但是,本来有各种鲜明类型特征的对象一旦放入后,再取出时,这些类型就消失了。那么我们势必要使用 if 和 instance-of 来判断每个对象的类型,这样做的缺点很明显,就可以使用 Visitor 模式来解决。

访问者模式优点:符合单一职责原则,即数据的存储和操作分别由对象结构类和访问者类实现;具备优秀的扩展性,能够在不修改对象结构中的元素的情况下,为对象结构中的元素添加新的功能。提供灵活性,将数据结构与作用于结构上的操作解耦,使得操作集合可相对自由地演化而不影响系统的数据结构。

访问者模式缺点：具体元素的增加将导致访问者类的修改，违反了开闭原则；具体元素对访问者公布了其细节，破坏了对象的封装性；访问者类依赖了具体类而不是抽象，违反了依赖倒置原则。

11.4.6 命令模式

命令模式（command）将一个请求封装为一个对象，从而使可用不同的请求对客户进行参数化；对请求排队或记录请求日志，以及支持可取消的操作。

不少命令模式的代码都是针对图形界面的，例如，在一个下拉菜单选择一个命令时，然后会执行一些动作。将这些命令封装成在一个类中，然后用户（调用者）再对这个类进行操作，这就是 Command 模式。换句话说，本来用户（调用者）是直接调用这些命令的，如菜单上打开文档（调用者），就直接指向打开文档的代码，使用 Command 模式，就是在这两者之间增加一个中间者，将这种直接关系拗断，同时两者之间都隔离，基本没有关系了。

1. 模式定义

命令模式的结构如图 11-21 所示，角色的定义如下：

（1）调用者（invoker）：通常会持有命令对象，可以持有很多的命令对象，负责调用 Command，它实质上相当于 CommandManager，或者是 CommandContainer。

（2）命令树（Command 树）：真正的 Command 主体。

（3）接收者（receiver）：真正执行命令的对象，扩展 Command::Execute() 的能力。任何类都可能成为接收者，只要它能够实现命令要求的相应功能。

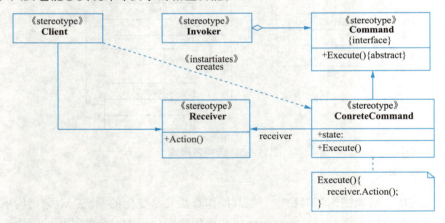

图11-21 命令模式

从根本上来说，命令的执行体在命令树上，但如果仅仅是一个命令树，那命令模式也就没什么特点了，关键在于调用者和接收者扩展了它的能力。Receiver 的引进是关键之处，它使得 Command 模式更为灵活。Receiver 的根本目的在于重用 Rceiver::Action 的代码，在具体使用上可以有多种变化。

2. 适用场合

认为是命令的地方都可以使用命令模式，比如：GUI 中每一个按钮都是一条命令。

命令模式的优点在于：降低了系统耦合度；新的命令可以很容易添加到系统中去。缺点是使用命令模式可能会导致某些系统有过多的具体命令类。

11.4.7 状态模式

状态模式（state）将状态逻辑和动作实现进行分离。当一个操作中要维护大量的分支语句，并且这些分支依赖于对象的状态时，状态模式将每一个分支都封装到独立的类中。

1. 模式定义

策略模式的结构如图 11-22 所示，角色的定义如下：

（1）环境类（context）角色：也称为上下文，它定义了客户端需要的接口，内部维护一个当前状态，并负责具体状态的切换。

（2）抽象状态（state）角色：定义一个接口，用以封装环境对象中的特定状态所对应的行为，可以有一个或多个行为。

（3）具体状态（concrete state）角色：实现抽象状态所对应的行为，并且在需要的情况下进行状态切换。

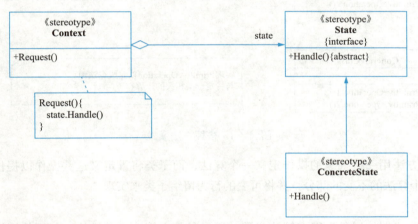

图11-22　状态模式

2. 适用场合

状态模式在实际使用中比较多，适合"状态的切换"。因为我们经常会使用 if else 进行状态切换，如果针对状态的这样判断切换反复出现，我们就要联想到是否可以采取 State 模式进行重构了。

当一个对象的行为取决于它的状态，并且它必须在运行时根据状态改变它的行为时，就可以考虑使用状态模式。

当一个操作中含有庞大的多分支的条件语句，且这些分支依赖于该对象的状态。这个状态通常用一个或多个枚举常量表示。状态模式将每一个条件分支放入一个独立的类中。这使得你可以根据对象自身的情况将对象的状态作为一个对象，这一对象可以不依赖于其他对象而独立变化。

11.4.8 模板方法模式

模板方法模式（template）定义一个操作中的算法的骨架，而将一些步骤延迟到子类中，使得子类可以不改变一个算法的结构即可重定义该算法的某些特定步骤。

1. 模式定义

策略模式的结构如图 11-23 所示，角色的定义如下：

（1）抽象模板（abstract template）：定义了一个或多个抽象操作，以便让子类实现，这些抽象操作称为基本操作，它们是一个顶级逻辑的组成步骤；定义并实现了一个模板方法，这个模板方法给出了一个顶级逻辑的骨架，而逻辑的组成步骤在相应的抽象操作中，推迟到子类实现。顶级逻辑也有可能调用一些具体方法。

（2）具体模板（concrete template）：实现父类所定义的一个或多个抽象方法，它们是一个顶级逻辑的组成步骤。每一个抽象模板角色都可以有任意多个具体模板角色与之对应，而每一个具体模板角色都可以给出这些抽象方法（也就是顶级逻辑的组成步骤）的不同实现，从而使得顶级逻辑的实现各不相同。

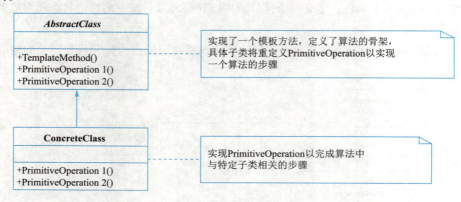

图11-23　模板方法模式

一个模板方法用一些抽象的操作定义一个算法，而子类将重定义这些操作以提供具体的行为，一次性实现一个算法的不变的部分，并将可变的行为留给子类来实现。

2. 适用场合

当只希望客户端扩展某个特定算法步骤，而不是整个算法或其结构时，可使用模板方法模式。模板方法将整个算法转换为一系列独立的步骤，以便子类能对其进行扩展，同时还可让超类中所定义的结构保持完整。

当多个类的算法除一些细微不同之外几乎完全一样时，可使用该模式。但其后果就是，只要算法发生变化，就可能需要修改所有的类。

在将算法转换为模板方法时，可将相似的实现步骤提取到超类中以去除重复代码。子类间各不同的代码可继续保留在子类中。

11.4.9　备忘录模式

备忘录模式（memento）又称快照模式（snapshot），在不破坏封装性的前提下，捕获一个对象的内部状态，并在该对象之外保存这个状态，这样以后就可将该对象恢复到保存的状态。

1. 模式定义

备忘录模式的结构如图11-24所示，角色的定义如下：

（1）发起（originator）：负责组织整个备忘录的全过程，通过创建、导入备忘录来备份、恢复数据。

（2）备忘录（memento）：负责存储发起角色对象的内部状态，并可防止对应发起角色以外的其他对象访问备忘录。备忘录有两个接口，管理者只能看到备忘录的窄接口，它只能将备忘录传递给其他对象。发起者能够看到一个宽接口，允许它访问返回到先前状态所需的所有数据。

（3）管理者（caretaker）：负责保存备忘录 Memento，不能对备忘录的内容进行操作或检查。

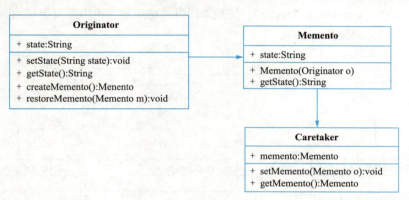

图11-24　备忘录模式

备忘录模式的本质是在不破坏封装性的前提下，捕获和存储一个对象的内部状态，并在需要时将对象恢复到先前的状态。该模式的核心目标是将对象的状态保存责任和恢复责任进行解耦，使得对象本身不需要关心状态的存储和恢复过程。通过引入备忘录类作为中介，发起者对象可以将其状态保存到备忘录对象中，而不需要将其私有状态暴露给其他对象。

2. 适用场合

建议在以下情况中选用备忘录模式：

（1）需要实现对象状态的撤销和恢复功能：备忘录模式可以让对象保存其内部状态的快照，并在需要时进行恢复，从而实现撤销和恢复的功能。

（2）需要保存对象状态的历史记录：备忘录模式可以将对象的不同状态保存在备忘录中，并维护一个历史记录，以供需要时进行访问和恢复。

（3）需要在不破坏对象封装性的情况下保存和恢复对象状态：将对象的状态保存到备忘录对象中，并在需要时进行恢复。

（4）需要实现多级撤销功能：通过保存不同时间点的状态快照，可以在需要时一级一级地进行撤销操作，从而实现多级撤销功能。

11.4.10　中介模式

中介模式（mediator）用一个中介对象来封装一系列的对象交互，使各对象不需要显式地相互引用，从而使其耦合松散，而且可以独立地改变它们之间的交互。

1. 模式定义

中介模式的结构如图 11-25 所示，角色的定义如下：

（1）抽象中介者（mediator）：它是中介者的接口，提供了同事对象注册与转发同事对象信息的抽象方法。

（2）具体中介者（concrete mediator）：实现中介者接口，定义一个 list 来管理同事对象，协调各个同事角色之间的交互关系,因此它依赖于同事角色。

(3)抽象同事类(colleague):定义同事类的接口,保存中介者对象,提供同事对象交互的抽象方法,实现所有相互影响的同事类的公共功能。

(4)具体同事类(concrete colleague):是抽象同事类的实现者,当需要与其他同事对象交互时,由中介者对象负责后续的交互。

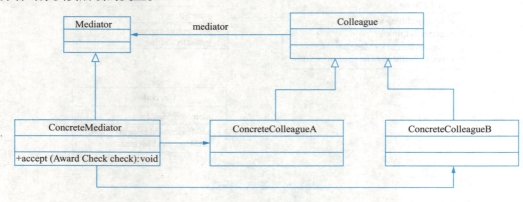

图11-25 中介模式

虽然将一个系统分割成许多对象通常可以增强可复用性,但是对象间相互连接的激增又会降低其可复用性,可以通过将集体行为封装在一个单独的中介者对象中以避免这个问题,中介者负责控制和协调一组对象间的交互,使各对象不需要显式地相互引用,从而使其耦合松散,而且可以独立地改变它们之间的交互。

2. 适用场合

中介模式适用于以下应用场景:当对象之间存在复杂的网状结构关系而导致依赖关系混乱且难以复用时;当想创建一个运行于多个类之间的对象,又不想生成新的子类时。

中介模式的优点包括:类之间各司其职,符合迪米特法则;降低了对象之间的耦合性,使得对象易于独立地被复用;将对象间的一对多关联转变为一对一的关联,提高系统的灵活性,使得系统易于维护和扩展。缺点在于将原本多个对象直接的相互依赖变成了中介者和多个同事类的依赖关系,当同事类越多时,中介者就会越臃肿,变得复杂且难以维护。

11.4.11 解释器模式

解释器模式(interpreter)给定一个语言,定义它的文法的一种表示,并定义一个解释器,该解释器使用该表示来解释语言中的句子。

1. 模式定义

策略模式的结构如图 11-26 所示,角色的定义如下:

(1)环境对象(context):含有解释器之外的全局信息。

(2)抽象表达式(abstract expression):是一个抽象类或者接口,声明一个抽象的解释操作。这个方法为抽象语法树中所有的节点所共享。

(3)终结表达式(terminal expression):实现与文法中的终结符相关的解释操作。

(4)非终结表达式(nonterminal expression):为文法中的非终结符相关的解释操作。

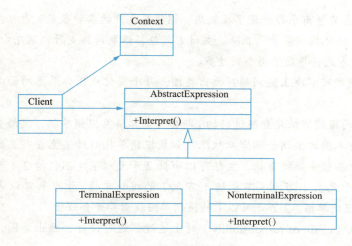

图11-26 解释器模式

如果一种特定类型的问题发生的频率足够高，那么可能就值得将该问题的各个实例表述为一个简单语言中的句子，这样就可以构建一个解释器，该解释器通过解释这些句子来解决该问题。

2. 适用场合

在下列的情况可以考虑使用解释器模式：

（1）可以将一个需要解释执行的语言中的句子表示为一颗抽象语法树。

（2）一些重复出现的问题可以用一种简单的语言进行表达。

（3）一个语言的文法较为简单，对于复杂的文法，解释器模式中的文法类层次结构将变得很庞大而无法管理，此时最好的方式是使用语法分析程序生成器。

小 结

设计模式可以帮助开发者简便地复用以前成功的设计方案，提高工作效率，保证设计质量。本章介绍了设计模式的概念和含义，较为详细地讲解了创建模式、结构模式和行为模式三大类 23 个设计模式，考虑到软件设计当前主流技术和未来趋势，有些模式应用场景很少。

思考与练习

1. 某在线股票软件需要提供如下功能：当股票购买者购买的某只股票价格变化幅度达到 5% 时，系统将自动发送通知（包括新价格）给所有购买该股票的股民；如果股民将这只股票全部卖出，则不在给他发送通知。

为实现这一需求，应使用哪种设计模式？绘制类图，写出代码框架及发送通知的核心代码。

2. 设计一个网上书店，该系统中所有的计算机类图书（ComputerBook）每本都有 10% 的折扣，所有的语言类图书（LanguageBook）每本都有 2 元的折扣，小说类图书（NovelBok）每 100 元有 10 元的折扣。

为实现这一需求，应使用哪种设计模式？绘制类图并写出代码框架。

3. 某服装企业在某电商平台开设了旗舰店,销售其生产的各种服装(包括衬衣、T恤、裤子)。服装的面料不同,包括纯棉、莱卡、亚麻。支付方式包括银联网银支付、京东白条支付、货到付款。如果采用子类继承的方式将导致子类个数过多。

使用什么设计模式可解决上述问题?画出类图,每个变化点用你熟悉的面向对象语言写出一个子类的代码框架。

4. 已知某公司的报销审批是分级进行的,即公司员工填写报销单据,交给直属领导审批,不同层次的主管人员具有不同的报销金额审批权限,如果报销单据超过某主管人员的审批权限,需要由主管人员审核后交上层领导继续审批。主任可以审批2千元以下(不包括2千元)的报销单据,副董事长可以审批 2千元至1万元(不包括1万元)的报销单据,董事长可以审批1万元至2万元(不包括2万元)的报销单据,2万元及以上的报销单据就需要开会审核。

采用责任链模式(chain of responsibility)对上述过程进行设计,画出类图,用你熟悉的面向对象语言写出代码框架。

第12章 组件化的程序设计

组件化,有点类似于搭积木,每一块积木就是一个组件,是既独立又统一的。因为独立,所以它可以自由组合,也可以随意替换和删除其中一个组件,并不会影响整体。但它又统一于整体,比如上面的积木都是六边形的,那么不可能再拿一个三角形放进去。而组件化就是说,一个整体项目就是由无数个独立的组件搭建起来的。组件化的工作方式信奉独立、完整、自由组合。目标就是尽可能把设计与开发中的元素独立化,使它具备完整的局部功能,通过自由组合来构成整个产品。

本章知识导图

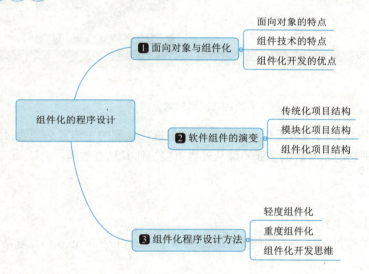

学习目标

- **了解**:了解组件化程序设计的概念和目的,面向对象思想与组件化设计的关系。
- **理解**:理解组件的基本原则、分类、设计方法,组件化设计原则如何提高可维护性、可扩展性等软件质量。
- **分析**:通过分析系统结构和功能来确定组件的划分和接口设计,合理设计组件接口和组件之间的通信机制,确保组件的独立性和可重用性。
- **应用**:根据实际需求,选择合适的组件进行开发和集成,保证组件的可靠性和稳定性。

12.1 面向对象方法与组件化

面向对象的分析方法是利用面向对象的思想进行建模,如实体、关系、属性等,同时运用封装、继承、多态等机制来构造模拟现实系统的方法。尽可能模拟人类习惯的思维方式,使开发软件的方法与过程尽可能接近人类认识世界解决问题的方法与过程。

对象(object)到模型(model)的映射,意味着现实世界的物品映射到计算机处理的模型,如图 12-1 所示。

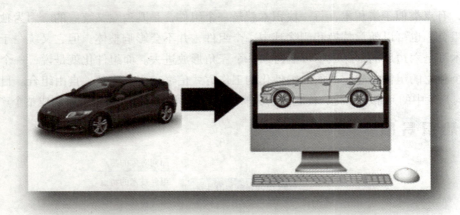

图12-1 面向对象建模

对象是具有相同状态的一组操作的集合。对象是进行处理的主体。必须通过发送消息,使对象主动执行操作,处理它的私有数据,而不能从外界直接操作其私有数据。

12.1.1 面向对象要点

面向对象有以下四个要点:

(1)面向对象的软件系统中,任何元素都是对象(everything is object),复杂的软件对象由比较简单的对象组合而成。

(2)把所有对象都划分成各种对象类(简称类,class),每个对象类都定义了一组数据(变量)和一组方法(函数)。

(3)按照子类(派生类)与父类(基类)的关系,把若干个对象类组成一个层次结构的系统。

(4)对象彼此之间仅能通过传递消息(方法调用)互相联系。

大多数观察者相信,通过面向对象编程,开发效率至少提高了 5 倍,可靠性、理解程度也大为提高。面向对象具有以下优点:

(1)与人类习惯的思维方法一致。

面向对象方法学的基本原则是按照人类习惯的思维方法建立问题域的模型,开发出尽可能直观、自然地表现求解方法的软件系统。

传统的程序设计技术,忽略了数据和操作之间的内在联系。

（2）稳定性好，易修改。

现实世界中的实体是相对稳定的，因此，以对象为中心构造的软件系统也比较稳定。当需求变化时，并不会引起软件结构的整体变化，往往仅需要做一些局部性的修改。

（3）可重用性好。

对象固有的封装性和信息隐藏机制，使得对象的内部实现与外界隔离，具有较强的独立性；有两种方法可以重复使用一个对象类：创建该类的实例，直接使用（new）；派生出一个满足当前需要的新类（继承）。

（4）较易开发大型软件产品。

可以把一个大型软件分解成一系列本质上相互独立的对象来处理，每个对象有自己的用途，从而降低开发的技术难度，开发管理也比较容易。

（5）可维护性好。

易修改、易重用、易理解，易于测试、调试，类的测试通常比较容易实现，如果发现错误也往往集中在类的内部。

对象的特点有以下几种：

（1）以数据为中心。操作围绕对其数据所需要做的处理来设置，不设置与这些数据无关的操作。

（2）对象是进行处理的主体。不能从外部直接加工它的私有数据（private），必须通过它的公有接口（public）向对象发消息，请求它执行它的某个操作，处理它的私有数据。

（3）数据封装。对象好像是一只黑盒子，它的私有数据完全被封装在盒子内部，对外是隐藏的、不可见的，对私有数据的访问或处理只能通过公有的操作进行。

（4）模块独立性好。

高内聚：对象内部各种元素彼此结合得很紧密；

低耦合：由于元素（数据和方法）基本上都被封装在对象内部，与外界的联系自然就比较少。

使用对象时只需知道它向外界提供的接口形式，而无须知道它的内部实现算法。这使得对象的使用变得非常简单、方便，而且具有很高的安全性和可靠性。

12.1.2 组件及其特点

组件可以被认为是面向对象和其他软件技术的化身。区分组件和其他先前的技术有四个原则：封装（encapsulation）、多态性（polymorphism）、后期连接（late binding）和安全性（safety）。这个列表与面向对象是重复的，除了它删除了继承（inheritance）这个重点。在组件思想中，继承是紧密耦合的、白盒（white-box）关系，它对于大多数形式的包装和重复使用都是不适合的。作为代替，组件通过调用其他的对象和组件重复使用功能，代替了从它们那儿继承。在组件术语中，这些调用称为委托（delegations）。

"把各部分装配在一起，一个放在另一个里面，像木匠修建房屋一样建立你自己的轮廓。每样东西都必须建造好，各部分组合在一起就形成了全部……" ——Henri Matisse

根据惯例，所有组件都拥有与它们的实现对应的规范。这种规范定义了组件的封装（例如，它为其他组件提供的公共接口）。组件规范的重复使用是多态性的一种形式，它受到高度鼓励。理想情形是，组件规范是本地的或全局的标准，它在系统、企业或行业中被广泛地重复使用。

组件利用合成（composition）来建立系统。在合成中，两个或多个组件集成到一起以建立一个更大的实体，而它可能是一个新组件、组件框架或整个系统。合成是组件的集成。结合的组件从要素组件中得到了联合的规范。

如果组件符合了客户端调用和服务的规范，那么它们不需要额外编写代码就能够实现交互操作（interoperate）。这一般被称为即插即用（plug-and-play）集成。在运行时间执行的时候，这是后期连接的一种形似。例如，某个客户端组件可以通过在线目录发现组件服务器（类似 CORBA Trader 服务）。组件符合客户端和服务接口规范后，就能够建立彼此之间的运行时绑定，并通过组件的下部构造无缝地交互作用。

在完美的情形中，所有组件都将完全符合它们的规范，并且从所有的缺陷中解放了出来。组件的成功运行和交互操作依赖于很多内部和外部因素。安全性（safety）属性可能是有用的，因为它可以最小化某个组件环境中的全部类的缺陷。随着社会日益依赖于软件技术，安全性已经成为一种重要的法定利害关系，并成为计算机科学研究中的最重要的课题之一。例如，Java 的垃圾收集（garbage collection）特性保证了内存的安全性，或者说从内存分配缺陷（在 C++ 程序中这是有问题的）中解放出来了。其他类型的安全性包括类型安全性（type safety，用于保证数据类型的兼容性）和模块安全性，它控制着软件扩展和组件合成的效果。

面向对象技术的基础是封装——接口与实现分离，面向对象的核心是多态——这是接口和实现分离的更高级升华，使得在运行时可以动态根据条件来选择隐藏在接口后面的实现，面向对象的表现形式是类和继承。面向对象的主要目标是使系统对象化，良好的对象化的结果，就是系统的各部分更加清晰化，耦合度大大降低。

12.1.3 面向组件开发技术

面向组件技术建立在对象技术之上，它是对象技术的进一步发展，类这个概念仍然是组件技术中一个基础的概念，但是组件技术更核心的概念是接口。组件技术的主要目标是复用——粗粒度的复用，这不是类的复用，而是组件的复用，如一个 dll、一个中间件，甚至一个框架。一个组件可以有一个类或多个类及其他元素（枚举）组成，但是组件有个很明显的特征，就是它是一个独立的物理单元，经常以非源码的形式（如二进制、IL）存在。一个完整的组件中一般有一个主类，而其他的类和元素都是为了支持该主类的功能实现而存在的。为了支持这种物理独立性和粗粒度的复用，组件需要更高级的概念支撑，其中最基本的就是属性和事件。

组件化就好像我们的 PC 组装机一样，整个计算机（应用）由不同的部件组成，例如，显示器、主板、内存、显卡、硬盘等。自己组装的 PC 有这么几个好处：

（1）在保持硬件的兼容性前提下，随意更换每一个部件，都不会影响整个计算机的运行。

（2）当计算机出现了问题时，可以通过插拔法快速定位硬件错误。

（3）假如 PC 在玩游戏卡顿时，可以单独更换显卡或者升级内存。

假如把以上特点对应到前端领域中，组件化开发有如下的好处：

（1）降低整个系统的耦合度，在保持接口不变的情况下，我们可以替换不同的组件快速完成需求，例如输入框，可以替换为日历、时间、范围等组件作具体的实现。

（2）调试方便，由于整个系统是通过组件组合起来的，在出现问题的时候，可以用排除法直接移除组件，或者根据报错的组件快速定位问题，之所以能够快速定位，是因为每个组件之间低耦合，职责单一，所以逻辑会比分析整个系统要简单。

（3）提高可维护性，由于每个组件的职责单一，并且组件在系统中是被复用的，所以对代码进行优化可获得系统的整体升级。例如，某个组件负责处理异步请求，与业务无关，我们添加缓存机制、序列化兼容、编码修正等功能，不仅整个系统中的每个使用到这个组件的模块都会受惠；而且可以使这个组件更具健壮性。

在团队开发中，组件化带来的优势是便于协同开发，由于代码中的耦合度降低了，每个模块都可以分拆为一个组件，例如异步请求组件、路由组件、各个视图组件。团队中每个人发挥所长维护各自组件，对整个应用来说是精细的打磨。

在 JavaScript 的开发中，组件化其实和模块化的意义相当，大概是根据功能、业务进行代码划分，使到这部分的代码可以被复用，例如，Javascript 工具库或函数库就是将功能进行模块化。在近一两年中，ng、react 等在我们开发的 view 层中引入一些自定义标签就可以渲染出整个组件，大家会觉得组件化这东西比较新颖，其实本质上和我们以往的模块化并无差别。

12.2 软件组件的演变

12.2.1 传统化项目结构

传统化结构：通过项目内业务分包的方式进行开发，这种方式维护、扩展都非常困难，并且不方便团队开发，只适应小项目，如图 12-2 所示。

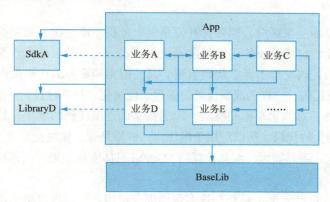

图12-2 传统化结构

整个应用即为一个工程，所有业务之间不存在编译隔离，所以可以互相引用。对于早期小型的项目而言，这样的架构清晰简单，同时也便于快速开发。不过随着业务的积攒，整个项目变得臃肿，这样的架构不仅容易出现模块耦合问题，同时容易造成开发混乱，改一处地方却涉及到多个模块。

12.2.2 模块化项目结构

分属同一功能/业务的代码进行隔离（分装）成独立的模块，可以独立运行，以页面、功能或其他不同粒度划分程度不同的模块，位于业务框架层，模块间通过接口调用，目的是降低模块间的耦合，由之前的主应用与模块耦合，变为主应用与接口耦合，接口与模块耦合。

模块就像有多个 USB 插口的充电宝，可以和多部手机充电，接口可以随意插拔。复用性很强，可以独立管理。

把重复的代码提取出来合并成为一个个组件，组件最重要的就是重用（复用），位于框架最底层，其他功能都依赖于组件，可供不同功能使用，独立性强。

12.2.3 组件化项目结构

就像一个个小的单位，多个组件可以组合成组件库，方便调用和复用，组件间也可以嵌套，小组件组合成大组件。

就像是独立的功能和项目（如淘宝：注册、登录、购物、直播等），可以调用组件来组成模块，多个模块可以组合成业务框架。模块化与组件化的对比见表12-1。

表12-1 模块化与组件化的对比

类别	目的	特点	接口	成果	架构定位
组件	重用、解耦	高重用、松耦合	无统一接口	基础库、基础组件	纵向分层
模块	隔离/封装	高内聚、松耦合	统一接口	业务框架、业务模块	横向分块

组件化最初的目的是代码重用，功能相对单一或者独立。在整个系统的代码层次上位于最底层，被其他代码所依赖，所以说组件化是纵向分层。

模块化最初的目的是将同一类型的代码整合在一起，所以模块的功能相对复杂，但都同属于一个业务。不同模块之间也会存在依赖关系，但大部分都是业务性的互相跳转，从地位上来说它们都是平级的。

因为从代码组织层面上来区分，组件化开发是纵向分层，模块化开发是横向分块，所以模块化并没有要求一定组件化。也就是说你可以只做模块化开发，而不做组件化开发。那这样的结果是什么样的呢？就是说你的代码完全不考虑代码重用，只是把相同业务的代码做内聚整合，不同模块之间还是存在大量的重复代码。这样的成果也算是做到了模块化，只不过我们一般不会这样而已。

和组件模块近似的一对概念是库和框架。库的概念偏近于代码的堆集，是分层的概念，所以对应组件化。框架是结构化的代码，所以应用于模块化。框架是骨，模块化是肉。例如，ReactiveCocoa是库，只是提供了响应式编码能力，而基于此的MVVM具体实现成果才叫框架，因为框架本身就有架构思想在里面。

组件化就比如公共的 alert 框，最初在许多页面都有使用，后面提取出一份相同的代码，其实就是基于代码复用的目的。

模块化就比如一个资讯功能，它本身只在这一个地方使用，没有复用的需求，但系统启动的时候要初始化它的数据，首页显示的时候要展示它的数据，显示红点的时候要拉取它的未读数。这样一来应用中就有很多地方涉及到它的代码。如果我们将它看作一个整体，那么资讯模块和主应用的耦合性就非常高了。所以我们也要把它封装成模块，把相关的代码放到独立的单元文件里，并提供公共方法，这就是高内聚的要求。

12.3 组件化程序设计方法

按组件而不是页面来开发，最重要的一点是需要转变一个观念。我们应该以组件为单位，而不是以页面为单位进行开发，组件化如图 12-3 所示。

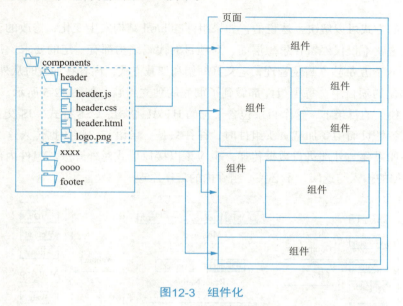

图12-3　组件化

12.3.1　轻度组件化

组件化开发有两种不同程度的做法。先讲讲轻度组件化，它的主要思想是同一个组件使用相同的 html 结构和特定的 class 名，并且用同一段 css 代码定义样式，用同一个 js() 函数来定义交互。

如图 12-4 所示，登录框下面三个代码块是它大致的代码结构。输入框在其他页面肯定也会用到，那么只需要与左边框里的 HTML 结构保持一致。各处页面代码中引用同一个 CSS 和 JS 文件，至少做到了在一处集中管理样式与交互。但如果组件的 HTML 结构发生变化，修改的工作量还是会比较大。

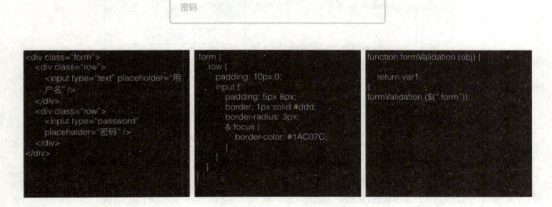

图12-4　轻度组件化示例

12.3.2 重度组件化

重度组件化的方式可以解决上述说的，如果组件的 html 结构发生变化，修改的工作量会比较大这个问题。不过这就不仅仅停留在思想层面，对项目的代码结构都有一定的要求。每个组件的 html 结构、css 样式、js 交互都独立封装管理，定义好框架和加载方式，内容在加载时从外部填充。

在重度组件化的项目中，每个组件都做到了彻底的独立封装。如图 12-5 所示，这个页头组件，它的代码存在于独立的目录下，这个目录包含了它的 HTML 结构、CSS 样式、JS 交互、资源图及自测试模块。那么各处页面中要加载页头组件时，往往只是一条语句，将数据传入这个已存在的结构中就行了。组件如果要与外部进行数据传递，也应该以接口形式对外开放。组件内部是个黑盒，外部只需要了解数据的输入与返回，不必关心组件内的工作原理。

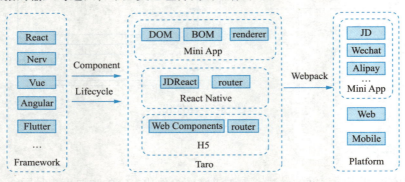

图12-5　重度组件化示例

12.3.3 组件化开发思维

用这种思路管理项目，也会改变开发的协作方式。大家不再是按页面分工，而是按组件来分工。如图 12-6 所示，页头和 tab 由一人负责，列表和页脚由另一个人负责，弱化了相互间的依赖关系。直到将组件拼装成页面，才需要处理组件之间相互作用的部分，但这时候工作量已经被大大消化了。

ID	路径	描述	开发者	组件图
header	components/header	头部导航	小王	Title
tab	components/tab	tab切换	小王	Tab1 Tab2 Tab3
list	components/list	新闻列表	老李	
footer	components/footer	页脚组件	老李	©2015

图12-6　按组件分工

可以来感受一下组件化管理的项目，如图 12-7 所示，应该是个什么样的结构。

一个应用由大量页面组成，一个页面的绝大部分都是组件。组件内部已经定义好了完整的结构，可以独立运行。纵观整个项目，可能就会是这样一个结构。组件的代码占了大多数，能共用的都尽量共用，各个页面的特殊代码则会变得非常轻。各功能模块的划分清晰明确，一目了然。

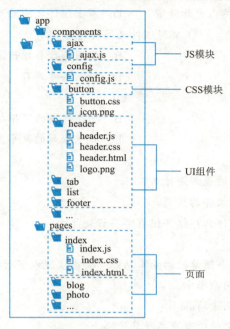

图12-7　组件化管理项目

组件化思维不仅可用于设计中，还有生活中。它的精髓其实就这么三点：独立、完整、自由组合。而我们生活中见到的绝大多数工业产品，就是这么造出来的，如汽车工业，比如富士康的 iPhone 生产线。甚至部队的编制也是遵循这个原理。

小　　结

组件化即是对某些可以进行复用的功能进行封装的标准化工作，是一种软件开发方式，将一个大型系统拆分成多个独立的组件，每个组件具有特定的功能和接口。组件可以在不同的系统中重复使用，能够提高代码复用性和开发效率。组件一般会内含他的内部 UI 元素、样式和 JS 逻辑代码，可以很方便地在应用的任何地方进行快速的嵌入。组件内部可以使用其他组件来构成更复杂的组件。

思考与练习

一、选择题

1.（　　）是组件化程序设计。
　　A．将程序拆分成小的独立组件并通过接口相互交互
　　B．将程序设计成一个整体，没有任何独立的组件
　　C．将程序的每个功能都写在一个函数里面
　　D．将程序拆分成多个文件，但是没有定义接口

2. 在组件化程序设计中，接口的作用是（   ）。
   A. 确保组件之间的互操作性　　　　B. 使组件之间的通信更加高效
   C. 使组件之间的依赖关系更加紧密　D. 减少组件之间的通信量
3. 在组件化程序设计中，（   ）实现组件之间的通信。
   A. 使用全局变量　　　　　　　　　B. 使用函数参数传递
   C. 使用消息传递机制　　　　　　　D. 使用共享内存
4. 组件化程序设计的优点是（   ）。（多选）
   A. 提高代码重用率　　　　　　　　B. 提高代码的可维护性和可测试性
   C. 提高程序的性能　　　　　　　　D. 减少代码的复杂度

二、简答题

1. 什么是组件化？组件化的原则是什么？
2. 请比较全局组件与局部组件的区别。
3. 组件化想解决的问题是什么？组件化有哪些好处？

三、设计与分析题

1. 设计一个程序，实现一个简单的购物车功能。要求实现以下功能：
（1）用户可以添加商品到购物车中。
（2）用户可以从购物车中删除商品。
（3）用户可以查看购物车中的所有商品及其价格。
（4）用户可以清空购物车中的所有商品。
要求将购物车功能设计为一个独立的组件，并在需要的地方进行调用。
2. 设计一个程序，实现一个简单的计算器功能。要求实现以下功能：
（1）用户可以输入两个数值和一个运算符，程序将计算出结果并输出。
（2）支持加、减、乘、除四种基本运算。
（3）当用户输入无效的数值或运算符时，程序应给出提示。
要求将计算器功能设计为一个独立的组件，并在需要的地方进行调用。
3. 设计一个程序，实现一个简单的时钟功能。要求实现以下功能：
（1）显示当前的时间，包括小时、分钟和秒数。
（2）可以设置时钟的起始时间，并在此基础上计时。
（3）可以暂停、继续和重置时钟。
要求将时钟功能设计为一个独立的组件，并在需要的地方进行调用。
4. 设计一个程序，实现一个简单的登录功能。要求实现以下功能：
（1）用户可以输入用户名和密码进行登录。
（2）用户名和密码的有效性将在服务器端进行验证。
（3）如果验证通过，程序将显示欢迎消息并提供进一步的操作。
（4）如果验证失败，程序将提示用户重新输入用户名和密码。
要求将登录功能设计为一个独立的组件，并在需要的地方进行调用。

第13章 微服务架构

微服务（microservices）是面向对象技术和互联网应用特点相结合的产物，是一种架构风格，一个大型复杂软件应用由多个微服务和前端展示层组成。系统中的各个微服务可被独立部署，各个微服务之间是松耦合的。每个微服务仅关注于完成一件任务并很好地完成该任务。在所有情况下，每个任务代表着一个小的业务能力。单体应用虽然开发和部署比较方便，但后期随着业务的不断增加为了能够达到响应业务需求，单体应用的开发迭代和性能瓶颈等问题愈发明显，微服务就是解决此问题的有效手段。

本章知识导图

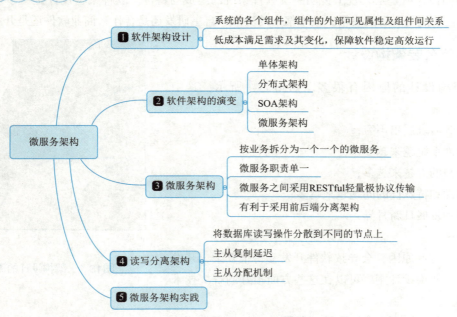

学习目标

- **了解**：了解微服务架构基本概念和原理。这包括理解微服务的定义和优点，以及与其他架构模式的比较。
- **理解**：理解单体架构、分布式架构、SOA 架构和微服务架构的内涵，通过案例真正理解各种软件架构。
- **分析**：分析微服务的适用场景和限制。这包括了解在什么情况下使用微服务架构是最合适的，以及在什么情况下应该避免使用微服务架构。此外，也需要了解微服务架构的风险和挑战，如服务治理、数据一致性和安全性等问题。

• **应用**：应用微服务架构来构建实际的应用系统。这包括了解如何设计和实现一个具有微服务架构的应用系统，以及如何使用各种技术和工具来支持开发、测试、部署和运行微服务。同时，也需要了解如何管理和维护微服务系统，以确保其持续稳定和可靠。

• **养成**：养成微服务架构的实践习惯和文化。这包括了解如何使用敏捷开发方法来支持微服务架构的开发和运维。同时，也需要了解如何建立一个强大的开发团队和文化，以促进持续创新和提高开发效率。

13.1　软件架构设计

13.1.1　什么是软件架构

软件架构是指在一定的设计原则基础上，从不同角度对组成系统的各部分进行搭配和安排，形成系统的多个结构而组成架构，它包括该系统的各个组件，组件的外部可见属性及组件之间的相互关系。组件的外部可见属性是指其他组件对该组件所做的假设。

软件架构设计就是从宏观上说明一套软件系统的组成与特性。软件架构设计是一系列有层次的决策，比如：功能与展现的决策；技术架构的决策；自主研发还是合作；商业软件还是开源软件。

13.1.2　为什么要架构设计

进行架构设计的原因有很多，如图 13-1 所示。其中包括：

（1）业务需求层出不穷；
（2）软件系统越来越复杂；
（3）参与的人越来越多；
（4）共性和特殊性的问题越来越多；
（5）技术发展日新月异；
（6）……

因为以上这些原因，会导致软件开发变得很复杂，开发成本很高。而架构设计刚好可以在这些方面很好的解决技术复杂的问题。

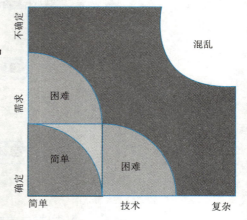

图13-1　架构设计的原因

1. 架构设计可以降低满足需求和需求变化的开发成本

对于复杂的需求，架构设计通过对系统抽象和分解，把复杂系统拆分成若干简单的。就像淘宝这样复杂的网站，最终拆分成一个个小的微服务之后，单个微服务开发的难度，其实和个人博客网站的难度几乎差不多了，普通程序员就可以完成，降低了人力成本。

对于需求的变化，已经有了一些成熟的架构实现。比如说像分层架构这样把 UI 解码和业务逻辑分离，可以让 UI 上的改动，不会影响业务逻辑的代码；像 wordpres 这样基于插件和定制化的设计，可以满足大部分内容类网站的需求，降低了时间成本。

2. 架构设计可以帮助组织人员一起高效协作

通过对系统抽象，再拆分，可以把复杂的系统拆分。拆分后，开发人员就可以各自独立的完成功能模块，最后通过约定好的接口协议集成。

比如说前后端分拆后，有的开发人员就负责前端 UI 相关的开发，有的开发人员就负责后端服务的开发。根据团队规模还可以进一步细分，比如说前端可以有的程序员负责 iOS，有的程序员负责网站，这样最终各个开发小组规模都不大，既能有效协作，又能各自保证战斗力。

3. 架构设计可以帮助组织好各种技术

架构设计可以用合适的编程语言和协议，把框架、技术组件、数据库等技术或者工具有效的组织起来，一起实现需求目标。

比如说经典的分层架构、UI 层通过选择合适的前端框架，比如 React/Vue 实现复杂的界面逻辑，服务层利用 web 框架提供稳定的网络服务，数据访问层通过数据库接口读写数据库，数据库则复杂记录数据结果。

4. 架构设计可以帮助保障服务稳定运行

现在有很多成熟的架构设计方案，可以保障服务的稳定运行。比如说分布式的架构，可以把高访问量分摊到不同的服务器，这样即使流量很大，分流到单台服务器的压力并不大；还有像异地多活高可用架构方案可以保证即使一个机房宕机，还可以继续提供服务。

其次，满足需求和需求变化、满足软件稳定运行时架构的目标，对人员和技术的组织是手段。架构设计，就是要控制这些技术不确定问题。

总的来说，架构设计，就是通过组织人员和技术，低成本满足需求以及需求的变化，保障软件稳定高效运行。

13.1.3 软件架构设计误区

软件架构设计存在许多误区，例如：

1. 架构专门由架构师来做，业务开发人员无须关注

架构地再好，最终还是需要代码来落地，并且组织越大这个落地的难度越大。不单单是系统架构，每个解决方案每个项目也由自己的架构，如分层、设计模式等。如果每一块砖瓦不够坚固，那么整个系统还是会由崩塌的风险。所谓"千里之堤，溃于蚁穴"。

2. 架构师确定了架构蓝图之后任务就结束了

架构不是"空中楼阁"，最终还是要落地的，但是架构师完全不去深入到第一线怎么知道"地"在哪？怎么才能落的稳稳当当。

3. 不做出完美的架构设计不开工

世上没有最好架构，只有最合适的架构，不要企图一步到位。我们需要的不是一下子造出一辆汽车，而是从单轮车→自行车→摩托车，最后再到汽车。想象一下两年后才能造出的产品，当初市场还存在吗？

4. 为虚无的未来买单而过度设计

在创业公司初期，业务场景和需求边界很难把握，产品需要快速迭代和变现，需求频繁更新，这个时候需要的是快速实现。不要过多考虑未来的扩展，说不定功能做完，效果不好就无用了。如果业务模式和应用场景边界都已经比较清晰，是应该适当的考虑未来的扩展性设计。

5. 一味追随大公司的解决方案

由于大公司巨大成功的光环效应，再加上从大公司挖来的技术高手的影响，网站在讨论架构决策时，最有说服力的一句话就成了"淘宝就是这么搞的"或者"腾讯就是这么搞的"。大公司的经验和成功模式固然重要，值得学习借鉴，但如果因此而变得盲从，就失去了坚持自我的勇气，在架构演化的道路上迟早会迷路。

6. 为了技术而技术

技术是为业务而存在的，除此毫无意义。在技术选型和架构设计中，脱离网站业务发展的实际，一味追求时髦的新技术，可能会将技术发展引入崎岖小道，架构之路越走越难。考虑实现成本、时间、人员等各方面都要综合考虑，理想与现实需要折中。

13.2 软件架构的演变

软件架构的发展经历了从单体架构、垂直架构、SOA 架构到微服务架构的过程。

13.2.1 单体架构

Web 应用程序发展的早期，大部分 web 工程师将所有的功能模块打包到一起并放在一个 Web 容器中运行，所有功能模块使用同一个数据库。

如图 13-2 所示是一个单体架构的电商系统。

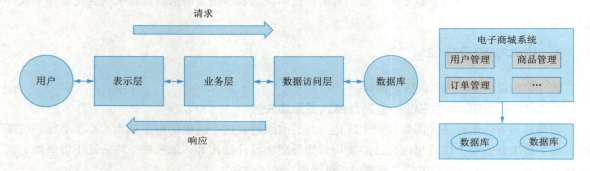

图13-2 单体架构的电商系统

单体架构的特点有以下几点：

（1）所有的功能集成在一个项目工程中。

（2）所有的功能打在一个 war 包部署到服务器。

（3）通过部署应用集群和数据库集群来提高系统的性能。

单体架构的优点有以下几点：

（1）项目架构简单，前期开发成本低，周期短，小型项目的首选。

（2）开发效率高，模块之间交互采用本地方法调用。

（3）容易部署，运维成本小，直接打包为一个完整的包，拷贝到 web 容器的某个目录下即可运行。

容易测试：IDE 都是为开发单个应用设计的、容易测试——在本地就可以启动完整的系统。

单体架构的缺点有以下几点：

（1）全部功能集成在一个工程中，对于大型项目不易开发、扩展及维护。

（2）版本迭代速度逐渐变慢，修改一个地方就要将整个应用全部编译、部署、启动，开发及测试周期过长。

（3）无法按需伸缩，通过集群的方式来实现水平扩展，无法针对某业务按需伸缩。

13.2.2 分布式架构

针对单体架构的不足，为了适应大型项目的开发需求，许多公司将一个单体系统按业务垂直拆分为若干系统，系统之间通过网络交互来完成用户的业务处理，每个系统可分布式部署，这种架构称为分布式架构，如图 13-3 所示。

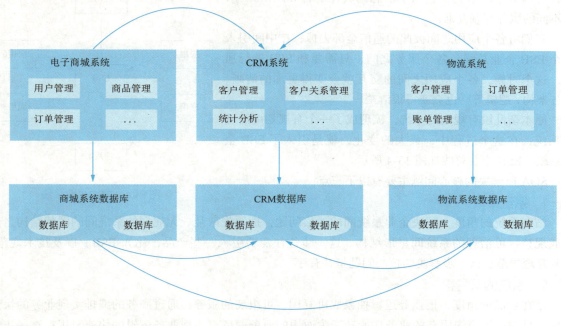

图13-3　分布式架构

分布式架构的特点有以下几点：

（1）按业务垂直拆分成一个一个的单体系统，此架构也称为垂直架构。

（2）系统与系统之间的存在数据冗余，耦合性较大，如上图中三个项目都存在客户信息。

（3）系统之间的接口多为实现数据同步，如上图中三个项目要同步客户信息。

分布式架构的优点有以下几点：

（1）通过垂直拆分，每个子系统变成小型系统，功能简单，前期开发成本低，周期短。

（2）每个子系统可按需伸缩。

（3）每个子系统可采用不同的技术。

分布式架构的缺点有以下几点：

（1）子系统之间存在数据冗余、功能冗余，耦合性高。

（2）按需伸缩粒度不够，对同一个子系统中的不同的业务无法实现，如订单管理和用户管理。

13.2.3 SOA 架构

SOA（service oriented architecture）是一种面向服务的架构，基于分布式架构，它将不同业务功能按服务进行拆分，并通过这些服务之间定义良好的接口和协议联系起来。你可以将它理解为一个架构模型或者一种设计方法，而并不是服务解决方案。

其中包含多个服务，服务之间通过相互依赖或者通过通信机制，来完成相互通信的，最终提供一系列的功能。一个服务通常以独立的形式存在与操作系统进程中。各个服务之间通过网络调用。

跟 SOA 相提并论的还有一个 ESB（enterprise service bus，企业服务总线），简单来说 ESB 就是一根管道，用来连接各个服务节点。为了集成不同系统，不同协议的服务，ESB 可以简单理解为：它做了消息的转化解释和路由工作，让不同的服务互联互通。

我们将各个应用之间彼此的通信全部去掉，在中间引入一个 ESB 企业总线，各个服务之间，只需要和 ESB 进行通信，这个时候，各个应用之间的交互就会变得更加的清晰，业务架构/逻辑等，也会变得很清楚。

原本杂乱没有规划的系统，梳理成了一个有规划可治理的系统，在这个过程中，最大的变化，就是引入了 ESB 企业总线，ESB 企业总线如图 13-4 所示。

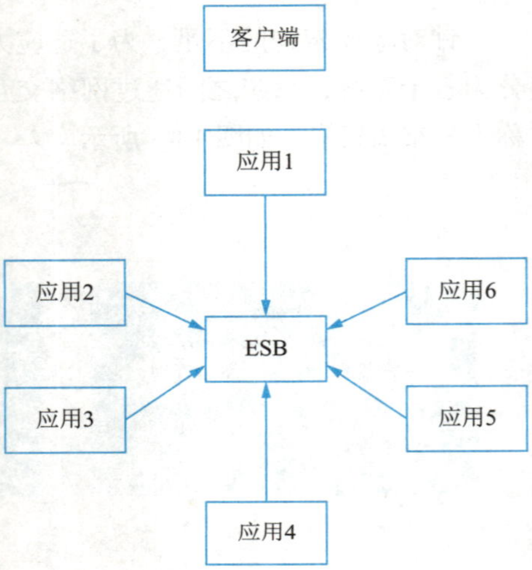

SOA 所解决的核心问题主要有以下三点：

1. 系统集成

站在系统的角度，解决企业系统间的通信问题，把原先散乱、无规划的系统间的网状结构，梳理成规整、可治理的系统间星形结构，这一步往往需要引入一些产品，比如 ESB、以及技术规范、服务管理规范；这一步解决的核心问题是"有序"。

图13-4 ESB企业总线

2. 系统的服务化

站在功能的角度，把业务逻辑抽象成可复用、可组装的服务，通过服务的编排实现业务的快速再生。目的：把原先固有的业务功能转变为通用的业务服务，实现业务逻辑的快速复用；这一步解决的核心问题是"复用"。

3. 业务的服务化

站在企业的角度，把企业职能抽象成可复用、可组装的服务；把原先职能化的企业架构转变为服务化的企业架构，进一步提升企业的对外服务能力；前面两步都是从技术层面来解决系统调用、系统功能复用的问题。第三步，则是以业务驱动把一个业务单元封装成一项服务。这一步解决的核心问题是"高效"。SOA 架构如图 13-5 所示。

SOA 架构的特点有以下几点：

（1）基于 SOA 的架构思想，将重复公用的功能抽取为组件，以服务的方式向各个系统提供服务。

（2）各个系统与服务之间采用 webservice、rpc 等方式进行通信。

（3）ESB 企业服务总线作为系统与服务之间通信的桥梁。

SOA 架构的优点有以下几点：

（1）将重复的功能抽取为服务，提高开发效率，提高系统的可重用性、可维护性。

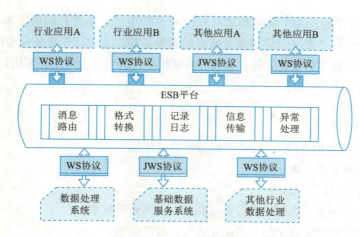

图13-5　SOA架构

（2）可以针对不同服务的特点按需伸缩。
（3）采用 ESB 减少系统中的接口耦合。

SOA 架构的缺点有以下几点：

（1）系统与服务的界限模糊，会导致抽取的服务的粒度过大，系统与服务之间耦合性高。
（2）虽然使用了 ESB，但是服务的接口协议不固定，种类繁多，不利于系统维护。

13.2.4　微服务架构

微服务（microservices）就是一些协同工作小而自治的服务。2014 年，Martin Fowler 与 James Lewis 共同提出了微服务的概念，定义了微服务是由以单一应用程序构成的小服务，自己拥有自己的行程与轻量化处理，服务依业务功能设计，以全自动的方式部署，与其他服务使用 HTTP API 通信。同时服务会使用最小的规模的集中管理（如 Docker）能力，服务可以用不同的编程语言与数据库等组件实现。

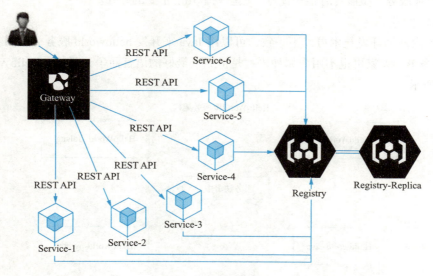

图13-6　微服务架构

基于SOA架构的思想，为了满足移动互联网对大型项目及多客户端的需求，对服务层进行细粒度的拆分，所拆分的每个服务只完成某个特定的业务功能，比如订单服务只实现订单相关的业务，用户服务实现用户管理相关的业务等等，服务的粒度很小，所以称为微服务架构。

微服务架构的特点有以下几点：

（1）服务层按业务拆分为一个一个的微服务。

（2）微服务的职责单一。

（3）微服务之间采用RESTful、RPC等轻量级协议传输。

（4）有利于采用前后端分离架构。

微服务架构的优点有以下几点：

（1）服务拆分粒度更细，有利于资源重复利用，提高开发效率。

（2）可以更加精准的制定每个服务的优化方案，按需伸缩。

（3）适用于互联网时代，产品迭代周期更短。

微服务架构的缺点有以下几点：

（1）开发的复杂性增加，因为一个业务流程需要多个微服务通过网络交互来完成。

（2）微服务过多，服务治理成本高，不利于系统维护。

13.3 微服务架构

鉴于单体应用程序有不易开发、扩展及维护等缺点，单个应用程序被划分成各种小的、互相连接的微服务，一个微服务完成一个比较单一的功能，相互之间保持独立和解耦合，这就是微服务架构。

13.3.1 微服务优点

相对于单体服务，微服务有很多优点，这里列举几个主要的好处。

1. 技术异构性

不同服务内部的开发技术可以不一致，可以用Java来开发helloworld服务A，用golang来开发helloworld服务B，大家再也不用为哪种语言是世界上最好的语言而争论不休，HelloWorld微服务架构如图13-7所示。

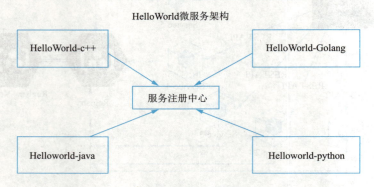

图13-7　HelloWorld微服务架构

为不同的服务选择最适合该服务的技术，系统中不同部分也可以使用不同的存储技术，比如 A 服务可以选择 redis 存储，B 服务你可以选择用 MySQL 存储，这都是允许的，你的服务你做主。

2. 隔离性

一个服务不可用不会导致另一个服务也瘫痪，因为各个服务是相互独立和自治的系统。这在单体应用程序中是做不到的，单体应用程序中某个模块瘫痪，必将导致整个系统不可用，当然，单体程序也可以在不同机器上部署同样的程序来实现备份，不过，同样存在上面说的资源浪费问题。

3. 可扩展性

庞大的单体服务如果出现性能瓶颈只能对软件整体进行扩展，可能真正影响性能的只是其中一个很小的模块，我们也不得不付出升级整个应用的代价。这在微服务架构中得到了改善，你可以只对那些影响性能的服务做扩展升级，这样对症下药的效果是很好的。

4. 简化部署

如果你的服务是一个超大的单体服务，有几百万行代码，即使修改了几行代码也要重新编译整个应用，这显然是非常烦琐的，而且软件变更带来的不确定性非常高，软件部署的影响也非常大。在微服务架构中，各个服务的部署是独立的，如果真出了问题也只是影响单个服务，可以快速回滚版本解决。

5. 易优化

微服务架构中单个服务的代码量不会很大，这样当你需要重构或者优化这部分服务的时候，就会容易很多，毕竟，代码量越少意味着代码改动带来的影响越可控。

13.3.2 微服务核心构成

我们上面一直在强调微服务的好处，但是，微服务架构不是万能的，并不能解决所有问题，其实这也是微服务把单体应用拆分成很多小的分布式服务导致的，所谓人多手杂，服务多起来管理的不好各种问题就来了。

为了解决微服务的缺点，提出了下面这些概念。

1. 服务注册与发现

微服务之间相互调用完成整体业务功能，如何在众多微服务中找到正确的目标服务地址，这就是所谓服务发现功能。

常用的做法是服务提供方启动的时候把自己的地址上报给服务注册中心，这就是服务注册。服务调用方订阅服务变更通知，动态的接收服务注册中心推送的服务地址列表，以后想找哪个服务直接发给他就可以，服务注册与发现如图 13-8 所示。

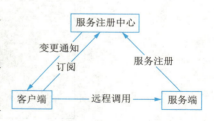

图13-8　服务注册与发现

2. 服务监控

单体程序的监控运维还好说，大型微服务架构的服务运维是一大挑战。服务运维人员需要实时的掌握服务运行中的各种状态，最好有个控制面板能看到服务的内存使用率、调用次数、健康状况等信息。

这就需要我们有一套完备的服务监控体系，包括拓扑关系、监控（metrics）、日志监控（logging）、调用追踪（trace）、告警通知、健康检查等，防患于未然。

3. 服务容错

任何服务都不能保证 100% 不出问题，生产环境复杂多变，服务运行过程中不可避免地发生各种故障（宕机、过载等等），工程师能够做的是在故障发生时尽可能降低影响范围、尽快恢复正常服务。

因此需要引入「熔断、隔离、限流和降级、超时机制」等「服务容错」机制来保证服务持续可用性。

4. 服务安全

有些服务的敏感数据存在安全问题，服务安全就是对敏感服务采用安全鉴权机制，对服务的访问需要进行相应的身份验证和授权，防止数据泄露的风险，安全是一个长久的话题，在微服务中也有很多工作要做。

5. 服务治理

说到治理一般都是有问题才需要治理，我们平常说环境治理、污染治理一个意思，微服务架构中的微服务越来越多，上面说的那些问题就更加显现，为了解决上面微服务架构缺陷服务治理就出现了。

13.4 读写分离架构

读写分离，其本质是将访问压力分散到集群中的多个节点，但是没有分散存储压力。读写分离的基本原理是将数据库读写操作分散到不同的节点上，其基本架构如图 13-9 所示。

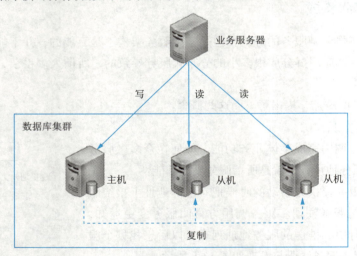

图13-9　读写分离架构

13.4.1 读写分离的基本实现

读写分离的基本实现通过以下方式：

（1）数据库服务器搭建主从集群，一主一从、一主多从都可以。
（2）数据库主机负责读写操作，从机只负责读操作。

（3）数据库主机通过复制将数据同步到从机，每台数据库服务器都存储了所有的业务数据。

（4）业务服务器将写操作发给数据库主机，将读操作发给数据库从机。

这里是"主从集群"，而不是"主备集群"。"从机"的"从"可以理解为"仆从"，仆从是要帮主人干活的，"从机"是需要提供读数据的功能的；而"备机"一般被认为仅仅提供备份功能，不提供访问功能。

读写分离的实现逻辑并不复杂，但有两个细节点将引入设计复杂度：主从复制延迟和分配机制。

13.4.2 复制延迟

以 MySQL 为例，主从复制延迟可能达到 1 秒，如果有大量数据同步，延迟 1 分钟也是有可能的。主从复制延迟会带来一个问题：如果业务服务器将数据写入到数据库主服务器后立刻（1 秒内）进行读取，此时读操作访问的是从机，主机还没有将数据复制过来，到从机读取数据是读不到最新数据的，业务上就可能出现问题。

解决主从复制延迟有几种常见的方法：

（1）写操作后的读操作指定发给数据库主服务器。

例如，注册账号完成后，登录时读取账号的读操作也发给数据库主服务器。这种方式和业务强绑定，对业务的侵入和影响较大，如果哪个新来的程序员不知道这样写代码，就会导致一个 bug。

（2）读从机失败后再读一次主机。

这就是通常所说的"二次读取"，二次读取和业务无绑定，只需要对底层数据库访问的 API 进行封装即可，实现代价较小，不足之处在于如果有很多二次读取，将大大增加主机的读操作压力。例如，黑客暴力破解账号，会导致大量的二次读取操作，主机可能顶不住读操作的压力从而崩溃。

（3）关键业务读写操作全部指向主机，非关键业务采用读写分离。

例如，对于一个用户管理系统来说，注册 + 登录的业务读写操作全部访问主机，用户的介绍、爱好、等级等业务，可以采用读写分离，因为即使用户改了自己的自我介绍，在查询时却看到了自我介绍还是旧的，业务影响与不能登录相比就小很多，还可以忍受。

13.4.3 分配机制

将读写操作区分开来，然后访问不同的数据库服务器，一般有两种方式：程序代码封装和中间件封装。

1. 程序代码封装

程序代码封装指在代码中抽象一个数据访问层（所以有的文章也称这种方式为"中间层封装"），实现读写操作分离和数据库服务器连接的管理。例如，基于 Hibernate 进行简单封装，就可以实现读写分离，基本架构如图 13-10 所示。

程序代码封装的方式具备几个特点：

（1）实现简单，而且可以根据业务做较多定制化的功能。

（2）每个编程语言都需要自己实现一次，无法通用，如果一个业务包含多个编程语言写的多个子系统，则重复开发的工作量比较大。

（3）故障情况下，如果主从发生切换，则可能需要所有系统都修改配置并重启。

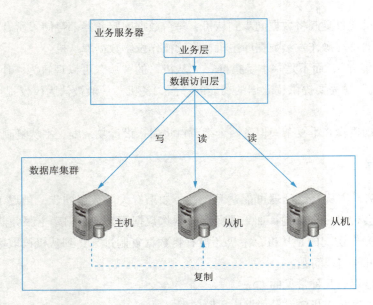

图13-10　程序代码封装

目前开源的实现方案中，淘宝的 TDDL（taobao distributed data layer）是比较有名的，其基本原理是一个基于集中式配置的 jdbc datasource 实现，具有主备、读写分离、动态数据库配置等功能，基本架构如图 13-11 所示。

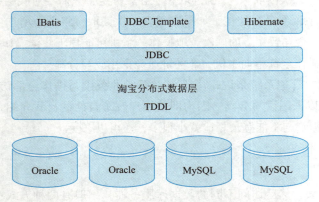

图13-11　淘宝TDDL架构

2. 中间件封装

中间件封装指的是独立一套系统出来，实现读写操作分离和数据库服务器连接的管理。中间件对业务服务器提供 SQL 兼容的协议，业务服务器无须自己进行读写分离。对于业务服务器来说，访问中间件和访问数据库没有区别，事实上在业务服务器看来，中间件就是一个数据库服务器。其基本架构如图 13-12 所示。

数据库中间件的方式具备的特点是：

（1）能够支持多种编程语言，因为数据库中间件对业务服务器提供的是标准 SQL 接口。

（2）数据库中间件要支持完整的 SQL 语法和数据库服务器的协议（例如，MySQL 客户端和服务器的连接协议），实现比较复杂，细节特别多，很容易出现 bug，需要较长的时间才能稳定。

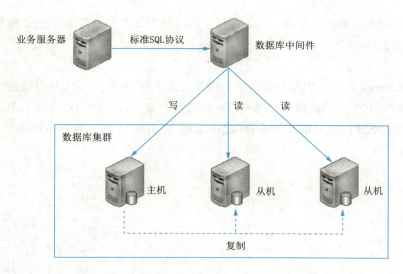

图13-12 中间件封装

（3）数据库中间件自己不执行真正的读写操作，但所有的数据库操作请求都要经过中间件，中间件的性能要求也很高。

（4）数据库主从切换对业务服务器无感知，数据库中间件可以探测数据库服务器的主从状态。例如，向某个测试表写入一条数据，成功的就是主机，失败的就是从机。

由于数据库中间件的复杂度要比程序代码封装高出一个数量级，一般情况下建议采用程序语言封装的方式，或者使用成熟的开源数据库中间件。如果是大公司，可以投入人力去实现数据库中间件，因为这个系统一旦做好，接入的业务系统越多，节省的程序开发投入就越多，价值也越大。

13.5　微服务架构实践

1. Dubbo

阿里巴巴公司开源的一个 Java 高性能优秀的服务框架，使得应用可通过高性能的 RPC 实现服务的输出和输入功能，可以和 Spring 框架无缝集成。Apache Dubbo 是一款高性能、轻量级的开源 Java RPC 框架，它提供了三大核心能力：面向接口的远程方法调用，智能容错和负载均衡，以及服务自动注册和发现。2011 年末对外开放源代码，仅支持 Java 语言。

2. Tars

腾讯内部使用的微服务架构 TAF（total application framework）多年的实践成果总结而成的开源项目，仅支持 C++ 语言，在腾讯内部应用非常广泛。2017 年对外开放源代码。

3. Motan

新浪微博开源的一个 Java 框架。Motan 在微博平台中已经广泛应用，每天为数百个服务完成近千亿次的调用。于 2016 年对外开放源代码，仅支持 Java 语言。

4. gRPC

Google 开发的高性能、通用的开源 RPC 框架，其由 Google 主要面向移动应用开发并基于 HTTP/2 协议标准而设计，基于 ProtoBuf（protocol buffers）序列化协议开发。本身它不是分布式的，所以要实现上面的框架的功能需要进一步的开发。2015 年对外开源的跨语言 RPC 框架，支持多种语言。gRPC 框架如图 13-13 所示。

5. thrift

最初是由 Facebook 开发的内部系统跨语言的高性能 RPC 框架，2007 年贡献给了 Apache 基金，成为 Apache 开源项目之一。跟 gRPC 一样，Thrift 也有一套自己的接口定义语言 IDL，可以通过代码生成器，生成各种编程语言的 Client 端和 Server 端的 SDK 代码，支持多种语言。Thrift 框架如图 13-14 所示。

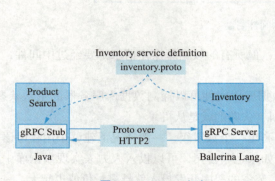

图13-13　gPRC框架

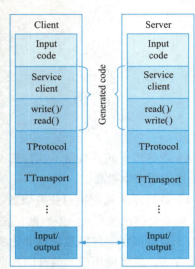

图13-14　Thrift框架

小　　结

微服务（microservices）是一种架构风格，一个大型复杂软件应用由多个微服务和前端展示层组成。系统中的各个微服务可被独立部署，各个微服务之间是松耦合的。每个微服务仅关注于完成一件任务并很好地完成该任务。在所有情况下，每个任务代表着一个小的业务能力。单体应用（可以理解为一个部署包包含了项目的所有功能），虽然开发和部署比较方便，但后期随着业务的不断增加为了能够达到响应业务需求，单体应用的开发迭代和性能瓶颈等问题愈发明显，微服务就是解决此问题的有效手段。

思考与练习

一、选择题

1. 软件架构贯穿于软件的整个生命周期，但在不同阶段对软件架构的关注力度并不相同，在_____阶段，对软件架构的关注最多。

　　A．需求分析与设计　　　　B．设计与实现　　　　C．实现与测试　　　　D．部署与变更

2. 软件架构设计是降低成本、改进质量、按时和按需交付产品的关键活动。以下关于软件架构重要性的叙述中，错误的是_____。

    A. 架构设计能够满足系统的性能、可维护性等品质

    B. 良好的架构设计能够更好地捕获并了解用户需求

    C. 架构设计能够使得不同的利益相关人（stakeholders）达成一致的目标

    D. 架构设计能够支持项目计划和项目管理等活动

3. 关于不同架构模式的描述，以下说法错误的是_____。

    A. 对请求响应延迟要求极其苛刻（极低延迟）的场景，适合于单体架构模式

    B. 在支付交易等金融场景下，使用异步化的水平分层架构模式较合适

    C. 微服务架构本质上是业务架构，同时实施效率和公司的组织架构密切关联

    D. 服务网格架构，本质上是把服务本身研发和服务治理物理解耦

4. 关于不同架构模式的描述，以下说法错误的是_____。

    A. 对请求响应延迟要求极其苛刻（极低延迟）的场景，适合于单体架构模式

    B. 在支付交易等金融场景下，使用异步化的水平分层架构模式较合适

    C. 微服务架构本质上是业务架构，同时实施效率和公司的组织架构密切关联

    D. 服务网格架构，本质上是把服务本身研发和服务治理物理解耦

5. 在设计架构时，需要注重_____因素。

    A. 基于业务场景

    B. 直接使用最新的架构模式（如 Service Mesh）

    C. 基于开发人员的能力、业务复杂度、数据规模大小、时间成本、运维能力

    D. 现有架构方案都可随时直接套用

二、简答题

1. 什么是软件架构？为什么要进行架构设计？
2. 请比较 SOA 架构与微服务架构的不同之处。
3. 什么是微服务架构？列出其主要特征。
4. 常见的系统架构风格有哪些？各有什么优缺点？
5. 你需要将现有的单体应用程序迁移到微服务架构中。列出可能需要考虑的关键步骤和挑战。

三、设计与分析题

1. 设计一个基于微服务架构的电子商务系统。该系统应该包含用户管理、商品管理、订单管理和支付管理等服务，并且每个服务都应该独立部署、可伸缩、可靠和可测试。

2. 假设你的团队正在构建一个在线新闻发布系统。设计一个微服务架构，该架构可以支持新闻文章的创建、编辑、发布和搜索等功能，并且可以通过 REST API 进行访问。

3. 设计一个基于微服务架构的电影订购平台。该平台应该包括用户管理、电影管理、订单管理和支付管理等服务。另外，该平台应该支持多种支付方式，例如信用卡、支付宝和微信支付等。

4. 设计一个基于微服务架构的社交媒体应用程序。该应用程序应该包括用户管理、帖子管理、评论管理和消息管理等服务。另外，该应用程序应该支持实时聊天和通知功能。

5. 假设你的公司正在构建一个在线教育平台。设计一个微服务架构，该架构可以支持课程管理、学生管理、教师管理和支付管理等功能。另外，该平台应该支持在线视频流和交互式课程。

第14章 业界著名设计案例

面向对象设计模式是应用系统获得最大复用的方式,作为大型的可复用组件在众多业界知名框架和应用系统中得到广泛应用,设计模式有助于获得结构良好、可适用于同一领域多种应用的框架体系结构,每个成熟的框架一般包含多种设计模式的相互作用。本章通过分析业界知名的软件架构设计案例,加深读者对面向对象设计模式的理解,学会分析基于设计需求和未来可能变化的思路和方法,能够从案例中获取运用合适的设计原则和模式进行软件设计的实践经验。

本章知识导图

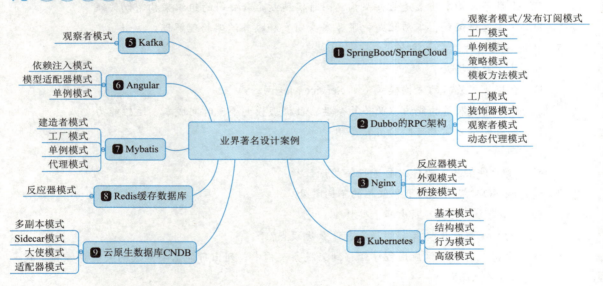

学习目标

- **了解**:了解主要的设计模式在当前流行的框架和系统中的应用。
- **理解**:理解知名的前后端框架中使用了哪些设计模式,采用这些设计模式带来的好处有哪些。

14.1 SpringBoot/SpringCloud

SpringBoot 是由 Pivotal 团队提供的全新框架,其设计目的是用来简化新 Spring 应用的初始搭建以及开发过程。该框架使用了特定的方式来进行配置,从而使开发人员不再需要定义样板化的配置。SpringCloud 流应用程序启动器是基于 SpringBoot 的 Spring 集成应用程序,提供与外部系统的集成。SpringCloudTask 是一个生命周期短暂的微服务框架，用于快速构建执行有限数据处理的应用程序。它有几个著名的特性：OOP（object oriented programming，面向对象编程）、BOP（Bean Oriented Programming，面向 Bean 编程）、AOP（aspect oriented programming，面向切面编程）、IoC（inversion of control，控制反转）、DI/DL（dependency injection/dependency lookup，依赖注入 / 依赖查找）。

14.1.1 观察者模式 / 发布订阅模式

观察者模式（observer pattern）中包含两个实体类型，分别是主题（subject）和观察者（observer），其定义一种一对多的依赖关系，一个主题对象可被多个观察者对象同时监听，使得每当主题对象状态变化时，所有依赖它的对象都会得到通知并被自动更新。观察者模式的核心是将观察者与被观察者解耦，以类似消息 / 广播发送的机制联动两者，使被观察者的变动能通知到感兴趣的观察者们，从而做出相应的响应。观察者模式与 SpringBoot 中事件监听机制的发布订阅模式（publish/subscribe pattern）相似，可通过事件监听机制来理解观察者模式。

观察者模式和发布订阅模式是有一点点区别的，区别有以下几点：

（1）在观察者模式中，观察者订阅主题，主题也维护观察者的记录，而在发布订阅模式中，发布者和订阅者不需要彼此了解，而是在消息队列或代理的帮助下通信，实现松耦合。

（2）前者主要以同步方式实现，即某个事件发生时，由 Subject 调用所有 Observers 的对应方法，后者则主要使用消息队列异步实现。

SpringBoot 中事件监听机制则通过发布订阅模式实现，如图 14-1 所示，主要包括以下三部分：

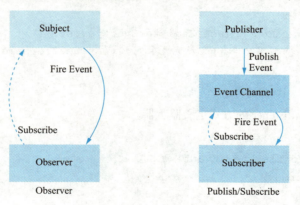

图14-1　SpringBoot中的发布—订阅模式

（1）事件 ApplicationEvent，继承 JDK 的 EventObject，可自定义事件；
（2）事件发布者 ApplicationEventPublisher，负责事件发布；
（3）事件监听者 ApplicationListener，继承 JDK 的 EventListener，负责监听指定的事件。

SpringBoot 事件监听使用示例：

（1）定义注册事件。

```java
public class UserRegisterEvent extends ApplicationEvent {
    private String username;
    public UserRegisterEvent(Object source) {
        super(source);
```

```java
    public UserRegisterEvent(Object source, String username) {
        super(source);
        this.username = username;
    }
    public String getUsername() {
        return username;
    }
}
```

（2）注解方式 @EventListener 定义监听器。

```java
/**
 * 注解方式 @EventListener
 * @author Summerday
 */
@Service
@Slf4j
public class CouponService {
    /**
     * 监听用户注册事件，执行发放优惠券逻辑
     */
    @EventListener
    public void addCoupon(UserRegisterEvent event) {
        log.info("给用户 [{}] 发放优惠券", event.getUsername());
    }
}
```

（3）实现 ApplicationListener 的方式定义监听器。

```java
/**
 * 实现 ApplicationListener<Event> 的方式
 * @author Summerday
 */
@Service
@Slf4j
public class EmailService implements ApplicationListener<UserRegisterEvent> {
    /**
     * 监听用户注册事件，异步发送执行发送邮件逻辑
     */
    @Override
    @Async
    public void onApplicationEvent(UserRegisterEvent event) {
        log.info("给用户 [{}] 发送邮件", event.getUsername());
    }
}
```

(4)注册事件发布者。

```
@Service
@Slf4j
public class UserService implements ApplicationEventPublisherAware {
    // 注入事件发布者
    private ApplicationEventPublisher applicationEventPublisher;
    @Override
     public void setApplicationEventPublisher(ApplicationEventPublisher applicationEventPublisher) {
        this.applicationEventPublisher = applicationEventPublisher;
    }
    /**
     * 发布事件
     */
    public void register(String username) {
        log.info("执行用户[{}]的注册逻辑", username);
        applicationEventPublisher.publishEvent(new UserRegisterEvent(this, username));
    }
}   @Override
    @Async
    public void onApplicationEvent(UserRegisterEvent event) {
        log.info("给用户[{}]发送邮件", event.getUsername());
    }
}
```

(5)定义接口。

```
@RestController
@RequestMapping("/event")
public class UserEventController {
    @Autowired
    private UserService userService;
    @GetMapping("/register")
    public String register(String username){
        userService.register(username);
        return "恭喜注册成功!";
    }
}
```

(6)主程序类。

```
@EnableAsync // 开启异步
@SpringBootApplication
public class SpringBootEventListenerApplication {
    public static void main(String[] args) {
        SpringApplication.run(SpringBootEventListenerApplication.class, args);
    }
}
```

14.1.2 工厂模式

Spring IOC 容器就像是一个工厂一样，当我们需要创建一个对象的时候，只需要配置好配置文件/注解即可，完全不用考虑对象是如何被创建出来的。IOC 容器负责创建对象，将对象连接在一起，配置这些对象，并从创建中处理这些对象的整个生命周期，直到它们被完全销毁。

Spring 使用工厂模式可以通过 BeanFactory 或 ApplicationContext 创建 bean 对象。两者进行对比如下：

（1）BeanFactory：延迟注入（使用到某个 bean 的时候才会注入），相比于 ApplicationContext 来说会占用更少的内存，程序启动速度更快。

（2）ApplicationContext：容器启动的时候会一次性创建所有 bean。BeanFactory 仅提供了最基本的依赖注入支持，ApplicationContext 扩展了 BeanFactory，除了有 BeanFactory 的功能还有额外更多功能，所以一般开发人员使用 ApplicationContext 会更多。

14.1.3 单例模式

Spring 中 bean 的默认作用域就是 singleton（单例）的。在处理多次请求的时候在 Spring 容器中只实例化一个 bean，后续的请求都公用这个对象，这个对象会保存在一个 map 里面。当有新的请求的时候先从缓存（map）里面查看有没有，有的话直接使用这个对象，没有的话实例化一个对象。

```java
// 通过 ConcurrentHashMap（线程安全）实现单例注册表
private final Map<String, Object> singletonObjects = new ConcurrentHashMap<String, Object>(64);
public Object getSingleton(String beanName, ObjectFactory<?> singletonFactory) {
        Assert.notNull(beanName, "'beanName' must not be null");
        synchronized (this.singletonObjects) {
            // 检查缓存中是否存在实例
            Object singletonObject = this.singletonObjects.get(beanName);
            if (singletonObject == null) {
                // ...省略了很多代码
                try {
                    singletonObject = singletonFactory.getObject();
                }
                // ...省略了很多代码
                // 如果实例对象在不存在，我们注册到单例注册表中
                addSingleton(beanName, singletonObject);
            }
            return (singletonObject != NULL_OBJECT ? singletonObject : null);
        }
}
// 将对象添加到单例注册表
protected void addSingleton(String beanName, Object singletonObject) {
        synchronized (this.singletonObjects) {
```

```
                    this.singletonObjects.put(beanName, (singletonObject != null
? singletonObject : NULL_OBJECT));

            }
        }
}
```

14.1.4 策略和代理模式

面向切面编程（aspect oriented programming，AOP）是组件化开发的强大功能，也是 SpringBoot 最重要的特性之一，它的主要思想是在程序正常执行的某一个点切进去加入特定的逻辑。AOP 主要实现的目的是针对业务处理过程中的切面进行提取，它所面对的是处理过程中的某个步骤或阶段，以获得逻辑过程中各部分之间低耦合性的隔离效果，对于我们开发中最常见的可能就是日志记录，事务处理，异常处理等等。

SpringBoot 中实现 AOP 的方法是采用了策略模式和动态代理模式。正如前述章节所讲，策略模式的优点包括：

（1）策略模式提供了对"开闭原则"的完美支持，用户可以在不修改原有系统的基础上选择算法或行为，也可以灵活地增加新的算法或行为。

（2）策略模式提供了管理相关的算法族的办法。

（3）策略模式提供了可以替换继承关系的办法。

（4）使用策略模式可以避免使用多重条件转移语句。

策略模式在 SpringBoot AOP 中的使用同样包含三个类，如图 14-2 所示。

（1）Context：环境类。

（2）Strategy：抽象策略类。

（3）ConcreteStrategy：具体策略类。

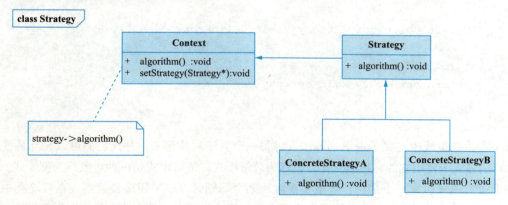

图14-2　SpringBoot AOP的策略模式

具体实现上，SpringBoot AOP 的实现主要应用了 JDK 动态代理和 Cglib 动态代理这两种代理模式，实现类图如图 14-3 所示。Spring 默认使用 JDK 动态代理实现 AOP，类如果实现了接口，Spring 就会用 JDK 动态代理实现 AOP；如果目标类没有实现接口，spring 则使用 Cglib 动态代理来实现

AOP。JDK 动态代理的优势是：自身支持、减少依赖，代码实现简单；Cglib 动态代理的优势：无须实现接口，达到无侵入，只操作关心的类，而不必为其他相关类增加工作量。

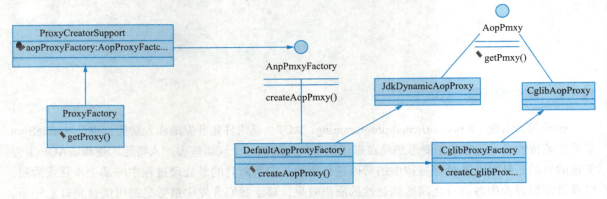

图14-3　SpringBoot AOP的实现类图

环境类 DefaultAopProxyFactory 的代码片段：

```
public AopProxy createAopProxy(AdvisedSupport config) throws AopConfigException {
    if (config.isOptimize() || config.isProxyTargetClass() || hasNoUserSuppliedProxyInterfaces(config)) {
        Class targetClass = config.getTargetClass();
        if (targetClass == null) {
            throw new AopConfigException("TargetSource cannot determine target class: " +
                "Either an interface or a target is required for proxy creation.");
        }
        if (targetClass.isInterface()) {
            return new JdkDynamicAopProxy(config);
        }
        return CglibProxyFactory.createCglibProxy(config);
    }
    else {
        return new JdkDynamicAopProxy(config);
    }
}
```

（1）在策略模式中定义了一系列算法，将每一个算法封装起来，并让它们可以相互替换。策略模式让算法独立于使用它的客户而变化，也称为政策模式。策略模式是一种对象行为型模式。

（2）策略模式包含三个角色：环境类在解决某个问题时可以采用多种策略，在环境类中维护一个对抽象策略类的引用实例；抽象策略类为所支持的算法声明了抽象方法，是所有策略类的父类；具体策略类实现了在抽象策略类中定义的算法。

（3）策略模式是对算法的封装，它把算法的责任和算法本身分割开，委派给不同的对象管理。策略模式通常把一个系列的算法封装到一系列的策略类里面，作为一个抽象策略类的子类。

（4）策略模式主要优点在于对"开闭原则"的完美支持，在不修改原有系统的基础上可以更换算法或者增加新的算法，它很好地管理算法族，提高了代码的复用性，是一种替换继承，避免多重条件转移语句的实现方式；其缺点在于客户端必须知道所有的策略类，并理解其区别，同时在一定程度上增加了系统中类的个数，可能会存在很多策略类。

（5）策略模式适用情况包括：在一个系统里面有许多类，它们之间的区别仅在于它们的行为，使用策略模式可以动态地让一个对象在许多行为中选择一种行为；一个系统需要动态地在几种算法中选择一种；避免使用难以维护的多重条件选择语句；希望在具体策略类中封装算法和与相关的数据结构。

14.2　Dubbo的RPC架构

RPC（remote procedure call，远程过程调用）是一种通过网络从远程计算机程序上请求服务，而不需要了解底层网络技术的协议。RPC 常用于微服务架构中，而 RPC 框架作为架构微服务化的基础组件，能大大降低架构微服务化的成本，提高调用方与服务提供方的研发效率。Dubbo 是阿里巴巴开源的基于 Java 的 RPC 分布式服务框架，提供高性能和透明化的 RPC 远程服务调用方案，以及 SOA 服务治理方案。

Dubbo 的工作流程：

（1）Provider: 暴露服务的服务提供方；Consumer: 调用远程服务的服务消费方；
（2）Registry: 服务注册与发现的注册中心；Monitor: 统计服务的调用次调和调用时间的监控中心；
（3）Container: 服务运行容器。

Dubbo 中各组件之间的调用关系，如图 14-4 所示。

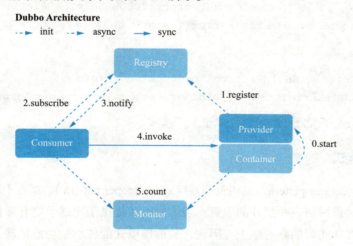

图14-4　Dubbo中各组件之间调用关系

（1）服务容器负责启动、加载、运行服务提供者；
（2）服务提供者在启动时，向注册中心注册自己提供的服务；
（3）服务消费者在启动时，向注册中心订阅自己所需的服务；
（4）注册中心返回服务提供者地址列表给消费者，如果有变更，注册中心将基于长连接推送变更数据给消费者；

（5）服务消费者，从提供者地址列表中，基于软负载均衡算法，选一台提供者进行调用，如果调用失败，再选另一台调用；

（6）服务消费者和提供者，在内存中累计调用次数和调用时间，定时每分钟发送一次统计数据到监控中心。

14.2.1　工厂方法模式

工厂方法模式（factory method pattern）又叫多态性工厂模式，指定义一个创建对象的接口，但由实现这个接口的类来决定实例化哪个类，工厂方法把类的实例化推迟到子类中进行。在工厂方法模式中，不再由单一的工厂类生产产品，而是由工厂类的子类实现具体产品的创建。因此，当增加一个产品时，只需增加一个相应的工厂类的子类，实现生产这种产品，便可以解决简单工厂生产太多产品导致其内部代码臃肿（switch ... case 分支过多）的问题，也符合开闭原则。

在 package com.alibaba.dubbo.config; 包下的 ServiceConfig 中有以下这一段代码：

```
public class ServiceConfig<T> extends AbstractServiceConfig {
        private static final Protocol protocol = (Protocol)
    ExtensionLoader.getExtensionLoader(Protocol.class).getAdaptiveExtension();
        private static final ProxyFactory proxyFactory = (ProxyFactory)
    ExtensionLoader.getExtensionLoader(ProxyFactory.class).getAdaptiveExtension();
        private static final Map<String, Integer> RANDOM_PORT_MAP = new HashMap();
        private static final ScheduledExecutorService delayExportExecutor =
            Executors.newSingleThreadScheduledExecutor(new
                NamedThreadFactory("DubboServiceDelayExporter", true));
    public static void main(String[] args) {
```

其中，

```
        private static final Protocol protocol = (Protocol)
    ExtensionLoader.getExtensionLoader(Protocol.class).getAdaptiveExtension();
```

实现类的获取采用了 jdkspi 的机制完成了工厂模式。

14.2.2　装饰器模式

装饰器模式（decorator pattern）也叫包装器模式（wrapper pattern），指在不改变原有对象的基础上，动态地给一个对象添加一些额外的职责。装饰器模式提供了比继承更有弹性的替代方案（扩展原有对象的功能）将功能附加到对象上。因此，装饰器模式的核心是功能扩展。使用装饰器模式可以透明且动态地扩展类的功能。

Dubbo 在启动和调用阶段都大量使用了装饰器模式。以 Provider 提供的调用链为例，具体的调用链代码是在 ProtocolFilterWrapper 的 buildInvokerChain 完成的，具体是将注解中含有 group=provider 的 Filter 实现，按照 order 排序，最后的调用顺序是 EchoFilter → ClassLoaderFilter → GenericFilter → ContextFilter → ExceptionFilter → TimeoutFilter → MonitorFilter → TraceFilter，更确切地说，这里是装饰器和责任链模式的混合使用。

14.2.3 观察者模式

观察者模式（observer pattern）又叫发布-订阅（publish/subscribe）模式、模型-视图（model/view）模式、源-监听器（source/listener）模式或从属者（dependent）模式。定义一种一对多的依赖关系，一个主题对象可被多个观察者对象同时监听，使得每当主题对象状态变化时，所有依赖它的对象都会得到通知并被自动更新，属于行为型设计模式。观察者模式的核心是将观察者与被观察者解耦，以类似消息/广播发送的机制联动两者，使被观察者的变动能通知到感兴趣的观察者们，从而做出相应的响应。

Dubbo 的 provider 启动时，需要与注册中心交互，先注册自己的服务，再订阅自己的服务，订阅时，采用了观察者模式，开启一个 listener。注册中心会每 5 秒定时检查是否有服务更新，如果有更新，向该服务的提供者发送一个 notify 消息，provider 接受到 notify 消息后，即运行 NotifyListener 的 notify 方法，执行监听器方法。

14.2.4 动态代理模式

代理模式（proxy pattern）指为其他对象提供一种代理，以控制对这个对象的访问。在某些情况下，一个对象不适合或者不能直接引用另一个对象，而代理对象可以在客户端与目标对象之间起到中介的作用。

根据 14.2.1 工厂模式一节中的代码可以知道，Dubbo 创建的是工厂对象的代理对象。

```
private static final ProxyFactory proxyFactory = (ProxyFactory) ExtensionLoader.getExtensionLoader(ProxyFactory.class).getAdaptiveExtension();
```

Dubbo 扩展 jdkspi 的类 ExtensionLoader 的 Adaptive 实现是典型的动态代理实现。

14.3 Nginx

Nginx 是一个 Web 服务器和反向代理服务器，用于 HTTP、HTTPS、SMTP、POP3 和 IMAP 协议。Nginx 的整体架构包括一个 Master 进程和多个 Worker 进程。Master 进程并不处理网络请求，主要负责调度工作进程：加载配置、启动工作进程及非停升级。Worker 进程负责处理网络请求与响应。Nginx 体系结构如图 14-5 所示。

Master 进程主要用来管理 Worker 进程，具体包括如下四个主要功能：

（1）接收来自外界的信号。

（2）向各 Worker 进程发送信号。

（3）监控 Worker 进程的运行状态。

（4）当 Worker 进程退出后（异常情况下），会自动重新启动新的 Worker 进程。

Worker 进程主要用来处理基本的网络事件：

（1）多个 Worker 进程之间是对等且相互独立的，他们同等竞争来自客户端的请求。

（2）一个请求，只可能在一个 Worker 进程中处理，一个 Worker 进程，不可能处理其他进程的请求。

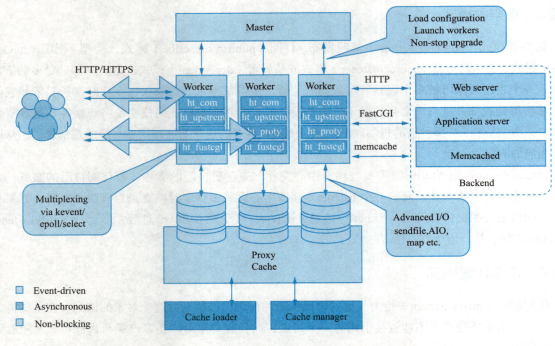

图14-5　Nginx体系结构

（3）Worker 进程的个数是可以设置的，一般我们会设置与机器 CPU 核数一致。同时，Nginx 为了更好地利用多核特性，具有 CPU 绑定选项，我们可以将某一个进程绑定在某一个核上，这样就不会因为进程的切换带来 Cache 的失效。

14.3.1　反应器模式

反应器模式（reactor pattern）是一种为处理服务请求并提交到一个或者多个服务处理程序的事件设计模式。当请求抵达后，服务处理程序使用解多路分配策略，然后同步地派发这些请求至相关的请求处理程序。

反应器模式是一种 I/O 事件处理的设计模式，它管理多个事件源，并通过多路分离器把就绪事件分发到相应的 handler，极大地提高了并发处理能力。Linux、FreeBSD 里的 epoll、kqueue 等系统调用都是反应器模式的具体应用，是高性能 Web 服务器的实现基础。Nginx 也正是利用了 epoll、kqueue 才能无阻塞地处理海量并发连接。所以反应器是 Nginx 快速高效的根本秘密。

14.3.2　外观模式

外观模式（facade pattern）提供了一个统一的接口，用来访问子系统中的一群接口。其主要特征是定义了一个高层接口，让子系统更容易使用，属于结构型设计模式。

外观模式整理底层的系统 API、分类、重命名或者简单包装，最后给出一个统一易用的接口，它可以屏蔽不同操作系统之间的差异，增强软件的可移植性。nginx 为了能过跨平台运行，大量应用了外观模式，使用宏、函数等手段，重定义了许多系统函数，减少了 UNIX 平台实现差异产生的影响。

14.3.3 桥接模式

桥接模式（bridge pattern）又叫桥梁模式、接口（interface）模式或柄体（handle and body）模式，指将抽象部分与具体实现部分分离，使它们都可以独立地变化。桥接模式的主要目的是通过组合的方式建立两个类之间的联系，而不是继承，但又类似多重继承方案。但是多重继承方案往往违背了类的单一职责原则，其复用性比较差，桥接模式是比多重继承方案更好的替代方案。桥接模式的核心在于把抽象与实现解耦。

桥接模式分离了架构设计与实现，架构是稳定的，而实现可以任意变化，增强了系统的灵活性。Nginx 的模块架构就应用了桥接模式，它使用了 nginx_module_t 定义模块，结构体里有若干函数指针和扩展字段，然后桥接实现了丰富多彩的 core、conf、event、stream、http 等功能模块，搭建起整个 Nginx 框架。

14.4 Kubernetes

Kubernetes 是 Google 开源的一个容器编排引擎，它支持自动化部署、大规模可伸缩、应用容器化管理。在生产环境中部署一个应用程序时，通常要部署该应用的多个实例以便对应用请求进行负载均衡。在 Kubernetes 中，我们可以创建多个容器，每个容器里面运行一个应用实例，然后通过内置的负载均衡策略，实现对这一组应用实例的管理、发现、访问，而这些细节都不需要运维人员去进行复杂的手工配置和处理。

主要特点：

（1）可移植：支持公有云，私有云，混合云，多重云（multi-cloud）；

（2）可扩展：模块化，插件化，可挂载，可组合；

（3）自动化：自动部署，自动重启，自动复制，自动伸缩/扩展。

Kubernetes 的整体架构如图 14-6 所示，多个结构共同构成一个 Kubernetes 集群。

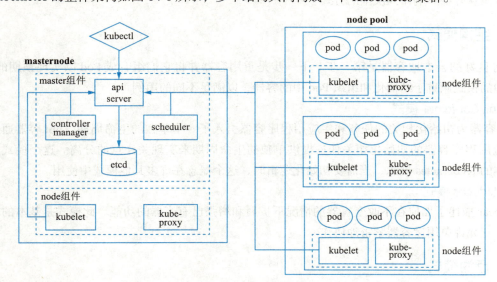

图 14-6　Kubernetes架构

Kubernetes 主要由两部分构成：Master 节点和 Node 节点。

（1）Master 节点是整个集群的大脑，负责维护整个集群的状态，任务的调度，并将系统的状态持久化到 etcd 中。Node 节点负责执行 Master 下达的具体工作指令。

（2）Master 结点和 Node 结点通过其各自包含的核心组件相互协调共同完成应用的容器集群部署和管理。

14.4.1 基本模式

这些模式代表了容器化应用程序必须遵守的原则和最佳实践，以便成为优秀的云公民。不管应用程序的性质如何，我们都应该遵循这些准则。遵循这些原则将有助于确保我们的应用程序适用于 Kubernetes 上的自动化。

1. 健康探测模式

Health Probe 要求每个容器都应该实现特定的 API，以帮助平台以最健康的方式观察和管理应用程序。为了完全自动化，云本地应用程序必须具有高度的可观察性，允许推断其状态，以便 Kubernetes 可以检测应用程序是否已启动并准备好为请求提供服务。这些观察结果会影响 Pods 的生命周期管理以及将流量路由到应用程序的方式。

2. 可预测需求模式

可预测的需求解释了为什么每个容器都应该声明它的资源配置文件，并且只限于指定的资源需求。在共享云环境中成功部署应用程序、管理和共存的基础依赖于识别和声明应用程序的资源需求和运行时依赖性。此模式描述应该如何声明应用程序需求，无论它们是硬运行时依赖项还是资源需求。声明的需求对于 Kubernetes 在集群中的应用程序找到合适的位置至关重要。

3. 自动放置模式

自动放置解释了如何影响多节点集群中的工作负载分布。放置是 Kubernetes 调度器的核心功能，用于为满足容器资源请求的节点分配新的 Pod，并遵守调度策略。该模式描述了 Kubernetes 调度算法的原理以及从外部影响布局决策的方式。

14.4.2 结构模式

拥有良好的云本地容器是第一步。下一步是重用容器并将它们组合成 Pod 以实现预期的结果。这一类中的模式侧重于结构化和组织 Pod 中的容器，以满足不同的用例。

1. Init Container 模式

Init 容器为初始化相关的任务和主应用程序容器引入了一个单独的生命周期。Init 容器通过为不同于主应用程序容器的初始化相关任务提供单独的生命周期来实现关注点的分离。这个模式引入了一个基本的 Kubernetes 概念，当需要初始化逻辑时，这个概念在许多其他模式中使用。

2. Sidecar 模式

Sidecar 描述了如何在不改变容器的情况下扩展和增强已有容器的功能。此模式是基本的容器模式之一，它允许单用途容器紧密地协作。

14.4.3 行为模式

这些模式描述了管理平台确保的 Pod 的生命周期保证。根据工作负载的类型，Pod 可以作为批处理作业一直运行到完成，也可以计划定期运行。它可以作为守护程序服务或单例运行。选择正确的生命周期管理原语将帮助我们运行具有所需保证的 Pod。

1. 批处理模式

批处理作业描述如何运行一个独立的原子工作单元直到完成。此模式适用于在分布式环境中管理独立的原子工作单元。

2. 有状态服务模式

有状态服务描述如何使用 Kubernetes 创建和管理分布式有状态应用程序。这类应用程序需要持久身份、网络、存储和普通性等特性。StatefulSet 原语为这些构建块提供了强有力的保证，非常适合有状态应用程序的管理。

3. 服务发现模式

服务发现解释了客户端如何访问和发现提供应用程序服务的实例。为此，Kubernetes 提供了多种机制，这取决于服务使用者和生产者位于集群上还是集群外。

14.4.4 高级模式

此类别中的模式更复杂，代表更高级别的应用程序管理模式。这里的一些模式（如 Controller）是永不过时的，Kubernetes 本身就是建立在这些模式之上的。

1. Controller 模式

控制器是一种模式，它主动监视和维护一组处于所需状态的 Kubernetes 资源。Kubernetes 本身的核心由一组控制器组成，这些控制器定期监视并协调应用程序的当前状态与声明的目标状态。这个模式描述了如何利用这个核心概念为我们自己的应用程序扩展平台。

2. Operator 模式

Operator 是一个控制器，它使用 CustomResourceDefinitions 将特定应用程序的操作知识封装为算法和自动化形式。Operator 模式允许我们扩展控制器模式以获得更大的灵活性和表现力。Kubernetes 的 Operator 越来越多，这种模式正成为操作复杂分布式系统的主要形式。

14.5　Kafka

Apache Kafka 是一种高吞吐量、分布式、基于发布/订阅的消息系统，最初由 LinkedIn 公司开发，使用 Scala 语言编写，目前是 Apache 的开源项目。

Kafka 的特性包括：

（1）高吞吐量、低延迟：kafka 每秒可以处理几十万条消息，它的延迟最低只有几毫秒。

（2）可扩展性：kafka 集群支持热扩展。

（3）持久性、可靠性：消息被持久化到本地磁盘，并且支持数据备份防止数据丢失。

（4）容错性：允许集群中节点失败（若副本数量为 n，则允许 $n-1$ 个节点失败）。

（5）高并发：支持数千个客户端同时读写。

Kafka 中发布订阅的对象是 topic。我们可以为每类数据创建一个 topic，把向 topic 发布消息的客户端称为 producer，从 topic 订阅消息的客户端称为 consumer。producers 和 consumers 可以同时从多个 topic 读写数据。一个 kafka 集群由一个或多个 broker 服务器组成，它负责持久化和备份具体的 kafka 消息。

Kafka 架构如图 14-7 所示，具体包括以下组件：

（1）broker：Kafka 服务器，负责消息存储和转发；

（2）topic：消息类别，Kafka 按照 topic 来分类消息；

（3）partition：topic 的分区，一个 topic 可以包含多个 partition，topic 消息保存在各个 partition 上；

（4）offset：消息在日志中的位置，可以理解是消息在 partition 上的偏移量，也是代表该消息的唯一序号；

（5）Producer：消息生产者；

（6）Consumer：消息消费者；

（7）Consumer Group：消费者分组，每个 consumer 必须属于一个 group；

（8）Zookeeper：保存着集群 broker、topic、partition 等 meta 数据；另外，还负责 broker 故障发现，partition leader 选举，负载均衡等功能。

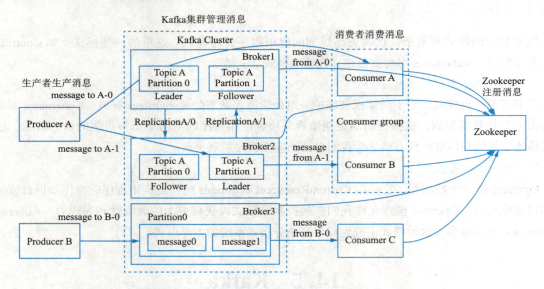

图14-7　Kafka架构

Kafka 的发布订阅本质上是观察者模式，该模式定义对象间一种一对多的依赖关系，使得每当一个对象改变状态，依赖他的对象收到通知并自动更新。Observer 为观察者。被观察者的 attach 方法用来添加观察者，notify 方法通知观察者；观察者的 update 方法当被观察者 notify 是调用。在 Kafka client consumer 端 request 相关的部分源码中，也体现了观察者模式。大致逻辑是这样的，consumer 想要消费 kafka broker 中的数据需要发送 request，request 发送的结果用 RequestFuture 来表示，RequestFuture 中包含 RequestFutureListener，当 request 处理完成后 RequestFutureListener 的相关方法会被调用。RequestFutureCompletionHandler 用来处理 RequestFuture、ClientResponse 还有 RuntimeException。在这组依赖关系中，RequestFutureListener 为观察者，onSuccess 和 onFail 方法相当于之前的 update 方法；RequestFuture 为被观察者，addListener 相当于 attach 方法，fireSuccess 和 fireFailure 方法相当于 notify 方法。

14.6 Angular

AngularJS 由 Misko Hevery 等人创建，是一款构建用户界面的前端框架，后为 Google 所收购。AngularJS 是一个应用设计框架与开发平台，用于创建高效、复杂、精致的单页面应用，通过新的属性和表达式扩展了 HTML，实现一套框架，多种平台，移动端和桌面端。AngularJS 有着诸多特性，最为核心的是：MVVM、模块化、自动化双向数据绑定、语义化标签、依赖注入等等。Angular 是 AngularJS 的重写，Angular2 以后官方命名为 Angular，2.0 以前版本称为 AngularJS。AngularJS 是用 JavaScript 编写，而 Angular 采用 TypeScript 语言编写，是 ECMAScript 6 的超集。

可以将 Angular 核心分为两个工作部分——Angular Compiler 与 Angular Runtime。Compiler 负责去解析开发应用中的 html 模板、typescript 代码、样式，提取元数据，模板表达式等必要的信息，然后将其转化、优化最终生成实际运行的代码。理所应当的，Runtime 会去消费生成的代码，将其组织并运行起来。

Angular 应用整体上分为编译和运行两个阶段：

1. Angular Compiler

编译器是什么，简而言之就是开发者代码和最终运行时代码之间的一切工作，Angular 编译器（NGC）包括以下过程（见图 14-8）。

图14-8　Angular编译过程

2. Angular Runtime

在应用运行时包括以下三个阶段：

（1）模块启动，框架实例化你的 Modules 与此同时设置相关的依赖注入器（injector）；

（2）视图创建，创建 DOM 实例化 directive；

（3）变更检测，检查绑定值（binding value），如果需要做相应更新。

14.6.1 依赖注入模式

依赖注入模式（dependency injection pattern，DI）是开发大规模应用程序的重要设计模式。Angular 有自己的 DI 系统，用于 Angular 应用程序的设计以提高效率和可扩展性。实际上，在类（组件、指令、服务）的构造函数中，需要依赖项（服务或对象）。它是一个外部系统（注入器），负责根据配置创建实例。这有利于开发，也有利于测试。

14.6.2 模型适配器模式

模型适配器模式（model-adapter pattern）将从外部源检索的数据格式转换为适合 Angular 客户端使用的数据格式。例如，如果您从 API 检索数据，日期将被格式化为字符串。可以在收到来自 API 的响应后执行转换，并以 javascript 格式实例化日期。

14.6.3 单例模式

单例模式（singleton pattern）指确保一个类在任何情况下都绝对只有一个实例，并提供一个全局访问点。单例模式确保您的类只有一个实例。多亏了这个单例，你可以控制里面变量的范围。单例是使用公共 getInstance 方法处理的，该方法保证了访问类的唯一方法。在 Angular 中，依赖注入机制为我们管理模式。例如，在应用程序根部提供的服务是单例实例，相反，组件中提供的服务不是单例的，它们将为组件的每个实例实例化。

14.7　MyBatis

MyBatis 是一个可以自定义 SQL、存储过程和高级映射的持久层框架。Mybatis 中有一级缓存和二级缓存，默认情况下一级缓存是开启的，而且是不能关闭的。一级缓存是指 SqlSession 级别的缓存，当在同一个 SqlSession 中进行相同的 SQL 语句查询时，第二次以后的查询不会从数据库查询，而是直接从缓存中获取，一级缓存最多缓存 1 024 条 SQL。二级缓存是指可以跨 SqlSession 的缓存。是 mapper 级别的缓存，对于 mapper 级别的缓存不同的 sqlsession 是可以共享的。

MyBatis 最初是 Apache 的一个开源项目 iBatis，2010 年 6 月这个项目由 Apache Software Foundation 迁移到了 Google Code。随着开发团队转投 Google Code 旗下，iBatis3.x 正式更名为 MyBatis。代码于 2013 年 11 月迁移到 Github。iBatis 一词来源于"internet"和"abatis"的组合，是一个基于 Java 的持久层框架。iBatis 提供的持久层框架包括 SQL Maps 和 Data Access Objects（DAO）。

MyBatis 特性包括：

（1）MyBatis 是支持定制化 SQL、存储过程以及高级映射的优秀的持久层框架；

（2）MyBatis 避免了几乎所有的 JDBC 代码和手动设置参数以及获取结果集；

（3）MyBatis 可以使用简单的 XML 或注解用于配置和原始映射，将接口和 Java 的 POJO（plain old java objects，普通的 Java 对象）映射成数据库中的记录；

（4）MyBatis 是一个半自动的 ORM（object relation mapping）框架。

MyBatis 中使用了的很多设计模式，主要包括：

（1）建造者模式，如 SqlSessionFactoryBuilder、XMLConfigBuilder、XMLMapperBuilder、XMLStatementBuilder、CacheBuilder；

（2）工厂模式，如 SqlSessionFactory、ObjectFactory、MapperProxyFactory；

（3）单例模式，如 ErrorContext 和 LogFactory；

（4）代理模式，Mybatis 实现的核心，如 MapperProxy、ConnectionLogger，用的 jdk 的动态代理；还有 executor.loader 包使用了 cglib 或者 javassist 达到延迟加载的效果；

（5）组合模式，如 SqlNode 和各个子类 ChooseSqlNode 等；

（6）模板方法模式，如 BaseExecutor 和 SimpleExecutor，还有 BaseTypeHandler 和所有的子类例如 IntegerTypeHandler；

（7）适配器模式，如 Log 的 Mybatis 接口和它对 jdbc、log4j 等各种日志框架的适配实现；

（8）装饰者模式，如 Cache 包中的 cache.decorators 子包中等各个装饰者的实现；

（9）迭代器模式，如迭代器模式 PropertyTokenizer。

14.8 Redis缓存数据库

Redis（remote dictionary server）是一个开源的使用 ANSI C 语言编写、支持网络、可基于内存亦可持久化的日志型、Key-Value 数据库，并提供多种语言的 API。Redis 通过内存读写速度远超于硬盘的特点，实现支持高并发访问。

Redis 实现原理如图 14-9 所示。

（1）定时清理：设置 key 过期时间的时候，就创建一个定时器，不断循环，时间一到就删除掉这个 key。

（2）懒汉式清理：在取 key 的时候，先判断 key 是否有过期，如果过期，就删除。

（3）定期清理+懒汉式清理：redis 采用的是这种方式。经过前面两种策略可以很清楚地看到。定时清理和懒汉式清理，都不能达到一个最好的效果。那现在有第三种，就是隔一段时间进行一次清理，清除掉过期的 key。比如一分钟或者是十分钟清理一次。同时使用懒汉式清理，每次获取 key 的时候能判断一下，是否过期，是否需要清理。

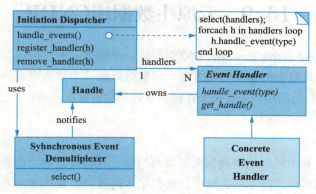

图14-9　Redis中的Reactor模式

Reactor 模式的角色构成（Reactor 模式一共有 5 种角色构成）：

（1）Handle（句柄或描述符，在 Windows 下称为句柄，在 Linux 下称为描述符）：本质上表示一种资源（比如说文件描述符，或是针对网络编程中的 socket 描述符），是由操作系统提供的；该资源用于表示一个个的事件，事件既可以来自于外部，也可以来自于内部；外部事件比如说客户端的连接请求，客户端发送过来的数据等；内部事件比如说操作系统产生的定时事件等。它本质上就是一个文件描述符，Handle 是事件产生的发源地。

（2）Synchronous Event Demultiplexer（同步事件分离器）：它本身是一个系统调用，用于等待事件的发生（事件可能是一个，也可能是多个）。调用方在调用它的时候会被阻塞，一直阻塞到同步事件分离器上有事件产生为止。对于 Linux 来说，同步事件分离器指的就是常用的 I/O 多路复用机制，如 select、poll、epoll 等。在 Java NIO 领域中，同步事件分离器对应的组件就是 Selector；对应的阻塞方法就是 select 方法。

（3）Event Handler（事件处理器）：本身由多个回调方法构成，这些回调方法构成了与应用相关的对于某个事件的反馈机制。在 Java NIO 领域中并没有提供事件处理器机制让我们调用或去进行回调，是由我们自己编写代码完成的。Netty 相比于 Java NIO 来说，在事件处理器这个角色上进行了一个升级，它为我们开发者提供了大量的回调方法，供我们在特定事件产生时实现相应的回调方法进行业务逻辑的处理，即，ChannelHandler。ChannelHandler 中的方法对应的都是一个个事件的回调。

（4）Concrete Event Handler（具体事件处理器）：是事件处理器的实现。它本身实现了事件处理器所提供的各种回调方法，从而实现了特定于业务的逻辑。它本质上就是我们所编写的一个个的处理器实现。

（5）Initiation Dispatcher（初始分发器）：实际上就是 Reactor 角色。它本身定义了一些规范，这些规范用于控制事件的调度方式，同时又提供了应用进行事件处理器的注册、删除等设施。它本身是整个事件处理器的核心所在，Initiation Dispatcher 会通过 Synchronous Event Demultiplexer 来等待事件的发生。一旦事件发生，Initiation Dispatcher 首先会分离出每一个事件，然后调用事件处理器，最后调用相关的回调方法来处理这些事件。Netty 中 ChannelHandler 里的一个个回调方法都是由 bossGroup 或 workGroup 中的某个 EventLoop 来调用的。

14.9　云原生数据库CNDB

云原生数据库（cloud native database, CNDB）是一种通过云平台构建、部署和交付的数据库服务，能提供可扩展的、可靠的数据库解决方案。云数据库是一个作为服务的云平台，这种模式允许组织、最终用户及其各自的应用程序在云上存储、管理和检索数据。

14.9.1　多副本模式

多副本模式是微服务中最常用的确保服务高可用的设计模式，它为业务容器创建多个副本，并把这些副本分布到不同可用区的不同机器中，这些副本再通过负载均衡的方式提供给外部消费。通常多副本的业务容器都是无状态的，这样外部来的请求只需分配到任意一个空闲的容器处理即可。在 Kubernetes 中，你可以利用 Deployment 和 Service 实现这个模式。当然，还可以利用 HPA 特性，根据业务容器的负载情况，自动扩展或收缩副本数量。如图 14-10 所示，就是利用多副本模式为业务容器提供高可用以确保服务可以实现预期的 SLA。

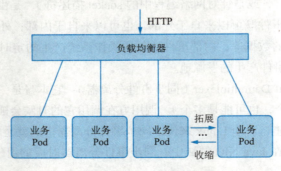

图14-10　多副本模式

注意，为了确保 SLA，仅有负载均衡是不够的，还需要负载均衡器能够及时识别并摘除故障容器，即需要健康探针动态监测每个容器的健康状态。

14.9.2 Sidecar 模式

Sidecar 模式是最常用的无侵入修改应用行为的设计模式，它在应用容器所属的 Pod 中增加另一个代理容器，并由代理容器接管 Pod 网络，从而进一步在网络请求中增加额外的功能特性。比如在 Service Mesh 中，Sidecar 容器就被用来实现流控、熔断、TLS 认证、网络监控和跟踪等丰富的流量管理特性。如图 14-11 所示，就是利用 sidecar 模式给应用容器增加了 TLS 认证功能。由于所有 TLS 认证的功能逻辑都在代理容器中控制，应用容器不需要做任何改动。

图14-11　Sidecar模式

14.9.3 大使模式

大使模式（ambassador）通过容器的方式为业务服务访问外部服务提供一个统一的接口，从而隐藏外部服务的复杂性。大使容器通常为外部服务提供一个简化的视图，并以 Sidecar 的方式跟业务容器部署在相同的 Pod 中。如图 14-12 所示，就是利用大使模式给业务容器提供访问数据库的功能。对于数据库访问的服务发现、异常处理、缓存加速等都在代理容器中实现，而不同的业务容器都可以复用代理容器简化后的接口，而无须修改业务容器的代码。

大使模式与 Sidecar 模式的区别在于大使容器是为业务容器服务的，为业务容器简化了外部依赖的访问；而 Sidecar 模式是为业务容器提供附加的功能。它们的共同优势都是无须修改业务代码。

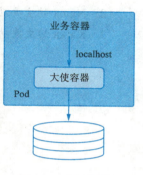

图14-12　大使模式

14.9.4 适配器模式

适配器模式（adapter）为异构的应用程序提供一个标准化的接口，从而可以被外部服务统一处理。适配器通常也是以一个 Sidecar 容器的方式跟业务容器部署在一起，并为外部服务隐藏了业务容器的复杂性。例如，很多应用在容器化以前都可能基于不同的库构建了非标准的监控接口，而在采纳了微服务之后，需要统一所有的监控到 Prometheus。图 14-13 所示，就是利用适配器模式，将异构系统的监控接口统一转换为 Prometheus 度量接口，这样就可以通过统一的 Prometheus 来监控所有的业务系统。

图14-13　适配器模式

除了监控系统之外，另一个常用的适配器模式是日志。很多业务系统在容器化之前都是把日志直接记录到文件中，摒弃通常不同级别的日志记录到不同的文件中。在容器化后，利用适配器模式，无须修改这些业务系统，就可以把这些日志文件的内容重定向到适配器容器的 stdout 和 stderr 中，进而也就可以通过统一的方式处理所有容器的日志（例如，kubectl logs 也可以用到这些系统上）。

小　结

　　本章通过分析业界知名的软件架构设计案例，加深读者对面向对象设计模式的理解，学会分析基于设计需求和未来可能变化的思路和方法，能够从案例中获取运用合适的设计原则和模式进行软件设计的实践经验。

思考与练习

　　1. IOC 与 AOP 是 SpringBoot 的两个核心功能，它们分别利用了哪些设计模式，解决了企业级应用构建的什么问题？
　　2. Nginx 的主要功能是什么？它利用了哪些设计模式，带来了什么系统设计的优势？
　　3. Kafka 的主要功能是什么？它利用了哪些设计模式，带来了什么系统设计的优势？